安全生产专业实务

化工安全技术

全国中级注册安全工程师职业资格考试用书编写组 **编**

编写组成员

主　编　李荣强

主　审　王　菲　孙　博　张美香

参　编　李珊珊　杨文楠　韩莹莹　郭　琼　薛大龙

　　　　黎　鹏　赵丽敏　李　杰　李亚斌　左秋玲

中国市场出版社

China Market Press

·北京·

图书在版编目（CIP）数据

安全生产专业实务. 化工安全技术／全国中级注册
安全工程师职业资格考试用书编写组编. — 北京：中国
市场出版社，2018.11（2020.9 重印）
　全国中级注册安全工程师职业资格考试精品教材
　ISBN 978-7-5092-1692-7

　Ⅰ. ①安… Ⅱ. ①全… Ⅲ. ①化工生产 – 安全生产 –
资格考试 – 教材 Ⅳ. ①X93②TQ086

　中国版本图书馆 CIP 数据核字（2018）第 170061 号

安全生产专业实务——化工安全技术

ANQUAN SHENGCHAN ZHUANYE SHIWU——HUAGONG ANQUAN JISHU

编　　　者：全国中级注册安全工程师职业资格考试用书编写组
责任编辑：杨天硕
出版发行：中国市场出版社
社　　　址：北京市西城区月坛北小街 2 号院 3 号楼（100837）
电　　　话：（010）68033539
经　　　销：新华书店
印　　　刷：河南承创印务有限公司
规　　　格：185 mm×260 mm　　　16 开本
印　　　张：18　　字　　数：432 千字　　图　　数：56 幅
版　　　次：2018 年 11 月第 1 版　　印　　次：2020 年 9 月第 4 次印刷
书　　　号：ISBN 978-7-5092-1692-7
定　　　价：70.00 元

前言

安全生产是与人民群众生命财产安全息息相关的大事,是经济社会协调健康发展的标志。为了贯彻落实习近平新时代中国特色社会主义思想,适应我国经济社会安全发展需要,提高安全生产专业技术人员素质,根据2017年11月国家安全生产监督管理总局(现已并入应急管理部)和人力资源社会保障部共同发布的《注册安全工程师分类管理办法》,注册安全工程师级别设置为高级、中级、初级(助理),并要求相关企业必须配备相应数量和级别的安全工程师。由此可知,注册安全工程师的地位已进一步得到提升,重视安全生产已成为政府和社会各领域的基本共识。

中级注册安全工程师职业资格考试是应相关政策要求,客观评价中级安全生产专业技术人员的知识水平和业务能力的考试。为满足广大考生应试复习的需要,帮助考生在最短的时间内科学、高效地掌握中级安全工程师考试的相关知识,全国中级注册安全工程师职业资格考试用书编写组的专家们认真研读最新考试要求,并结合现行法律法规及行业规范,倾力打造了本系列图书。

本系列图书包含的公共科目和专业实务科目如下:

一、公共科目

《安全生产管理》主要通过对安全生产管理基础理论和方法,辨识、评价和控制危险、有害因素,隐患排查治理,生产作业环境改善,安全制度和规程制定,从业人员作业行为规范,企业生产安全事故预测、预警和应急救援,生产安全事故调查、统计、分析等知识的讲解,使考生掌握安全生产管理的基本知识,提高考生的安全生产管理业务的实践能力。

《安全生产法律法规》主要通过对习近平新时代中国特色社会主义思想有关内容,安全生产法律体系,安全生产单行法律、相关法律、行政法规、部门规章及重要文件的讲解,使考生深刻领会安全生产法律、法规、规章和标准的有关规定和要求,提高分析、判断和解决安全生产实际问题的能力。部分新颁布和修订的法律法规文件将以增值形式实时提供给考生。

《安全生产技术基础》主要通过对机械、电气、特种设备、防火防爆、危险化学品、受限空间和信息等方面的安全生产技术知识的讲解,提高考生运用安全技术和标准,辨识、分析、评价作业场所和作业过程中存在的危险、有害因素,采取相应技术防范措施,消除、降低事故风险的能力。

二、专业实务科目

专业实务科目包括:《安全生产专业实务——煤矿安全技术》《安全生产专业实务——金属与非金属矿山安全技术》《安全生产专业实务——化工安全技术》《安全生产专业实务——金属冶炼安全技术》《安全生产专业实务——建筑施工安全技术》《安全生产专业实务——道路运输安全技术》《安全生产专业实务——其他安全(不包括消防安全)技术》。该系列科目旨在通过对相关安全生产专业实务知识的讲解,使考生掌握专业安全技术,提高其综合运用安全生产法律、法规、标准和政策,安全生产理论和方法,分析和解决安全生产实际问题的能力。

此外,我们特向购买本图书的考生提供三大特色服务,考生可通过学习本系列教材、观看名师视频、线上做题(考拉网校 APP、微信在线做题)、获取实时备考资讯等方式,实现线上、线下高效备考。

增值部分一:名师伴读讲堂。编写组邀请李荣强、左秋玲等国家安全工程领域的资深专家和教授,根据全新考情录制专项视频,将陆续上传至考拉网,考生可通过考拉网校 APP、微信端或者考拉网网页端获取和观看视频。

您可以通过图书封面处二维码防伪标(刮开获得激活码),查询图书真伪,并获取视频增值,具体流程如下:扫描图书封面二维码防伪标→关注"天一乐考工程"公众号→点击菜单按钮→根据提示查询图书真伪,并获取视频。

增值部分二:考拉网校 APP 和微信在线做题。敬请扫描本系列图书封底或本页下方"天一考拉网"公众号二维码,下载安装考拉网校 APP 并注册登录,或根据提示关注"天一考拉网"或"天一乐考工程"公众号进入在线做题版块。

增值部分三:考拉网增值服务。涵盖最新备考资讯、法律法规条文总结等超值服务。敬请考生登录考拉网→资源下载→建筑工程→获取增值。

因图书出版具有特定的时效性,为最大限度保障考生利益,以及做好后续产品维护,编写组将持续关注新颁布或修订的考试大纲、相关法律法规、标准规范等,如有调整将实时更新相应电子版文件至"注安早知道"或"天一乐考工程"公众号及考拉网图书增值服务版块,请广大考生注意订阅。

本系列图书如有不足之处,恳请广大读者予以指正。

如有与本系列图书相关的问题或建议,欢迎您致电 4006597013 或者通过 QQ:1400594158 与我们联系,我们将以更加优质、便捷的方式为您提供全方面、多层次的服务。

全国中级注册安全工程师职业资格考试用书编写组

搜索关注"天一乐考工程"公众号　　搜索关注"天一考拉网"公众号　　搜索关注"注安早知道"公众号

目录

第一章　化工安全生产基础知识

第一节　化工安全生产和管理基础

化工安全技术是针对化工生产过程中(原料/产品/设备)的危险因素,研究采取技术措施,预防、控制和消除控制工伤事故和其他事故的发生。

化工生产实践表明,安全生产是化工生产的前提,是化工生产的保证和关键因素,也是保证化工产业健康可持续发展的舆论要求(博帕尔毒气泄漏事件、福岛核泄漏事故、天津滨海新区爆炸事故等事件对公众心理影响深远)。

一、化工安全生产的任务

化工安全生产的任务主要有:在化工生产过程中保护人员健康及人身安全,防止工伤事故的发生和职业性危害的产生;防止化工生产过程中各类事故的发生,确保化工生产装置连续有效运转以达成生产目标。

二、化工生产的特点

1. 化工生产的物料绝大多数具有潜在危险性

在化工生产中,从原料、中间体到产品,大都具有易燃、易爆、毒性等化学危险性,化工工艺过程复杂多样化,高温、高压、深冷等不安全的因素很多。事故的多发性和严重性是化学工业独有的特点。

化工物料中往往含有化工毒性物质,这些毒性物质可以经过呼吸道、皮肤、消化道侵入人体,通过毒理作用(对酶系统破坏;对遗传物质合成干扰;对组织或细胞损害;阻断对氧的吸收、输送)对人体构成损害。

如聚乙烯树脂生产使用的原材料乙烯、甲苯,中间产品二氯乙烷和氯乙烯都是易燃易爆物质。氯气、二氯乙烷和氯乙烯都具有较强的毒性,氯和氯化氢在有水分存在时具有强烈的腐蚀性。

2. 生产工艺过程复杂、工艺条件苛刻

化工生产从原料到产品,一般需要经过多道工序以及复杂的加工单元,通过多次反应或分离才能完成。化工生产的工艺参数前后变化很大,有些反应过程要求的工艺条件苛刻。

3. 生产规模大型化、生产过程连续性强

化工装置的大型化使得大量化学物质都处于工艺过程或贮存状态。化工生产从原料输入到产品输出具有高度的连续性,前后单元息息相关,相互制约,某一环节若发生故障常常会影响到整个生产的正常进行。

4.生产过程自动化程度高

现代化工产业已经走向高度自动化、封闭式生产,由人工控制转为计算机控制。

5.高温高压等特种设备多

高温高压能量集中,对操作的规范性要求高。

6.工业"三废多"

化工业历来是排放大户,对周边环境造成重大影响。

三、化工生产中的危险因素

化工危险源可以在一定的条件下发展成事故隐患,事故隐患继而失去控制,就会大大增加转化为事故的概率。也就是说,危险失控导致事故、危险受控获得安全。

目前被广泛引用的化工危险因素归类方法之一是美国保险协会(AIA)的分类成果,在对化学工业的 317 起火灾、爆炸事故进行调查和分析,在事故发生的主要和次要原因的基础上,美国保险协会(AIA)把化学工业危险因素归纳为以下 9 个类型:

(1)工厂选址:容易遭受地震、洪水、暴风雨等自然灾害;水源不充足;缺少公共消防设施的支援;有高湿度、温度变化显著等气候问题;受邻近危险性大的工业装置影响;邻近公路、铁路、机场等运输设施;在紧急状态下难以把人和车辆疏散至安全地。

(2)工厂布局:工艺设备和贮存设备过于密集;有显著危险性和无危险性的工艺装置间的安全距离不够;昂贵设备过于集中;对不能替换的装置没有有效的防护;锅炉、加热器等火源与可燃物工艺装置之间距离太小;有地形障碍。

(3)结构:支撑物、门、墙等不是防火结构;电气设备无防护措施;防爆通风换气能力不足;控制和管理的指示装置无防护措施;装置基础薄弱。

(4)对加工物质的危险性认识不足:在装置中原料混合,在催化剂作用下自然分解;对处理的气体、粉尘等在其工艺条件下的爆炸范围不明确;没有充分掌握因误操作、控制不良而使工艺过程处于不正常状态时的物料和产品的详细情况。

(5)化工工艺:没有足够的有关化学反应的动力学数据;对有危险的副反应认识不足;没有根据热力学研究确定爆炸能量;对工艺异常情况检测不够。

(6)物料输送:各种单元操作时对物料流动不能进行良好控制;产品的标示不完全;风送装置内的粉尘爆炸;废气、废水和废渣的处理;装置内的装卸设施。

(7)误操作:忽略有关运转和维修的操作教育;没有充分发挥管理人员的监督作用;开车、停车计划不适当;缺乏紧急停车的操作训练;没有建立操作人员和安全人员之间的协作体制。

(8)设备缺陷:因选材不当而引起装置腐蚀、损坏;设备不完善,如缺少可靠的控制仪表等;材料的疲劳;对金属材料没有进行充分的无损探伤检查或没有经过专家验收;结构上有缺陷,如不能停车而无法定期检查或进行预防维修;设备在超过设计极限的工艺条件下运行;对运转中存在的问题或不完善的防灾措施没有及时改进;没有连续记录温度、压力、开停车情况及中间罐和受压罐内的压力变动。

(9)防灾计划不充分:没有得到管理部门的大力支持;责任分工不明确;装置运行异常或故障仅由安全部门负责,只是单线起作用;没有预防事故的计划,或即使有也很差;遇有紧急情况未采取得力措施；没有实行由管理部门和生产部门共同进行的定期安全检查；没有对生产负责人和技术人员进行安全生产的继续教育和必要的防灾培训。

另一种被广泛引用的化工危险因素归类方法为瑞士再保险公司分类法，表 1-1 为统计结果。

表 1-1　化学工业和石油工业的危险因素

类别	危险因素	危险因素的比例/%	
		化学工业	石油工业
1	工厂选址问题	3.5	7.0
2	工厂布局问题	2.0	12.0
3	结构问题	3.0	14.0
4	对加工物质的危险性认识不足	20.2	2.0
5	化工工艺问题	10.6	3.0
6	物料输送问题	4.4	4.0
7	误操作问题	17.2	10.0
8	设备缺陷问题	31.1	46.0
9	防灾计划不充分	8.0	2.0

在化学工业中，"4"和"5"两类危险因素占较大比例。这主要是由以化学反应为主的化学工业的特征所决定的。在石油工业中，"2"和"3"两类危险因素占较大比例。石油工业的特点是需要处理大量可燃物质，由于火灾、爆炸的能量很大，所以装置的安全间距和建筑物的防火层不适当时就会形成较大的危险。

误操作问题在两种工业危险中都占较大比例，操作人员的疏忽常常是两种工业事故的共同原因，而在化学工业中所占比重更大一些。在以化学反应为主体的装置中，误操作常常是事故发生的重要原因。

四、引发化工事故的因素

化工事故的诱发因素千差万别，可以从以下几个方面进行分析：危险物处置不当；工艺系统中积聚了某种新的易燃物；化工装置内产生了新的易燃物或爆炸物；高温物料喷出自燃；高温下物质气化分解；物料泄漏遭遇高温表面或明火；反应热骤增；杂质含量过高；生产系统形成负压；生产运行系统和检修中的系统串通；装置内可燃物与生产用空气混合；选用传热介质和加热方法不当；系统压力变化导致事故发生。

五、化工事故预防措施
(一)应用安全技术措施
安全技术措施包括预防事故发生和减少事故损失两个维度，主要分为以下类别：

(1)减少潜在危险因素(源头,最根本)。

(2)降低潜在危险因素数值。

(3)联锁防护装置。

(4)隔离操作或远距离操作。

(5)设置薄弱环节(减小事故危害)。

(6)坚固或加强设备结构。

(7)封闭设备。

(8)警告与信号装置。

(二)加强安全教育

通过加强安全教育,使化工从业人员安全思想认知到位、安全技术知识充足、安全技能达标。

(三)执行安全管理

(1)认真执行以安全生产法为核心的法律法规体系。

(2)利用现代安全管理方法,安全技术、教育、管理三个方面的措施要相辅相成,同时进行,缺一不可。

六、化工生产安全设计与控制

化工生产安全设计包括:装置结构和材料的安全设计;过程安全装置设计;引燃、引爆能量的安全设计;危险物处理安全设计;电力及动力系统安全设计;防止误操作的安全设计;防止意外事故破坏或扩展的安全设计;平面布置的安全设计;耐火结构的安全设计;防止火灾蔓延及爆炸扩展的安全设计;流体局限化安全设计;消防灭火系统安全设计;报警、通信系统安全设计等。

化工生产安全控制包括:生产过程中的开车与停车;工艺流程与设备之间的切换;正常运行中的安全控制;间歇生产过程中的操作;生产负荷的改变;异常状态下的紧急安全处理。

七、化工安全管理体系

(一)国际公约类管理体系

目前比较重要的化学品管理国际组织有:联合国环境规划署、联合国政府间化学品安全论坛、联合国危险货物运输和全球化学品统一分类标签制度专家委员会、世界卫生组织、国际劳工组织、欧盟(主要是欧洲化学品管理局)、国际化学品管理战略方针制定工作筹备委员会。

化学品管理国际组织已经形成的国际文件有:《保护臭氧层维也纳公约》;《关于消耗臭氧层的蒙特利尔议定书》;《控制危险废料越境转移及其处置巴塞尔公约》;《关于持久性有机污染物的斯德哥尔摩公约》;《关于在国际贸易中对某些危险化学品和农药采用事先知情同意程序的鹿特丹公约》(鹿特丹公约或 PIC 公约);《关于汞的水俣公约》;《国际化学品管理战略方针》;《全球化学品统一分类和标签制度》(GHS);《国际危规》(包含《关于危险货物运输的建议书·规章范本》《国际海运危险货物规则》《国际空运危险货物规则》《国际公路运输危险货物协定》《国际铁路运输危险货物规则》《国际内河运输危险货物协定》)。

(二)中国国家管理体系

1. 管理部门

中国国家化学品安全管理由国务院安全生产委员会、应急管理部负责,安委会办公室设在应急管理部,承担安委会的日常工作。另外,众多化工行业协会和服务机构也发挥了重要的协调管理作用。

2. 管理制度

(1)规划类。《危险化学品安全生产"十三五"规划》《石化和化学工业发展规划(2016～2020年)》等。

(2)法律法规类。《安全生产法》《危险化学品安全管理条例》《国家安全监管总局关于废止和修改危险化学品等领域七部规章的决定》《危险化学品重大危险源监督管理暂行规定》《危险化学品生产企业安全生产许可证实施办法》《危险化学品输送管道安全管理规定》《危险化学品建设项目安全监督管理办法》《危险化学品经营许可证管理办法》《危险化学品安全使用许可证实施办法》等。

(3)规范标准类。《化学品分类和危险性公示 通则》(GB 13690);《危险化学品重大危险源辨识》(GB 18218—2018);《危险化学品单位应急救援物资配备要求》(GB 30077);《危险化学品经营企业开业条件和技术要求》(GB 18265—2019);《电镀化学品运输、储存、使用安全规程》(AQ 3019);《船舶修造企业危险化学品作业安全规程》(CB 4271);《化学品安全评定规程》(GB/T 24775);《化学品安全技术说明书编写指南》(GB/T 17519);《氢气使用安全技术规程》(GB 4962);《氯气安全规程》(GB 11984);《溶解乙炔气瓶充装规定》(GB 13591);《危险货物分类和品名编号》(GB 6944);《危险货物品名表》(GB 12268);《危险货物包装标志》(GB 190);《危险货物有限数量及包装要求》(GB 28644.2);《危险品 爆炸品摩擦感度试验方法》(GB/T 21566);《危险品磁性试验方法》(GB/T 21565);《危险货物运输包装类别划分方法》(GB/T 15098);《化学品分类和标签规范》(GB 30000)系列标准(包括:通则;爆炸物;易燃气体;气溶胶;氧化性气体;加压气体;易燃液体;易燃固体;自反应物质和混合物;自燃液体;自燃固体;自热物质和混合物;遇水放出易燃气体的物质和混合物;氧化性液体;氧化性固体;有机过氧化物;金属腐蚀物;急性毒性;皮肤腐蚀/刺激;严重眼损伤/眼刺激;呼吸道或皮肤致敏;生殖细胞致突变性;致癌性;生殖毒性;特异性靶器官毒性一次接触;特异性靶器官毒性反复接触;吸入危害;对水生环境的危害;对臭氧层的危害);《化学品安全标签编写规定》(GB 15258);《化学品作业场所安全警示标志规范》(AQ 3047);《化学品毒性鉴定技术规范》(GB/T 21603);《化学品急性经口毒性试验方法标准》(GB/T 21603);《化学品急性吸入毒性试验方法》(GB/T 21605);良好实验室规范(GLP)系列国家标准等。

第二节　化学反应安全技术

一、化工反应的危险性分类

化学反应根据原料、产品、工艺流程、控制参数的不同,其危险性也呈现出不同的水平。化学反应的危险性一般表现为以下几类:

(1)含有本质上不稳定物质的化工反应,这些不稳定物质可能是原料、中间体、产品、副产品、添加物或杂质等。

(2)放热的化工反应。

(3)含有易燃物料且在高温、高压下运行的化工反应。

(4)含有易燃物料且在低温状况下运行的化工反应。

(5)在爆炸极限内或接近爆炸极限的化工反应。

(6)有可能形成尘雾爆炸性混合物的化工反应。

(7)有高毒物料存在的化工反应。

(8)高压或超高压的化工反应。

二、热反应的危险性程度分类

(一)第一类化工过程

(1)加氢。将氢原子加到双键或三键的两侧。

(2)异构化。在一个有机物分子中原子的重新排列,如直链分子变为支链分子。

(3)水解。化合物和水反应,如以硫或磷的氧化物生产硫酸或磷酸。

(4)磺化。通过与硫酸反应将 $-SO_3H$ 导入有机物分子。

(5)中和。酸与碱反应产生盐和水。

(二)第二类化工过程

(1)烷基化。将一个烷基原子团加到一个化合物上形成某种有机化合物。

(2)氧化。某些物质与氧化合,反应控制在不生成 CO_2 和 H_2O 的阶段,采用强氧化剂如氯酸盐、酸、次氯酸及盐时,危险性较大。

(3)酯化。酸与醇或不饱和烃反应,当酸是强活性物料时,危险性增加。

(4)聚合。分子连接在一起形成链或其他连接方式。

(5)缩聚。连接两种或更多的有机物分子,析出水、HCl 或其他化合物。

(三)第三类化工过程

卤化反应,将卤族原子(氟、氯、溴或碘)引入有机分子。

(四)第四类化工过程

硝化反应,用硝基取代有机化合物中的氢原子。

三、化学反应类型

(一)氧化反应

氧化反应中被氧化的物质大部分为易燃易爆危险化学品,通常以空气或氧气作为氧化剂,氧化反应体系随时都能够形成爆炸性混合物。氧化反应是强放热反应,尤其是完全氧化反应,放出的热量要比部分氧化反应大 8~10 倍。

1. 氧化反应的温度控制

氧化反应需要加热,反应过程中又会放热,特别是催化气相氧化反应一般都是在高温下进行。

2. 氧化物质的控制

氧化物质的控制包括惰性气体保护、合理选择物料配比、催化氧化操作过程三个方面。

3.过氧化物的特点及安全技术

不稳定和反应能力强是有机过氧化物具有的特点,因此处理有机过氧化物具有更大的危险性。在有机过氧化物分子中含有过氧基,过氧基不稳定,易断裂生成含有未成对电子的活泼自由基。自由基具有显著的反应性、遇热不稳定性和较低的活化能,且只能暂时存在。当自由基周围有其他基团和分子时,自由基就会与其作用,形成新的分子和基团。

有机过氧化物可分为6种主要类型:过氧化氢、过氧化物、羰基化合物的过氧衍生物、过醚、二乙酰过氧化物和过酸。

有机过氧化物不仅具有很强的氧化性,而且大部分是易燃物质,部分过氧化物对温度特别敏感,遇高温则会发生爆炸。过氧化物的易燃易爆性质取决于许多因素:过氧化物的类型、过氧化物组成中活性氧的含量、过氧化物的浓度及其物态等。所以对每种过氧化物的生产、储存、处理和包装条件都应该单独进行研究。在工业规模中使用过氧化物以前,生产负责人就应该确认在操作过程中采用的有关处理过氧化物的措施不会导致爆炸和燃烧。生产和加工其他过氧化物也会产生因过热而爆炸的危险性,因为多数有机过氧化物的热稳定性都很差。

过氧化物不应与对它起很大分解作用的物质混合。在过氧化物中添加合适的溶剂是工业上减少爆炸危险最常用的方法。储运过氧化物的设备和容器必须非常清洁,应采用非金属材料(最稳定的是玻璃)容器。

(二)还原反应

还原反应种类很多,有些还原反应会产生氢气或使用氢气,有些还原剂和催化剂有较大的燃烧、爆炸危险性。常用的还原剂有铁、硫化钠、亚硫酸盐(亚硫酸钠、亚硫酸氢钠)、锌粉、保险粉等。

危险性大的还原反应:

(1)金属还原反应:金属和酸作用生成盐和氢,起还原作用。

(2)催化加氢还原:在有机合成反应过程中,常用雷尼镍、钯炭等作为催化剂和有机物质进行还原反应。

(3)其他还原反应:还原反应中常用还原剂火灾危险性较大的有硼氢化钾和硼氢化钠、四氢化锂铝、氢化钠、保险粉(亚硫酸钠 $Na_2S_2O_4$)、异丙醇铝等。

(三)卤化反应

1.氯化反应

以氯原子取代有机化合物中氢原子的过程称为氯化反应。

常用氯化方法:热氯化法、光氯化法、催化氯化法、氧氯化法。

氯化反应安全技术要点:

(1)氯气的安全使用。氯气是最常用的氯化剂,对于一般氯化器应装设氯气缓冲罐,防止氯气断流或压力减小时形成倒流。

(2)氯化反应过程的安全。氯化反应的危险性主要取决于被氯化物质的性质及反应过程的控制条件。由于氯气本身的毒性较大,储存压力较高,一旦泄漏是很危险的。反应过程所用的原料大多是有机物,易燃易爆,所以生产过程同样具有燃烧爆炸危险性,应严格控制各种点火能源,电气设备应符合防火防爆的要求。

2.氟化反应

氟是最活泼的卤素,其反应最难以控制。氟与烃类的直接反应很剧烈,常引起爆炸,并伴有不需要的 C－C 键的断裂。应特别注意,氟和其他物质间极易形成新键,并释放出大量的热。气相反应一般要用惰性气体进行稀释。

3. 溴化反应和碘化反应

反应类似氯化,但反应条件要缓和得多。

(四)硝化反应

1. 硝化反应的危险性分析

硝化剂是强氧化剂,硝化反应是放热反应,温度越高,硝化反应速率越快,放出的热量越多,极易造成温度失控而爆炸。所以硝化反应器要有良好的冷却和搅拌,不得中途停水断电及搅拌系统发生故障。

2. 混酸配制的安全技术

(1)酸类化合物混合时,放出大量的稀释热,温度可达到 90 ℃ 或更高,在这个温度下,硝酸部分分解为二氧化氮和水,如果有部分硝基物生成,高温下可能会引起爆炸,所以必须进行冷却。

(2)混酸配制过程中,应严格控制温度和酸的配比,直至充分搅拌均匀为止。

(3)不能把未经稀释的浓硫酸与硝酸混合,因为浓硫酸猛烈吸收浓硝酸中的水分而产生高热,将使硝酸分解产生多种氮氧化物(NO_2、NO、N_2O_3),引起突沸冲料或爆炸。

(4)配制成的混酸具有强烈的氧化性和腐蚀性,必须严格防止触及棉、纸、布、稻草等有机物,以免发生燃烧爆炸。

(5)硝化反应的腐蚀性很强,要注意设备及管道的防腐性能,以防渗漏。

(6)硝化反应器设有泄漏管和紧急排放系统,一旦温度失控,可紧急排放到安全地点。

3. 硝化器的安全技术

搅拌式反应器是常用的硝化设备,这种设备由釜体、搅拌器、传动装置、夹套和蛇管组成,一般是间歇操作。物料由上部加入釜体内,在搅拌条件下迅速地与原料混合并进行硝化反应。如果需要加热,可在夹套或蛇管内通入蒸汽;如果需要冷却,可通入冷却水或冷冻剂。

4. 硝化过程的安全技术

硝化过程安全控制包括以下几个方面:硝化反应温度控制;防氧化控制操作;硝化反应过程控制技术;进料操作控制技术;出料操作控制技术;取样分析安全操作;设备使用与维护技术;设备和管路检修技术。

(五)磺化反应

1. 磺化反应及其特点

磺化是在有机化合物分子中引入磺酸基($-SO_3H$)或它相应的盐或磺酰卤基($-SO_2Cl$)的反应。常用的磺化剂有发烟硫酸、亚硫酸钠、亚硫酸钾、三氧化硫等。如用硝基苯与发烟硫酸生产间氨基苯磺酸钠、卤代烷与亚硫酸钠在高温加压条件下生产磺酸盐等均属磺化反应。

2. 磺化反应过程的危险性分析

(1)三氧化硫是氧化剂,遇到比硝基苯易燃的物质时会很快引起着火。

(2)磺化剂浓硫酸、发烟硫酸、氯磺酸(剧毒化学品)都是氧化性物质,且有的是强氧化剂。

(3)磺化反应是放热反应,这种磺化反应若投料顺序颠倒、投料速度过快、搅拌不良、冷却效果不佳等,都有可能造成反应温度升高,使磺化反应变为燃烧反应,会造成燃烧或爆炸事故。

(六)催化反应

1.选择催化剂的类型

(1)生产过程中产生水汽的,一般采用具有碱性、中性或酸性反应的盐类、无机盐类、三氯化铝、三氯化铁、三氯化磷及二氧化镁等。

(2)反应过程中产生氯化氢的,一般采用碱、吡啶、金属、三氯化铝、三氯化铁等。

(3)反应过程中产生硫化氢的,一般采用盐基、卤素、碳酸盐、氧化物等。

(4)反应过程中产生氢气的,应采用氧化剂、空气、高锰酸钾、氧化物及过氧化物等。

2.催化反应的危险性分析及安全技术

催化反应又分为单相反应和多相反应两种。单相反应是在气态下或液态下进行的,反应过程中的温度、压力及其他条件较易调节,危险性较小。在多相反应中,催化作用发生于相界面及催化剂的表面上,这时温度、压力较难控制,危险性较大。

3.催化重整过程的安全技术

(1)在加热、加压和催化作用下进行汽油馏分重整,叫催化重整。

(2)催化剂在装卸时,要防止破碎和污染,未再生的含碳催化剂卸出时,要预防自燃超温烧坏。

(3)催化重整反应器有催化剂引出管和热电偶管等附属部件。

(4)在催化重整过程中,加氢的反应需要大量的反应热。

(5)催化重整装置中,安全警报应用较普遍,对于重要工艺参数,如温度、流量、压力、液位等都有报警。

(6)重整循环氢和重整进料量,对于催化剂有很大的影响,特别是低氢量和低空速运转,容易造成催化剂结焦,应设自动保护系统。

4.催化加氢过程的安全技术

催化加氢是多相反应,一般是在高压下有固相催化剂存在下进行的。由于原料及成品(氢、氨、一氧化碳等)大都易燃、易爆或具有毒性,高压反应设备及管道易受到腐蚀或因操作不当带来危险,发生安全事故。

(七)聚合反应

1.聚合反应的分类及不安全因素分析

本体聚合:爆聚易使设备堵塞,压力骤增,极易发生爆炸。

悬浮聚合:如果没有严格的工艺条件控制,会导致设备停转,出现溢料,随之水分蒸发后未聚合的单体和引发剂遇火源极易引发着火或爆炸。

溶液聚合:在聚合和分离过程中,易燃溶剂容易挥发和产生静电火花。

乳液聚合:这种聚合方法常用无机过氧化物做引发剂,如果过氧化物在介质(水)中配比不当,温度太高,反应速率过快,会发生冲料,同时在聚合过程中还会产生可燃气体。

缩合聚合:如果温度过高,也会导致系统的压力增加,甚至引起爆裂,泄漏出易燃易爆的单体。

2. 聚合反应的危险性分析及安全技术

(1) 单体、溶剂、引发剂、催化剂等大多属易燃、易爆物质,在压缩过程中或在高压系统中泄漏,发生火灾或爆炸。

(2) 聚合反应中加入的引发剂都是化学活泼性很强的过氧化物,一旦配料比控制不当,容易引起爆聚,反应器超压易引起爆炸。

(3) 如搅拌发生故障、停电、停水,由于反应釜内聚合物黏壁作用,使反应热不能导出,造成局部过热或反应釜"飞温",发生爆炸。

3. 高压下乙烯聚合的安全技术

采用轻柴油裂解制取高纯度乙烯装置,产品从氢气、甲烷、乙烯到裂解汽油、渣油等,都是可燃性气体或液体,炉区的最高温度达 1 000 ℃,而分离冷冻系统温度低至 −169 ℃。反应过程以有机过氧化物作为催化剂,乙烯属高压液化气体,爆炸范围较宽,操作又是在高温、超高压下进行,而超高压节流减压又会引起温度升高。

4. 氯乙烯聚合的安全技术

氯乙烯聚合是属于连锁聚合反应,连锁反应的过程可分为三个阶段,即链的开始、链的增长、链的终止。

氯乙烯聚合所用的原料除氯乙烯单体外,还有分散剂、引发剂。

5. 丁二烯聚合的安全技术

丁二烯聚合过程中,使用酒精、丁二烯、金属钠等危险物质。酒精和丁二烯与空气混合都能形成具有爆炸危险的混合物。金属钠遇水、空气激烈燃烧和爆炸,因此不能暴露于空气中,需贮存于煤油中。

(八) 裂解反应

1. 裂解反应及其特点

广义地说,凡是有机化合物在高温下分子发生分解的反应过程都称为裂解。而石油化工中所谓的裂解是指石油烃(裂解原料)在隔绝空气和高温条件下,分子发生分解反应而生成小分子烃类的过程。在这个过程中还伴随着许多其他的反应(如缩合反应),生成一些别的反应物(如由较小分子的烃缩合成较大分子的烃)。

2. 裂解反应过程危险性因素

裂解炉运转中,一些外界因素可能危及裂解炉的安全,这些不安全因素有:管式裂解炉故障、引风机故障、燃料气压力降低、其他公用工程故障等。

(九) 电解反应

1. 电解反应及其特点

电流通过电解质溶液或熔融电解质时,在两个电极上所引起的化学变化,称为电解。电解过程中能量变化的特征是电能转变为电解产物蕴藏的化学能。

2. 食盐电解生产工艺

食盐溶液电解是化学工业中最典型的电解反应之一。食盐电解可以制烧碱、氯气、氢气等产品。目前,我国采用的电解食盐方法有隔膜法、水银法、离子膜法等。

3. 食盐电解过程的危险性因素

食盐电解过程中的安全问题,主要是氯气中毒和腐蚀、碱灼伤、氢气爆炸以及高温、潮湿和触电危险等。

（十）烷基化反应

烷基化是在有机化合物中的氮、氧、碳等原子上引入烷基（R－）的化学反应。引入的烷基有甲基（－CH_3）、乙基（－C_2H_5）、丙基（－C_3H_7）、丁基（－C_4H_9）等。常用烯烃、卤化烃、醇等作烷基化剂。如苯胺和甲醇作用制取二甲基苯胺。

烷基化反应的危险性：

（1）被烷基化的物质大都存在燃烧、爆炸等危险性。

（2）烷基化剂一般比被烷基化物质的燃烧危险性要大。

（3）烷基化过程所用的催化剂反应活性强。

（4）烷基化反应都是在加热条件下进行，其产品也有一定的火灾危险性。

（十一）重氮化反应

1. 重氮化反应

重氮化是芳伯胺变为重氮盐的反应。通常是把含芳胺的有机化合物在酸性介质中与亚硝酸钠作用，使其中的氨基（－NH_2）转变为重氮基（－$N＝N$－）的化学反应，如二硝基重氮酚的制取等。

2. 重氮化反应安全技术

（1）重氮化反应的主要火灾危险性在于所产生的重氮盐，如重氮盐酸盐（$C_6H_5N_2Cl$）、重氮硫酸盐（$C_6H_5N_2HSO_4$）、重氮二硝基苯酚（$(NO_2)_2N_2C_6H_2OH$）等。

（2）作为重氮剂的芳胺化合物都是可燃有机物质，在一定条件下也有燃烧和爆炸的危险。

（3）重氮化生产过程中使用的亚硝酸钠是无机氧化剂，于175 ℃时分解，能与有机物反应发生燃烧或爆炸。

（4）在重氮化的生产过程中，若反应温度过高，亚硝酸钠的投料过快或过量，均会增加亚硝酸的浓度，加速物料的分解，产生大量的氧化氮气体，有引起燃烧、爆炸的危险。

第三节　化工工艺及设备基础

一、化工工艺

（一）主要化工工艺

目前，化工工艺主要包括以下物质的工艺流程：

（1）合成氨。

（2）化学肥料，如氮肥（尿素、硝酸铵）、磷肥、钾肥、复合肥等。

（3）硫酸和硝酸。

（4）纯碱和烧碱。

（5）基本有机化工产品，如乙烯、丙烯、丁二烯、芳烃、涤纶等。

（6）天然气化工，如净化、提氮、炭黑、合成甲醇、乙炔等。

（7）石油炼制，如燃料油、润滑油等。

（8）石油产品加工，如石油裂解、芳烃的生产及转化。

（9）煤的化学加工，煤的气化、液化和焦化。

（二）重点监管的危险化工工艺

1. 安监总管三〔2009〕116 号令中的危险化工工艺要求

安监总局组织编制了《首批重点监管的危险化工工艺目录》和《首批重点监管的危险化工工艺安全控制要求、重点监控参数及推荐的控制方案》。

化工企业要按照《首批重点监管的危险化工工艺目录》《首批重点监管的危险化工工艺安全控制要求、重点监控参数及推荐的控制方案》要求，对照本企业采用的危险化工工艺及其特点，确定重点监控的工艺参数，装备和完善自动控制系统，大型和高度危险化工装置要按照推荐的控制方案装备紧急停车系统。今后，采用危险化工工艺的新建生产装置原则上要由甲级资质化工设计单位进行设计。

首批重点监管的危险化工工艺目录包括：光气及光气化工艺、电解工艺（氯碱）、氯化工艺、硝化工艺、合成氨工艺、裂解（裂化）工艺、氟化工艺、加氢工艺、重氮化工艺、氧化工艺、过氧化工艺、胺基化工艺、磺化工艺、聚合工艺、烷基化工艺。

首批重点监管的危险化工工艺安全控制要求、重点监控参数及推荐的控制方案见安监总管三〔2009〕116 号令附件2。

2. 安监总管三〔2013〕3 号令中的危险化工工艺要求

化工企业要根据第二批重点监管危险化工工艺目录及其重点监控参数、安全控制基本要求和推荐的控制方案要求，对照本企业采用的危险化工工艺及其特点，确定重点监控的工艺参数，装备和完善自动控制系统，大型和高度危险的化工装置要按照推荐的控制方案装备安全仪表系统（紧急停车或安全联锁）。

第二批重点监管的危险化工工艺目录包括：新型煤化工工艺，包括煤制油（甲醇制汽油、费－托合成油）、煤制烯烃（甲醇制烯烃）、煤制二甲醚、煤制乙二醇（合成气制乙二醇）、煤制甲烷气（煤气甲烷化）、煤制甲醇、甲醇制醋酸等工艺；电石生产工艺；偶氮化工艺。

第二批重点监管危险化工工艺重点监控参数、安全控制基本要求及推荐的控制方案见安监总管三〔2013〕3 号令附件2。

调整的首批重点监管危险化工工艺中的部分典型工艺：涉及涂料、粘合剂、油漆等产品的常压条件生产工艺不再列入"聚合工艺"；将"异氰酸酯的制备"列入"光气及光气化工艺"的典型工艺中；将"次氯酸、次氯酸钠或 N－氯代丁二酰亚胺与胺反应制备 N－氯化物""氯化亚砜作为氯化剂制备氯化物"列入"氯化工艺"的典型工艺中；将"硝酸胍、硝基胍的制备""浓硝酸、亚硝酸钠和甲醇制备亚硝酸甲酯"列入"硝化工艺"的典型工艺中；将"三氟化硼的制备"列入"氟化工艺"的典型工艺中；将"克劳斯法气体脱硫""一氧化氮、氧气和甲（乙）醇制备亚硝酸甲（乙）酯""以双氧水或有机过氧化物为氧化剂生产环氧丙烷、环氧氯丙烷"的列入"氧化工艺"的典型工艺；将"叔丁醇与双氧水制备叔丁基过氧化氢"列入"过氧化工艺"的典型工艺中；将"氯氨法生产甲基肼"列入"胺基化工艺"的典型工艺中。

（三）化工工艺设计安全

1. 化工工艺设计

化工工艺设计的主要任务之一是完成带控制点的工艺流程图的绘制，也称为管路与仪表流程图（PID 图）。PID 图按照一定的目的要求把各个生产单元进行有机地组合，形成一个完整的生产工艺过程流程图,它是描述某一生产过程的文件,可体现出主要工艺过程、主要设备、主要物流路线和控制点。

主要工艺过程:如在氧化、硝化等反应过程中确定反应器结构和大小;在分离过程中确定分离塔结构和尺寸。

主要设备:反应器、塔、槽、罐等的材质和强度,耐腐蚀和耐疲劳性。

主要物流路线:连接各工艺过程和设备的管线,如液氨输送对管线焊接的要求等。

控制点:温度、压力、流量、组成等控制点,并确定其控制范围。

总体上说,PID图包括工艺设计和设备设计。这项工作一般由研究单位向设计单位提供工艺软件包,然后设计单位根据设计原则来完成。工艺软件包是在大量的实验基础上完成,并经实验室到工业化的逐级放大实验验证后提出的。

2. 化工工艺安全分析

化工工艺安全分析包括从实验室到工业化的试验过程安全分析和装置工艺设计安全分析。

装置工艺设计安全分析主要包括工艺安全分析、工艺系统安全分析和PID图安全性分析。工艺安全分析包括高压介质进入低压区分析、高温介质进入低温区分析、低温介质进入高温区分析、出现化学反应分析、物料本身的性质分析。工艺系统安全分析包括负荷情况分析、开停车情况分析。PID图安全性分析包括操作安全分析、配管安全分析、仪表安全分析、紧急停车时的安全分析、维修安全分析、人身安全分析、其他安全分析。

(四)化工工艺与设备变更

1. 主要概念

工艺变更涉及工艺技术、设备设施、工艺参数等超出现有设计范围的改变,如压力等级改变、压力报警值改变等。

同类替换是指符合原设计规格的更换。

微小变更是指影响较小,不造成任何工艺技术、设备设施、工艺参数等超出现有设计范围的改变,但又不是同类替换的变更,即"在现有设计范围内的改变"。

2. 变更范围

变更范围主要包括:生产能力的改变;物料的改变(包括成分、比例的变化);化学药剂和催化剂的改变;设备、设施负荷的改变;工艺和设备设计依据的改变;设备和工具的改变或改进;工艺参数的改变(如温度、流量、压力等);安全报警设定值的改变;仪表控制系统及逻辑的改变;软件系统的改变;安全装置及安全联锁的改变;非标准的(或临时性的)维修;操作规程的改变;试验及测试操作;设备、原材料供货商的改变;运输路线的改变;装置布局的改变;产品质量的改变;设计和安装过程的改变;其他。

3. 变更分类管理

基本类型包括工艺变更、设备变更、微小变更和同类替换。所有的变更应按其内容和影响范围正确分类。

4. 变更申请、审批

变更申请人应初步判断变更类型、影响因素、范围等情况,按分类做好实施变更前的各项准备工作,提出变更申请。

变更应充分考虑健康、安全与环境影响,并确认是否需要工艺危害分析或HSE评价。

对需要做工艺危害分析或 HSE 评价的,分析和评价结果应经过审核,并得到同级主管领导批准。

变更实施分级管理。根据变更影响范围的大小以及所需调配资源的多少,将变更分为三级:工艺和设备变更、同类替换、微小变更。工艺和设备变更由作业区管理,同类替换、微小变更由各基层单位管理。

变更申请审批内容:变更目的;变更涉及的相关技术资料;变更内容;健康、安全与环境的影响(确认是否需要工艺危害分析或 HSE 评价,如需要,应提交符合工艺危害分析管理要求且经批准的工艺危害分析报告或 HSE 评价报告);涉及操作规程修改的,审批时应提交修改后的操作规程;对人员培训和沟通的要求;变更的限制条件(如时间期限、物料数量等);强制性批准和授权要求。

5. 变更实施

变更应严格按照变更审批确定的内容和范围实施,并对变更过程实施跟踪。

变更实施若涉及作业许可,应办理相应的作业许可证,具体执行相应的特殊作业 HSE 管理规范。

变更实施若涉及启动前 HSE 检查。应确保变更涉及的所有工艺和设备 HSE 相关资料以及操作规程都得到适当的审查、修改或更新,按照工艺 HSE 信息管理相关要求执行。

完成变更的工艺、设备在运行前,应对变更影响或涉及的人员进行培训或沟通。必要时,针对变更制定培训计划,培训内容包括变更目的、作用、程序、变更内容,变更中可能产生的风险和影响,以及同类事故案例。变更涉及的人员包括:变更所在区域的人员,如维修人员、操作人员等;变更 HSE 管理涉及的人员,如设备管理人员、培训人员等;相关的直线组织管理人员;承包商;外来人员;供应商;相邻装置(单位)或社区的人员;其他相关的人员。

变更所在区域或单位应建立变更工作文件、记录,以便做好变更过程的信息沟通。典型的工作文件、记录包括变更管理程序、变更申请审批表、风险评估记录、变更登记表以及工艺、设备变更结项报告等。

6. 变更结束

变更实施完成后,应对变更是否符合规定内容,以及是否达到预期目的进行验证,提交工艺设备变更结项报告,并完成以下工作:所有与变更相关的工艺、技术和设备信息都已更新;规定了期限的变更,期满后应恢复变更前状况;试验结果已记录在案;确认变更结果;变更实施过程的相关文件归档。

二、化工设备

(一)化工设备的含义

化工设备是化工工艺的基础,是实现化工生产的重要工具。化工生产中为了将原料加工成一定规格的成品,往往需要经过原料预处理、化学反应以及反应产物的分离和精制等一系列化工过程,而过程要通过各种单元操作来实现,实现这些过程所用的机械常常都被划归为化工设备。

(二)化工设备的分类

化工设备可以分为动设备和静设备。动设备是指由驱动机带动的转动设备(亦指有能源消耗的设备)，如泵、压缩机、风机等，其能源可以是电动力、气动力、蒸汽动力等。静设备是指在化工生产中静止的或配有少量传动机构组成的装置，主要用于完成传热、传质和化学反应等过程，或用于储存物料。

化工设备具体有精馏塔设备、反应设备、输送泵设备、换热设备、阀门设备、气体压缩与输送设备、物料干燥设备、离心分离设备、工业循环水系统、过滤设备等。

1. 化工容器概述

(1)压力容器的概念。化工工艺过程中的化工设备通常是指静止设备。化工容器是化工设备外壳的总称。压力容器是指承受压力载荷作用的容器，由于化工容器几乎都承受压力载荷，通常直接称其为压力容器。化工容器的特点为高温、高压，介质易燃、易爆、有毒。

(2)化工容器的结构组成。化工容器的组成零部件有筒体、封头、支座(基本件)、接管、法兰(对外连接件)、人孔、手孔、液面计(附件)以及一些内构件等。

筒体是化工容器最主要的受压元件之一，内直径和容积通常需由工艺计算确定。化工工艺中最常用的筒体结构是圆柱形筒体(即圆筒)和球形筒体。

封头可根据几何形状的不同分为球形、椭圆形、碟形、球冠形、锥壳和平盖等几种，椭圆形封头在化工工艺中应用最多。封头与筒体的连接方式有可拆连接与不可拆连接(焊接)两种。

接管是介质进出容器的主要通道。

法兰是容器及接管的可拆连接装置，分为设备法兰和管法兰(属主要受压元件)。

支座是用于支承容器的部件，分立式和卧式两种。

人孔、手孔是为便于制造、检验和维护管理而设置的部件(属主要受压元件)。

液面计主要用于观察或监控液位的部件(属安全附件，此外还有安全阀、压力表等)。

(3)化工容器的分类。容器有多种分类方法，可按生产过程中的作用原理分类，也可按容器形状、承压性质、结构材料、设计压力高低及安全监察要求分类。

①按材料分为金属容器、非金属容器、复合材料容器等。

②按容器形状分为矩形容器、球形容器、圆筒形容器等。

③按承压性质分为内压容器和外压容器两种。外压容器是指容器外部压力大于内部压力的情况，当外压为常压时的外压容器，又称为真空容器。内压容器是指容器内部的压力大于外部压力的容器。

④内压容器按压力容器的设计压力(P)分为低压、中压、高压、超高压四个压力等级，具体划分见表1-2。

表 1-2　压力容器等级划分表

容器分类	设计压力/MPa
低压容器(L)	$0.1 \leqslant P < 1.6$
中压容器(M)	$1.6 \leqslant P < 10$
高压容器(H)	$10 \leqslant P < 100$
超高压容器(U)	$P \geqslant 100$

⑤按压力容器在生产工艺过程中的作用原理分为：

a.反应压力容器主要是用于完成介质的物理、化学反应（代号 R），如反应器、反应釜等。

b.换热压力容器主要是用于完成介质的热量交换（代号 E），如管壳式余热锅炉、热交换器、蒸发器、加热器、消毒锅等。

c.分离压力容器主要是用于完成介质的流体压力平衡缓冲和气体净化分离（代号 S），如分离器、过滤器、缓冲器、干燥塔、分汽缸、除氧器等。

d.储存压力容器主要是用于储存、盛装气体、液体、液化气体等介质（代号 C，其中球罐代号 B），如各种型式的储罐。

在一种压力容器中，如同时具备两个以上的工艺作用原理时，应按工艺过程中的主要作用来划分品类。

压力容器中化学介质毒性程度和易燃介质的划分参照《压力容器中化学介质毒性危害和爆炸危险程度分类标准》（HG/T 20660—2017）的规定。无规定时，按下述原则确定毒性程度：

极度危害（Ⅰ级）最高容许浓度 <0.1 mg/m^3；

高度危害（Ⅱ级）最高容许浓度 $0.1\sim1.0$ mg/m^3；

中度危害（Ⅲ级）最高容许浓度 $1.0\sim10$ mg/m^3；

轻度危害（Ⅳ级）最高容许浓度 $\geqslant10$ mg/m^3。

（4）化工容器设计的基本要求。化工容器在设计时应当满足以下基本要求：

①足够的强度。强度是指容器抵抗外力破坏的能力，在相同设计条件下，提高材料强度，可以增大许用应力，减小过程设备的壁厚，减轻重量。

②足够的刚度或稳定性。刚度是指容器或构件在外力作用下维持原有形状的能力，刚度不足是造成压力设备发生严重变形的主要原因之一。

③可靠的密封性。化工厂所涉及的物料大多为易燃、易爆或有毒物品，一旦发生泄漏，不但会造成经济损失，导致操作人员中毒，甚至可能会引发爆炸，造成严重的人员伤亡。因此，设备密封的可靠性是化工设备安全运行的必要条件。

④耐久性。化工设备的使用年限一般为 $10\sim15$ 年，但设备的实际使用年限往往会超过其设计年限，而腐蚀等诸多因素都会影响其使用寿命，因而化工容器在设计时应当考虑其耐久性以满足其使用寿命的要求。

⑤可靠性。可靠性包括制造、安装、操作、维修及运输的可能性、方便性。

⑥技术经济指标合理。经济性指标包括单位生产能力、消耗系数、设备价格、管理费用及产品总成本五个方面。其中，管理费用包括劳动工资、维护和检修费用等，管理费用降低，产品成本也随之降低。但管理费用不是一个孤立的因素，例如有时采用高度自动化的设备，管理费用降低了，但投资成本则会增加。而产品总成本是化工生产中一切经济效果的综合反映。

（5）容器零部件标准化的基本参数。标准化是指为了提高产品的设计制造质量及效率、增加互换性、便于维修、降低成本而人为规定将零部件按参数等级而系列化的行为。

容器标准化的基本参数包括公称压力 PN、公称直径 DN：

①公称直径是指将容器及管子直径加以标准化以后的标准直径。由钢板卷制的筒

体,公称直径是指内径;由无缝钢管制作的筒体,公称直径是指外径。管子的公称直径既不是内径,也不是外径,而是小于管子外径的某一个数值。只要管子的公称直径一定,它的外径也就确定了,而管子的内径则是指与它相配的管子的公称直径。

②公称压力是指将所能承受的压力范围分为若干个等级,因为公称直径相同的同类零件,只要它们的工作压力不相同,那么它们的其他尺寸也就不会一样。所以规定了若干个压力等级,这种规定的标准压力等级就是公称压力,以 PN 表示。

2. 管壳式换热器的形式和总体结构

(1)管壳式换热器的分类。管壳式换热器是进行热交换操作的通用工艺设备。它是化工、炼油、动力、原子能、食品、轻工、制药、机械及其他许多工业部门广泛使用的一种工艺设备,特别是在石油炼制和化学加工装置中,占有极其重要的地位。换热器的型式、换热器的种类划分方法多样,且各不相同。

①按其用途分类,可将换热器分为加热器、冷却器、冷凝器、蒸发器、再沸器等。

②按其传热方式和作用原理分类,可分为混合式换热器、蓄热式换热器、间壁式换热器等。其中间壁式换热器按传热面形状可分为管式换热器、板面式换热器、扩展表面换热器等。这其中又以管壳式换热器应用最为广泛,它通过换热管的管壁进行传热。具有结构简单牢固、制造简便、使用材料范围广、可靠程度高等优点,是目前应用最为广泛的一种换热器。

③按使用材料分类,可分为金属材料和非金属材料换热器两类。非金属换热器有陶瓷换热器、塑料换热器、石墨换热器和玻璃换热器等。

④按传热面的特征分类,管壳式换热器按照内传热管表面的形状分为螺纹管换热器、波纹管换热器、翅管换热器、表面多空管换热器、螺旋槽管换热器、异型管换热器、翅片管换热器、环槽管换热器、螺旋扁管换热器、锯齿管换热器、螺旋绕管式换热器、纵槽管换热器、内插物换热器等。

⑤按流体流动形式分类,按照管壳式换热器内流体流动的形式分为并流、逆流和错流三种形式。这三种流动形式中,逆流相比其他流动方式,在同等条件下换热器的壁面的热应力最小,壁面两侧流体的传热温差最大,是优先选用的形式。

⑥按结构特点分类,可将管壳式换热器分为固定管板式、浮头式、U 型管式、填料函式、滑动管板式、双管板式、薄管板式等。

(2)管壳式换热器的总体结构。管壳式换热器是由壳体、管板、前后管箱、折流板或支持板、管束、接管、法兰(包括管法兰与容器法兰)、支座及附件等组成。其主要的组合部件为前端管箱、壳体和后端结构(包括管束)三部分。

前端管箱是指管程入口一则的管箱。后端结构是指与前端管箱相应的另一则的管箱结构。壳体是指处于前端管箱和后端结构之间、由钢管或金属板焊接而构成的筒体。换热管置于由壳体围成的空间中,两端与管板相连,管板与壳体及管箱相连,把换热器分为两大部分空间,即壳程和管程。

分程可以提高流速来提高传热系数,但程数不宜太多。

管程是指介质流经换热管内的通道及与其相贯通的部分。

壳程是指介质流经换热管外的通道及与其相贯通部分。

管程数(N_t)是指介质沿换热管长度方向往、返的次数。管程数一般为偶数,主要有 2、4、6、8、10、12 等。

壳程数(N_s)是指介质在壳程内沿壳体轴向往、返的次数。一般为单壳程，最多双壳程。

(3)管壳式换热器的形式。管壳式换热器按其结构特点可分为：固定管板式换热器、U形管式换热器、浮头式换热器、填料函式换热器、釜式重沸器等。

固定管板式换热器由管箱、管板、换热管、壳体、折流板或支撑板、拉杆、定距管等组成。固定管板式换热器的特点为：管板与壳体之间采用焊接连接，两端管板均固定，可以是单管程或多管箱，管束不可拆，管板可延长兼作法兰；结构简单，紧凑，能承受较高的压力，造价低，制造方便，在相同管束情况下其壳体内径最小，管程分程较方便，管程清洗方便，管子损坏时易于堵管或更换。固定管板式换热器也存在一定缺点，比如：不易清洗壳程，壳程检查困难，壳体和管束中可能产生较大的热应力。因此，固定管板式换热器适用于壳程介质清洗不易结垢，管程需清洗以及温差不大或温差虽大但是壳程压力不大的场合。

浮头式换热器由管箱、管板、折流板或支撑板、换热管、壳体、拉杆、定距管、钩圈、浮头盖等组成。浮头式换热器的特点为：一端管板与壳体固定，另一端管板(浮动管板)与壳体之间没有约束，可在壳体内自由浮动，只能为多管程，布管区域小于固定管板式换热器，管板不能兼作法兰，一般有管束滑道；浮头式换热器管内和管间清洗方便，不会产生热应力应变。浮头式换热器的缺点为：结构较复杂，设备笨重，造价高，浮头端小盖在操作中检查困难。因此，浮头式换热器适用于壳体和管束之间壁温相差较大，或介质易结垢的场合。

U形管式换热器由管箱、管板、U形换热管、壳体、折流板或支撑板、拉杆、定距管等组成。其特点为：只有一个管板和一个管箱，壳体与换热管之间不相连，管束能从壳体中抽出或插入；只能为多管程，管板不能兼作法兰，一般有管束滑道；总重轻于固定管板式换热器；U形管式换热器结构简单，价格便宜，承受压力能力强，不会产生热应力。其缺点为：布管少，管板利用率低，管子坏时不易更换。因此，U形管式换热器适用于壳侧可以抽出管板和壳体清晰、管侧不易，特别适用于管内走清洁而不易结垢的高温、高压、腐蚀性大的物料。

填料函式换热器由管箱、管板、管束、壳体、折流板或支撑板、拉杆、定距管、填料函等组成。其特点为：一侧管箱可以滑动，壳体与滑动管箱之间采用填料密封；管束可抽出，管板不兼作法兰；填料函式换热器结构简单，加工制造方便，造价低，管内和管间清洗方便，但填料函式换热器密封性能较差，在填料处易发生泄漏。因此，填料函式换热器适用于4 MPa以下，且不适用于易挥发、易燃、易爆、有毒及贵重介质，使用温度受填料的物性限制的场合。

釜式重沸器是固定管板式换热器、浮头式换热器、U形管式换热器壳体的变形，主要是将壳程空间加倍增大，结构上留有一定的蒸发空间。类似于现在的容积式换热器。容积式换热器壳程介质一般为水，用于供暖。

(4)管壳式换热器的型号表示方法如下。

$$XYZ\ DN - \frac{P_t}{P_s} - A - \frac{LN}{d}B - \frac{N_t}{N_s}C$$

式中：

X——为前端结构型式。

Y——为壳体型式。

Z——为后端结构型式。

DN——为换热器的公称直径(mm)。对于釜式重沸器来说,用分数表示,分子为管箱直径、分母为壳程圆筒直径。

P_t、P_s——分别表示管程、壳程设计压力(MPa)。当压力相等时只写 P_t。

A——为公称换热面积(m^2)。是经圆整后的计算换热面积,即以换热管外径为基准,扣除伸入管板内的换热管长度后,计算得到的管束外表面积。对于 U 形管,一般不包括弯管段的面积。

LN——为换热器的公称长度(m)。当换热管为直管时,公称长度为其直管长度;为 U 形管时,公称长度为取 U 形管直管段长度。

d——为换热管的外直径(mm)。

B——为换热管的材料符号。当换热管为 Al、Cu、Ti 管时,应在 *LN/d* 后面标记材料符号,如 *LN/d* Cu;当换热管为钢制管时,则不标记材料符号。

N_t、N_s——分别为管程数、壳程数,单壳程时只写 N_t。

C——为换热管的级别。换热管采用碳素钢、低合金钢冷拔钢管做换热器时,其管束分为 Ⅰ、Ⅱ两级。Ⅰ级管束是指采用较高级、高级冷拔管的管束;Ⅱ级管束是指采用普通级冷拔管的管束。

3. 管壳式换热器选型时的考虑因素及原则

换热器选型需要考虑换热器的结构特点、使用条件、投资与运行费用等综合因素,来选择一种相对合理的形式。在选型前,必须熟悉各种换热器的结构特点、工作特性,根据具体条件做出方案,比较各方案作出最优的选择。

管壳式换热器选型时需要考虑材料、介质、压力、温度、温差、压降、结垢情况、检修清理方法等各种因素。其中,安全因素是换热器选型时最主要因素,包括强度、刚度足够,结构可靠,满足密封要求,材料与介质相容。如温差应力的考虑、密封性的考虑等。能满足工艺要求也是换热器选型时需考虑的重要因素。有足够的传热面积和介质,有利于传热的流动状态,经济上较合理。如能否使用 U 形管,管、壳程的清洗是否分程,介质的黏度对流动的影响,是否须可拆结构等。换热器选型还应当考虑其是否能便于制造、安装和维修,制造较简单、运行性能良好、运行费用低等。

管壳式换热器选型的一般原则有:温差不大、壳程介质结垢不严重、壳程能采用化学清洗时,选用固定管板式换热器;温差较大时,可选用浮头式换热器、U 形管式换热器、填料函式换热器和滑动管板式换热器;要对壳程进行机械清洗时,可选用管束可抽出的结构;高温高压时,可选用 U 形管式换热器;壳程介质为易燃、易爆、有毒或易挥发,以及使用压力、温度较高时,不宜采用填料函式换热器;管程介质和壳程介质不允许相混时,可采用双管板结构的换热器。

(三)化工设备的布置要求

化工设备的布置,对于绝大多数操作都应该是效率最高的,而且安全问题也必须放在同等重要的地位。对于大量处理可燃液体的石油和化工企业,装置布局和设备间距应该注意以下几点:

(1)需要留有足够的空间可以把工艺单元可能的火灾控制在最小范围。

(2)对于极为重要的单系列装置,要保留足够的空间,或用其他方法进行防护。

(3)危险性极大的区域应该与其他部分保持足够的安全距离。

(4)发生装置事故不能直接影响水、电、气(汽)等公用工程设施。

(5)因各种原因有可能使装置界区内浸水时,应该设置防水设备。

(6)应该特别注意公路、铁路在装置附近的情况。

(7)对于道路的设置,应该注意在发生事故时能较方便地接近装置。

(8)在装置的边界和出入口,应该安装监视设施。

(四)化工设备检查的内容和方法

1.化工设备检查的基本内容

化工设备检查的基本内容包括:听设备运行声音,检查振动情况;观察介质温度、压力、流量、液位情况;检查润滑油油位及油质是否变质;检查轴承温度、机械密封、静密封情况;检查冷却水密封、冲洗系统是否正常;检查设备防腐、保温、防冻、防雷电情况;检查设备清洁卫生。

2.化工设备检查的基本方法

(1)看。眼看油量、油质是否满足需要,各密封点有无跑、冒、滴、漏现象的发生。

(2)听。听设备声音有无异常。

(3)摸。手摸设备,感觉温度、振动有无异常,如果设备热但手能忍受,一般在50 ℃以下,如果手不能忍受的话一般都超过了65 ℃。

(4)闻。闻设备有无异常气味,特别是物料密封点。

(五)化工设备检修

1.检修的分类

检修包括日常的正常维修和计划检修。正常维修是用较短的时间、最少的费用,及早地发现并处理突发性故障,及时消除影响设备性能造成质量下降的问题,保证装置正常运行;例如通过备用设备的更替,来实现对故障设备的维修。计划检修是根据设备的管理、使用经验和生产规律,制定设备的检修计划,按计划进行检修;根据检修的内容、周期和要求不同,计划检修分为小修、中修、大修。另外在生产过程中设备突然发生故障或事故,必须进行停车检修;这种检修难以预料,无法安排检修计划,而且要求检修时间短,检修质量高,检修的环境及工况复杂,其难度相当大。

2.化工检修的特点

化工检修具有频繁、复杂、危险性大等特点,即:

(1)化工检修的频繁性。所谓频繁是指计划检修、计划外检修的次数多;化工生产的复杂性,决定了化工设备及管道的故障和事故的频繁性,因此也决定了检修的频繁性。

(2)化工检修的复杂性。由于化工生产中使用的化工设备、机械、仪表、管道、阀门等种类多,数量大,结构和性能各异,这就要求从事检修的人员必须具有丰富的专业知识和技术,熟悉和掌握不同设备的结构、性能和特点。检修中由于受到环境、气候、场地的限制,有些要在露天作业,有些要求在设备内作业,有些要在地坑或井下作业,有时还要上、中、下立体交叉作业,所有这些情景都给化工检修增加了复杂性。

(3)化工检修的危险性。化工生产的危险性决定了化工检修的危险性。化工设备和管道内有很多残存的易燃易爆、有毒有害、有腐蚀性的物质,而化工检修又离不开动火、进塔进罐作业,稍有不慎或疏忽,就会发生火灾爆炸、中毒和化学灼伤等事故。据相关资料统计,国内外化工企业发生的事故中,停车检修和运行中抢修过程中发生的事故占有相当大的比例。

3. 化工检修安全管理要点

化工生产装置检修的安全管理始终贯穿于检修的全过程,包括检修前的准备、装置的停车、吹扫置换、检修、开工前的确认以及开工的全过程。

第四节 化学品分类和危险性公示

《作业场所安全使用化学品公约》中规定,化学品一词系指各类化学元素、化合物和混合物,无论其为天然的或人造的。

一、化学品分类

本部分主要依据《化学品分类和危险性公示 通则》(GB 13690)相关内容以及《危险化学品目录》等文件。

(一)理化危险

1. 爆炸物

爆炸物质(或混合物)是指本身能够通过化学反应产生气体,而产生气体的温度、压力和速度能够对周围环境造成破坏的固态或液态物质(或物质的混合物)。其中也包括发火物质,即使它们不放出气体。

发火物质(或发火混合物)是指通过非爆炸自持放热化学反应产生的热、光、声、气体、烟或所有这些的组合来产生效应的物质或物质的混合物。

爆炸性物品是指含有一种或多种爆炸性物质或混合物的物品。

烟火物品是指包含一种或多种发火物质或混合物的物品。

爆炸物包括以下种类:

(1)爆炸性物质和混合物。

(2)爆炸性物品,但不包括下述装置:其中所含爆炸性物质或混合物由于其数量或特性,在意外或偶然点燃或引爆后,不会由于迸射、发火、冒烟、发热或巨响而在装置之外产生任何效应。

(3)在(1)和(2)中未提及的为产生实际爆炸或烟火效应而制造的物质、混合物和物品。

爆炸物分类、警示标签和警示性说明可参照《化学品分类和标签规范》(GB 30000)系列标准进行学习。

2. 易燃气体

易燃气体是指在20 ℃和101.3 kPa标准压力下,与空气有易燃范围的气体。

易燃气体分类、警示标签和警示性说明可参照《化学品分类和标签规范》(GB 30000)系列标准进行学习。

3. 易燃气溶胶

气溶胶是指气溶胶喷雾罐(为任何不可重新罐装的容器,该容器由金属、玻璃或塑料制成)内装强制压缩、液化或溶解的气体(包含或不包含液体、膏剂或粉末),并且配有释放装置,可使所装物质喷射出来,形成在气体中悬浮的固态或液态微粒,或形成泡沫、膏剂或粉末,或处于液态或气态。

易燃气溶胶分类、警示标签和警示性说明可参照《化学品分类和标签规范》(GB 30000)系列标准进行学习。

4. 氧化性气体

氧化性气体是指一般通过提供氧气,比空气更能导致或促使其他物质燃烧的任何气体。

氧化性气体分类、警示标签和警示性说明可参照《化学品分类和标签规范》(GB 30000)系列标准进行学习。

5. 压力下气体

压力下气体是指高压气体在压力等于或大于 200 kPa(表压)下装入贮器的气体,或是液化气体或冷冻液化气体。压力下气体包括压缩气体、液化气体、溶解液体、冷冻液化气体。

压力下气体分类、警示标签和警示性说明可参照《化学品分类和标签规范》(GB 30000)系列标准进行学习。

6. 易燃液体

易燃液体是指闪点不高于 93 ℃ 的液体。

易燃液体分类、警示标签和警示性说明可参照《化学品分类和标签规范》(GB 30000)系列标准进行学习。

7. 易燃固体

易燃固体是指容易燃烧或通过摩擦可能引燃或助燃的固体。易于燃烧的固体为粉状、颗粒状或糊状物质,它们在燃烧着的火柴等火源短暂接触即可点燃和火焰迅速蔓延的情况下,都会非常危险。

易燃固体分类、警示标签和警示性说明可参照《化学品分类和标签规范》(GB 30000)系列标准进行学习。

8. 自反应物质或混合物

自反应物质或混合物是指即使没有氧(空气)也容易发生激烈放热分解的热不稳定液态或固态物质或混合物。此定义不包括根据统一分类制度分类为爆炸物、有机过氧化物或氧化物的物质和混合物。自反应物质或混合物如果在实验室试验中,其组分容易起爆、迅速爆燃或在封闭条件下加热时显示剧烈效应,应视为具有爆炸性质。

自反应物质分类、警示标签和警示性说明可参照《化学品分类和标签规范》(GB 30000)系列标准进行学习。

9. 自燃液体

自燃液体是指即使数量小也能在与空气接触后 5 min 之内引燃的液体。

自燃液体分类、警示标签和警示性说明可参照《化学品分类和标签规范》(GB 30000)系列标准进行学习。

10. 自燃固体

自燃固体是指即使数量小也能在与空气接触后 5 min 之内引燃的固体。

自燃固体分类、警示标签和警示性说明可参照《化学品分类和标签规范》(GB 30000)系列标准进行学习。

11. 自热物质和混合物

自热物质是指发火液体或固体以外,与空气反应不需要能源供应就能够自己发热的固体或液体物质或混合物;这类物质或混合物与发火液体或固体不同,因为这类物质只有数量很大(公斤级)并经过长时间(几小时或几天)才会燃烧。需要注意的是,物质或混合物的自热导致自发燃烧是由于物质或混合物与氧气(空气中的氧气)发生反应并且所产生的热没有足够迅速地传导到外界而引起的。当热产生的速度超过热损耗的速度而达到自燃温度时,自燃便会发生。

自热物质分类、警示标签和警示性说明可参照《化学品分类和标签规范》(GB 30000)系列标准进行学习。

12. 遇水放出易燃气体的物质或混合物

遇水放出易燃气体的物质或混合物是指通过与水作用,容易具有自燃性或放出危险数量的易燃气体的固态或液态物质或混合物。

遇水放出易燃气体的物质分类、警示标签和警示性说明可参照《化学品分类和标签规范》(GB 30000)系列标准进行学习。

13. 氧化性液体

氧化性液体是指本身未必燃烧,但通常因放出氧气可能引起或促使其他物质燃烧的液体。

氧化性液体分类、警示性标签和警示性说明可参照《化学品分类和标签规范》(GB 30000)系列标准进行学习。

14. 氧化性固体

氧化性固体是指本身未必燃烧,但通常因放出氧气可能引起或促使其他物质燃烧的固体。

氧化性固体分类、警示标签和警示性说明可参照《化学品分类和标签规范》(GB 30000)系列标准进行学习。

15. 有机过氧化物

有机过氧化物是指含有二价 – O – O – 结构的液态或固态有机物质,可以看作是一个或两个氢原子被有机基替代的过氧化氢衍生物。有机过氧化物也包括有机过氧化物配方(混合物)。有机过氧化物是热不稳定物质或混合物,容易放热自加速分解。另外,它们可能具有下列一种或几种性质:易于爆炸分解;迅速燃烧;对撞击或摩擦敏感;与其他物质发生危险反应。

如果有机过氧化物在实验室试验中,在封闭条件下加热时组分容易爆炸、迅速爆燃或表现出剧烈效应,则认为它具有爆炸性质。

有机过氧化物分类、警示标签和警示性说明可参照《化学品分类和标签规范》(GB 30000)系列标准进行学习。

16. 金属腐蚀剂

腐蚀金属的物质或混合物是指通过化学作用显著损坏或毁坏金属的物质或混合物。

金属腐蚀物分类、警示标签和警示性说明可参照《化学品分类和标签规范》(GB 30000)系列标准进行学习。

(二) 健康危险

1. 急性毒性

急性毒物是指在单剂量或在 24 h 内多剂量口服或皮肤接触的一种物质,或吸入接触 4 h 之后出现的有害效应。

急性毒性分类、警示标签和警示性说明可参照《化学品分类和标签规范》(GB 30000) 系列标准进行学习。

2. 皮肤腐蚀/刺激

皮肤腐蚀是对皮肤造成的不可逆损伤,即施用实验物质达到 4 h 后,可观察到表皮和真皮坏死。腐蚀反应的特征包括溃疡、出血、有血的结痂,且在观察期 14 d 结束时,皮肤、完全脱发区域和结痂处由于漂白而褪色。应考虑通过组织病理学来评估可疑的病变。皮肤刺激是施用试验物质达到 4 h 后对皮肤造成的可逆性损伤。

皮肤腐蚀/刺激分类、警示标签和警示性说明可参照《化学品分类和标签规范》(GB 30000) 系列标准进行学习。

3. 严重眼损伤/眼刺激

严重眼损伤是在眼前部表面施加试验物质之后,对眼部造成在施用 21 d 内并不完全可逆的组织损伤或严重的视觉物理衰退。

眼刺激是在眼前部表面施加试验物质之后,在眼部产生在施用 21 d 内完全可逆的变化。

严重眼睛损伤/眼刺激性分类、警示标签和警示性说明可参照《化学品分类和标签规范》(GB 30000) 系列标准进行学习。

4. 呼吸或皮肤过敏

呼吸过敏物是指吸入后会导致气管超过敏反应的物质。皮肤过敏物是指皮肤接触后导致过敏反应的物质。

过敏包含两个阶段:第一个阶段是某人因接触某种变应原而引起特定免疫记忆;第二阶段是引发,即某一致敏个人因接触某种变应原而产生细胞介导或抗体介导的过敏反应。

就呼吸过敏而言,随后引发阶段的诱发,其形态与皮肤过敏相同。对于皮肤过敏,需有一个让免疫系统能学会作出反应的诱发阶段;此后,可出现临床症状,这时的接触就足以引发可见的皮肤反应(引发阶段)。因此,预测性的试验通常取这种形态,其中有一个诱发阶段,对该阶段的反应则通过标准的引发阶段加以计量,典型做法是使用斑贴试验。直接计量诱发反应的局部淋巴结试验则是例外做法。人体皮肤过敏的证据通常通过诊断性斑贴试验加以评估。

就皮肤过敏和呼吸过敏而言,对于诱发所需的数值一般低于引发所需的数值。

呼吸或皮肤过敏分类、警示标签和警示性说明可参照《化学品分类和标签规范》(GB 30000) 系列标准进行学习。

5. 生殖细胞致突变性

生殖细胞致突变性危险类别主要涉及可能导致人类生殖细胞发生可传播给后代的突变的化学品。但是,在生殖细胞致突变性危险类别内对物质和混合物进行分类时,也要考虑活体外致突变性/生殖毒性试验和哺乳动物活体内体细胞中的致突变性/生殖毒性试验。

突变是指细胞中遗传物质的数量或结构发生永久性改变。

"突变"一词用于可能表现于表型水平的可遗传的基因改变和已知的基本 DNA 改性,

例如,包括特定的碱基对改变和染色体易位。引起突变和致变物两词用于在细胞和/或有机群落内产生不断增加的突变试剂。

生殖毒性的和生殖毒性这两个较具一般性的词汇用于改变 DNA 的结构、信息量、分离试剂或过程,包括那些通过干扰正常复制过程造成 DNA 损伤或以非生理方式(暂时)改变 DNA 复制的试剂或过程。生殖毒性试验结果通常作为致突变效应的指标。

生殖细胞突变性分类、警示标签和警示性说明可参照《化学品分类和标签规范》(GB 30000)系列标准进行学习。

6. 致癌性

致癌物是指可以导致癌症或增加癌症发病率的化学物质或化学物质混合物。在实施良好的动物实验性研究中诱发良性和恶性肿瘤的物质也被认为是假定的或可疑的人类致癌物,除非有确凿证据显示该肿瘤形成机制与人类无关。

产生致癌危险的化学品的分类基于该物质的固有性质,并不提供关于该化学品的使用可能产生的人类致癌风险水平的信息。

致癌性分类、警示标签和警示性说明可参照《化学品分类和标签规范》(GB 30000)系列标准进行学习。

7. 生殖毒性

生殖毒性包括对成年雄性和雌性性功能与生育能力的有害影响,以及在后代中的发育毒性。有些生殖毒性效应不能明确地归因于性功能和生育能力受损害或者发育毒性。尽管如此,具有这些效应的化学品将划为生殖有毒物并附加一般危险说明。

生殖毒性对性功能和生育能力的有害影响:

(1)化学品干扰生殖能力的任何效应。这可能包括(但不限于)对雌性和雄性生殖系统的改变,对青春期的开始、配子产生和输送、生殖周期正常状态、性行为、生育能力、分娩怀孕结果的有害影响,过早生殖衰老,或者对依赖生殖系统完整性的其他功能的改变。

(2)对哺乳期的有害影响或通过哺乳期产生的有害影响也属于生殖毒性的范围,但为了分类目的,对这样的效应进行了单独处理。这是因为对化学品对哺乳期的有害影响最好进行专门分类,这样就可以为出于哺乳期的母亲提供有关这种效应的具体危险警告。

生殖毒性对后代发育的有害影响:

(1)从其最广泛的意义上来说,发育毒性包括在出生前或出生后干扰孕体正常发育的任何效应,这种效应的产生是由于受孕前父母一方的接触,或者正在发育之中的后代在出生前或出生后成熟之前这一期间的接触。但是,发育毒性标题下的分类主要是为了怀孕女性和有生殖能力的男性和女性提出危险警告。因此,为了务实的分类目的,发育毒性实质上是指怀孕期间引起的有害影响,或父母接触造成的有害影响。这些效应可在生物体生命周期的任何时间显现出来。

(2)发育毒性的主要表现包括:发育中的生物体死亡;结构异常畸形;生长改变;功能缺陷。

生殖毒性分类、警示标签和警示性说明可参照《化学品分类和标签规范》(GB 30000)系列标准进行学习。

8. 特异性靶器官系统毒性——一次接触

一次接触规定的目的是提供一种方法,用以划分由于单次接触而产生特异性、非致命性靶器官/毒性的物质。

一次接触分类可将化学物质划为特定靶器官有毒物,这些化学物质可能对接触者的健康产生潜在有害影响。

一次接触分类取决于是否拥有可靠证据,表明在该物质中的单次接触对人类或试验动物产生了一致的、可识别的毒性效应,影响组织/器官的机能或形态的毒理学显著变化,或者使生物体的生物化学或血液学发生严重变化,而且这些变化与人类健康有关。人类数据是这种危险分类的主要证据来源。

对一次接触的评估不仅要考虑单一器官或生物系统中的显著变化,而且还要考虑涉及多个器官的严重性较低的普遍变化。

特定靶器官毒性可能以与人类有关的任何途径发生,但主要以口服、皮肤接触或吸入途径发生。

特异性靶器官系统毒性一次接触分类、警示标签和警示性说明可参照《化学品分类和标签规范》(GB 30000)系列标准进行学习。

9. 特异性靶器官系统毒性——反复接触

反复接触规定的目的是对由于反复接触而产生特定靶器官/毒性的物质进行分类。所有可能损害机能的,可逆和不可逆的,即时和/或延迟的显著健康影响都包括在内。

反复接触分类可将化学物质划为特定靶器官/有毒物,这些化学物质可能对接触者的健康产生潜在有害影响。

反复接触分类取决于是否拥有可靠证据,表明在该物质中的单次接触对人类或试验动物产生了一致的、可识别的毒性效应,影响组织/器官的机能或形态的毒理学显著变化,或者使生物体的生物化学或血液学发生严重变化,而且这些变化与人类健康有关。人类数据是这种危险分类的主要证据来源。

对反复接触的评估不仅要考虑单一器官或生物系统中的显著变化,而且还要考虑涉及多个器官的严重性较低的普遍变化。

特定靶器官/毒性可能以与人类有关的任何途径发生,主要以口服、皮肤接触或吸入途径发生。

特异性靶器官系统毒性反复接触分类、警示标签和警示性说明可参照《化学品分类和标签规范》(GB 30000)系列标准进行学习。

10. 吸入危险

吸入危险规定的目的是对可能对人类造成吸入毒性危险的物质或混合物进行分类。

"吸入"是指液态或固态化学品通过口腔或鼻腔直接进入或者因呕吐间接进入气管和下呼吸系统。

吸入毒性包括化学性肺炎、不同程度的肺损伤或吸入后死亡等严重急性效应。

吸入开始是在吸气的瞬间,在吸一口气所需的时间内,引起效应的物质停留在咽喉部位的上呼吸道和上消化道交界处时。

物质或混合物的吸入可能在消化后呕吐出来时发生。这可能影响到标签,特别是如果由于急性毒性,可能考虑消化后引起呕吐的建议。不过,如果物质/混合物也呈现吸入毒性危险,引起呕吐的建议可能需要修改。

(三) 环境危险

急性水生毒性是指物质对短期接触它的生物体造成伤害的固有性质。

慢性毒性数据不像急性数据那么容易得到,而且试验程序范围也未标准化。

慢性水生毒性是指物质在与生物体生命周期相关的接触期间对水生生物产生有害影响的潜在性质或实际性质。

危害水生环境:对水环境的危害分类、警示标签和警示性说明可参照《化学品分类和标签规范》(GB 30000)系列标准进行学习。

二、废弃固体化学品分类

本部分主要依据《废弃固体化学品分类规范》(GB/T 31857—2015)相关内容。

(一)术语

废弃固体化学品是指丢弃的、废弃不用的、不合格的、过期失效的固态、半固态化学品,以及包装化学品的容器。

(二)废弃固体化学品的分类

废弃固体化学品按照行业来源分为以下八类。

(1)Ⅰ类:含有价金属的废弃固体化学品。

(2)Ⅱ类:废弃电池化学品。

(3)Ⅲ类:废弃电子化学品。

(4)Ⅳ类:废弃催化剂。

(5)Ⅴ类:废弃聚合物化学品。

(6)Ⅵ类:废弃油脂。

(7)Ⅶ类:工业废渣。

(8)Ⅷ类:其他废弃固体化学品。

按照每类废弃化学品的产品类别分成不同组别,具体见表1-3。

表1-3 废弃固体化学品分类

类别	组别
Ⅰ类	含钴废料、含镍废料、含锌废料、含铜废料、其他含有价金属的废弃固体化学品
Ⅱ类	废锌锰电池、废铅酸蓄电池、废镍镉电池、废镍氢电池、废锂电池、其他废弃电池化学品
Ⅲ类	废弃集成电路用固体化学品、废弃印制电路板用固体化学品、废弃液晶显示材料、其他废弃电子化学品
Ⅳ类	炼油废催化剂、化工废催化剂、环保废催化剂
Ⅴ类	废塑料、废橡胶、废纤维、其他废弃聚合物化学品
Ⅵ类	废弃食用油脂、废矿物油
Ⅶ类	石膏,硼泥,盐泥,红泥,含金属盐工业废液处理污泥,电石渣,碱渣,铬渣,粉煤灰渣,煤矸石,炉渣,含砷废渣,含油漆、油墨、染料废渣,其他工业废渣
Ⅷ类	其他废弃固体化学品

三、危险(化学)品

据《中国现有化学物质名录》(2013 版)统计,在我国生产使用的化学物质超过 4.5 万种,每年还有近百个新化学物质注册登记。随着有毒有害化学品种类不断增加,区域性、结构性、布局性环境风险日益凸显。另外,《危险化学品目录》(2018 版)中列入的腐蚀性物质就达近千个,其危害是多方面的,由此引发的事故对人员、环境、运输设备等造成的直接经济损失也相当严重。

(一)危险(化学)品定义

危险(化学)品是指具有毒害、腐蚀、爆炸、燃烧、助燃等性质,对人体、设施、环境具有危害的剧毒化学品和其他化学品。

(二)危险(化学)品分类概要

各国、各部门和国际组织从化学品危险性出发,按照不同角度和需要给化学品进行分类。具体包括:

《危险货物分类与品名编号》(GB 6944)将危险(货物)品分为 9 类。

《建筑设计防火规范(2018 年版)》(GB 50016—2014)将物品分为 5 类。

联合国《全球化学品统一分类和标签制度》(GHS)将化学品分为 27 类;联合国《关于危险货物运输的建议书》将危险货物分为 9 类。

美国国家防火协会(NFPA)采用 5 级分类制。

日本消防法将危险物质分为 6 大类。

(三)《危险货物分类和品名编号》(GB 6944)中对危险品的分类

危险品(即危险物品或危险货物),具有爆炸、易燃、毒害、感染、腐蚀、放射性等危险特性,在运输、储存、生产、经营、使用和处置中,容易造成人身伤亡、财产损毁或环境污染而需要特别防护的物品和物质。

1. 危险品类别、项别和包装类别

(1)类别和项别。按危险品具有的危险性或最主要的危险性分为 9 个类别,第 1 类、第2 类、第 4 类、第 5 类和第 6 类再分成项别。类别和项别的具体内容见第五章第二节相关内容。

(2)危险品包装类别。为了包装目的,除了第 1 类、第 2 类、第 7 类、有机过氧化物、感染性物质,以及自反应物质以外的物质,根据其危险程度,划分为三个包装类别:Ⅰ类包装,具有高度危险性的物质;Ⅱ类包装,具有中等危险性的物质;Ⅲ类包装,具有轻度危险性的物质。

2. 爆炸品

爆炸性物质是指固体或液体物质(或物质混合物),自身能够通过化学反应产生气体,其温度、压力和速度高到能对周围造成破坏。烟火物质即使不放出气体,也包括在内。

爆炸性物品是指含有一种或几种爆炸性物质的物品。

爆炸品项别、配装组划分和组合见《危险货物分类和品名编号》(GB 6944)对应部分。

3. 气体

本类包括压缩气体、液化气体、溶解气体和冷冻液化气体、一种或多种气体与一种或多种其他类别物质的蒸气混合物、充有气体的物品和气雾剂。

毒性气体是指满足下列条件之一的气体：

(1)其毒性或腐蚀性对人类健康造成危害的气体。

(2)急性半数致死浓度 LC_{50} 值小于或等于 5 000 mL/m^3 的毒性或腐蚀性气体。

【注：使雌雄青年大白鼠连续吸入 1 h,最可能引起受试动作在 14 d 内死亡一半的气体的浓度。】

4.易燃液体

易燃液体是指易燃的液体或液体混合物,或是在溶液或悬浮液中有固体的液体,其闭杯试验闪点不高于60 ℃,或开杯试验闪点不高于65.6 ℃。易燃液体还包括满足下列条件之一的液体：

(1)在温度等于或高于其闪点的条件下提交运输的液体。

(2)以液态在高温条件下运输或提交运输、并在温度等于或低于最高运输温度下放出易燃蒸气的物质。

5.易燃固体、易于自然的物质、遇水放出易燃气体的物质

易燃固体、自反应物质和固态退敏爆炸品：

(1)易燃固体,易于燃烧的固体和摩擦可能起火的固体。

(2)自反应物质,即使没有氧气(空气)存在,也容易发生激烈放热分解的热不稳定物质。

(3)固态退敏爆炸品,为抑制爆炸物质的爆炸性能,用水或酒精湿润爆炸性物质,或其他物质稀释爆炸性物质后,而形成的均匀固态混合物。

易于自燃的物质:包括发火物质和自热物质。

发火物质:即使少量与空气接触,不到 5 min 时间便燃烧的物质,包括混合物和溶液(液体或固体)。

自热物质:发火物质以外的与空气接触便能自己发热的物质。

遇水放出易燃气体的物质:是指遇水放出易燃气体,且该气体与空气混合能够形成爆炸性混合物的物质。

第4类危险货物包装类别的划分见《危险货物分类和品名编号》(GB 6944)对应部分。

6.氧化性物质和有机过氧化物

氧化性物质是指本身未必燃烧,但通常因放出氧可能引起或促使其他物质燃烧的物质。有机过氧化物是指含有两价过氧基(- O - O -)结构的有机物质。有机过氧化物按其危险性程度分为 7 种类型,从 A 型到 G 型。

氧化性固体按照《危险品 固体氧化性试验方法》(GB/T 21617)所述试验程序和下列标准划定包装类别。氧化性液体按照《危险品 液体氧化性试验方法》(GB/T 21620)所述的试验程序和下列标准划定包装类别。

7.毒性物质和感染性物质

毒性物质是指经吞食、吸入或与皮肤接触后可能造成死亡或严重受伤或损害人类健康的物质。

本项包括满足下列条件之一的毒性物质(固体或液体)：

(1)急性口服毒性:$LD_{50} \leqslant 300$ mg/kg。

【注：青年大白鼠口服后，最可能引起受试动物在 14 d 内死亡一半的物质剂量，试验结果以 mg/kg 体重表示。】

（2）急性皮肤接触毒性：$LD_{50} \leqslant 1\ 000$ mg/kg。

【注：使白兔的裸露皮肤持续接触 24 h，最可能引起受试动物在 14 d 内死亡一半的物质剂量，试验结果以 mg/kg 体重表示。】

（3）急性吸入粉尘和烟雾毒性：$LC_{50} \leqslant 4$ mg/L。

（4）急性吸入蒸气毒性：$LC_{50} \leqslant 5\ 000$ mL/m^3，且在 20 ℃和标准大气压力下的饱和蒸气浓度大于或等于 1/5 LC_{50}。

【注：使雌雄青年大白鼠连续吸入 1 h，最可能引起受试动物在 14 d 内死亡一半的蒸气、烟雾或粉尘的浓度。固态物质如果其总质量的 10%以上是在可吸入范围的粉尘（即粉尘粒子的空气动力学直径 ≤10 μm）应进行试验。液态物质如果在运输密封装置泄漏时可能产生烟雾，应进行试验。不管是固态物质还是液态物质，准备用于吸入毒性试验的样品的 90%以上（按质量计算）应在上述规定的可吸入范围。对粉尘和烟雾，试验结果以 mg/L 表示；对蒸气，试验结果以 mL/m^3 表示。】

感染性物质是指已知或有理由认为含有病原体的物质。

感染性物质分为 A 类和 B 类：

（1）A 类是指以某种形式运输的感染性物质，在与之发生接触（发生接触，是在感染性物质泄露到保护性包装之外，造成与人或动物的实际接触）时，可造成健康的人或动物永久性失残、生命危险或致命疾病。

（2）B 类是指 A 类以外的感染性物质。

第 6 类危险货物包装类别的划分见《危险货物分类和品名编号》（GB 6944）。

8. 放射性物质

放射性物质是指任何含有放射性核素并且其活度浓度和放射性总活度都超过《放射性物品安全运输规程》（GB 11806—2019）规定限值的物质。

9. 腐蚀性物质

腐蚀性物质是指经过化学作用使生物组织接触时造成严重损伤或渗漏时会严重损害甚至毁坏其他货物或运输工具的物质。本类包括满足下列条件之一的物质：

（1）使完好皮肤组织在暴露超过 60 min、但不超过 4 h 之后开始的最多 14 d 观察期内全厚度损毁的物质。

（2）被判定不引起完好皮肤组织全厚度损毁，但在 55 ℃试验温度下，对钢或铝的表面腐蚀率超过 6.25 mm/a 的物质。

第 8 类危险货物包装类别的划分见《危险货物分类和品名编号》（GB 6944）。

10. 杂项危险物质和物品（包括危害环境物质）

本类只是存在危险但不能满足其他类别定义的物质和物品，包括：

（1）以微细粉尘吸入可危害健康的物质，如 UN 2212、UN 2590。

（2）会放出易燃气体的物质，如 UN 2211、UN 3314。

（3）锂电池组，如 UN 3090、UN 3091、UN 3480、UN 3481。

（4）救生设备,如 UN 2990、UN 3072、UN 3268。

（5）一旦发生火灾可形成二噁英的物质和物品,如 UN 2315、UN 3432、UN 3151、UN 3152。

（6）在高温下运输或提交运输的物质,是指在液态温度达到或超过 100 ℃,或固态温度达到或超过 240 ℃ 条件下运输的物质,如 UN 3257、UN 3258。

（7）危害环境物质,包括污染水生环境的液体或固体物质,以及这类物质的混合物(如制剂和废物),如 UN 3077、UN 3082。

（8）不符合毒性物质或感染性物质定义的经基因修改的微生物和生物体,如 UN 3245。

（9）其他,如 UN 1841、UN 1845、UN 1931、UN 1941、UN 1990、UN 2071、UN 2216、UN 2807、UN 2969、UN 3166、UN 3171、UN 3316、UN 3334、UN 3335、UN 3359、UN 3363。

四、危险品危险性公示

（一）危险性公示：标签

1. 标签涉及的范围

制定 GHS 标签的程序为：分配标签要素、印制符号、印制危险象形图、信号词、危险说明、防范说明和象形图、产品和供应商标识、多种危险和信息的先后顺序、表示 GHS 标签要素的安排、特殊的标签安排。

2. 标签要素

每个危险种类的各个标准均需用表格详细列述已分配给 GHS 每个危险类别的标签要素(包括符号、信号词、危险说明)。

3. 印制符号

GHS 中应当使用的标准符号,如表 1-4 所示。除了将用于某些健康危险的新符号,即感叹号及鱼和树之外,它们都是规章范本中使用的标准符号集的组成部分。

表 1-4 GHS 中应当使用的标准符号

火焰	圆圈上方火焰	爆炸弹
腐蚀	高压气瓶	骷髅和交叉骨

感叹号	环境	健康危险

4. 印制象形图与危险象形图

象形图是一种图形构成，包括一个符号加上其他图形要素，如边界、背景图样或颜色，旨在传达具体的信息。

GHS 使用的所有危险象形图都应是设定在某一点的方块形状。

对于运输，应当使用规章范本规定的象形图（在运输条例中通常称为标签）。根据相关规章规范，运输象形图的规定尺寸应至少为 100 mm × 100 mm，但非常小的包装和高压气瓶可以使用较小的象形图。运输象形图包括标签上半部符号。根据相关规章规范要求，应将运输象形图印刷或附在背景有色差的包装上。

GHS（与规章范本不同）规定的象形图，应当使用黑色符号加白色背景，红框要足够宽，以便醒目。不过，如果此种象形图用在不出口的包装的标签上，主管当局也可给予供应商或雇主酌情处理权，让其自行决定是否使用黑边。

（二）分配标签要素

GHS 是指关于化学品的分类及其标签的国际协调组织。

1. 规章范本覆盖的包装所需要的信息

在出现规章范本象形图的标签上，不应出现 GHS 的象形图。危险货物运输不要求使用的 GHS 象形图，象形图不应出现在散货箱、公路车辆或铁路货车/罐车上。

2. GHS 标签所需的信息

GHS 标签所需的信息包括信号词、危险性说明、防范说明和象形图、产品标识符、供应商标识。

在 GHS 标签上应使用产品标识符，而且标识符应与安全数据单上使用的产品标识符一致。如果一种物质或混合物为规章范本所覆盖，包装上还应当使用联合国规定的正确的运输名称。

物质的标签应当包括物质的化学名称。在急性毒性、皮肤腐蚀或严重眼损伤、生殖细胞突变性、致癌性、生殖毒性、皮肤或呼吸道敏感，靶器官系统毒性出现在混合物或合金标签上时，标签上应当包括可能引起这些危险的所有成分或合金元素的化学名称。主管当局还可以要求在标签上列出可能导致混合物或合金危险的所有成分或合金元素。

如果一种物质或混合物专供工作场所使用，主管部门可选择将处理权交给供应商，让其决定是将化学名称列入安全数据单上还是列在标签上。

主管当局有关机密商业信息的规则优先于有关产品标识的规则。这说明，在某种成分通常被列在标签上的情况下，如果它符合主管当局关于机密商业信息的标准，那就不必将它的名称列在标签上。

标签上应当提供物质或混合物的生产商或供应商的名称、地址和电话号码。

（三）多种危险和危险信息的先后顺序

多种危险和危险信息的先后顺序包括：图形符号分配的先后顺序；信号词分配的先后顺序；危险性说明分配的先后顺序。

在一种物质或混合物的危险不只是 GHS 所列一种危险时，可适用以下安排。因此，在一种制度不在标签上提供有关特定危险的信息的情况下，应相应修改这些安排的适用性。

1. 图形符号分配的先后顺序

对于规章范本所覆盖的物质和混合物，物理危险符号的先后顺序应遵循规章范本的规则。在工作场所的各种情况中，主管当局可要求使用物理危险的所有符号。健康危险图形符号分配适用以下先后顺序原则：

（1）适用骷髅和交叉骨的，不应出现感叹号。

（2）适用腐蚀符号的，不应出现感叹号，用以表示皮肤或眼刺激。

（3）出现有关呼吸道敏感的健康危险符号，不应出现感叹号的，用以表示皮肤敏感，或皮肤或眼刺激。

2. 信号词分配的先后顺序

如果适用信号词"危险"，则不应出现信号词"警告"。

3. 危险性说明分配的先后顺序

所有分配的危险性说明都应出现在标签上。主管部门可规定危险性说明的出现顺序。

（四）GHS 标签要素的显示安排

1. GHS 信息在标签上的位置

GHS 的危险象形图、信号词和危险说明应一起印制在标签上。主管部门可规定它们以及防范信息的展示布局，主管当局也可让供应商酌情处理。

2. 补充信息

主管部门对是否允许使用不违反 GHS 中关于对非标准化与补充信息规定的信息拥有处理权。主管部门可规定这种信息在标签上的位置，也可让供应商酌定。不论采用何种方法，补充信息的安排不应妨碍 GHS 信息的识别。

3. 象形图之外颜色的使用

颜色除了用于象形图中，还可用于标签的其他区域，以执行特殊的标签要求，如将农药色带用于信号词和危险说明或用作它们的背景，或执行主管部门的其他规定。

（五）特殊标签安排

主管部门可允许在标签和安全数据单上，或只通过安全数据单公示有关致癌物、生殖毒性和靶器官系统毒性反复接触的某些危险信息。同样，对于金属和合金，在它们大量而不是分散供应时，主管部门可允许只通过安全数据单公示危险信息。

1. 工作场所的标签

属于 GHS 范围内的产品将在供应工作场所的地点贴上 GHS 标签，且标签应一直保留在提供的容器上。GHS 的标签或标签要素也应用于工作场所的容器。不过，主管部门可允许雇主使用替代手段，以不同的书面或显示格式向工人提供同样的信息，如果此种格式更适合于工作场所且与 GHS 标签能同样有效地公示信息的话。例如，标签信息可显示在工作区而不是在单个容器上。

如果危险化学品从原始供应商容器倒入工作场所的容器或系统，或化学品在工作场所生产但不预定用于销售或供应的容器包装，通常需要使用替代手段向工人提供 GHS 标签所载信息。在工作场所生产的化学品可以用许多不同的方法容纳或存储,例如,为了进行试验或分析而收集的小样品,包括阀门在内的管道系统、工艺过程容器或反应容器、矿车、传送带或独立的固体散装存储器。采用成批制造工艺过程时,可以使用一个混合容器容纳若干不同的化学混合物。

在多数情况下,由于容器尺寸的限制或不能使用工艺过程容器,制作完整的 GHS 标签并将它附着在容器上是不切实际的。在工作场所的一些情况下,化学品可能会从供应商容器中移出,例如,用于实际或分析的容器、存储容器、管道,或工艺过程反应系统,或工人在较短时限内使用化学品时使用的临时容器。对于打算立即使用的移出的化学品,可标上其主要组成部分并请使用者直接参阅供应商的标签信息和安全数据单。

所有此类制度都应确保危险公示的清楚明确。应当训练工人,使其了解工作场所使用的具体公示方法。替代方法包括:将产品标识符与 GHS 符号和其他象形图结合使用,以说明防范措施;对于复杂系统,将工艺流程图与适当的安全数据单结合使用,以标明管道和容器中所装的化学品;对于管道系统和加工设备,展示 GHS 的符号、颜色和信号词;对于固定管道,使用永久性布告;对于批料混合容器,将批料单或处方贴在它们上面,以及在管道带上印上危险符号和产品标识符。

2. 基于伤害可能性的消费产品标签

所有制度都应使用基于危险的 GHS 分类标准,但主管当局可授权使用提供基于伤害可能性的信息的消费标签制度(基于风险的标签)。在后一种情况下,主管部门需制定用来确定产品使用的潜在接触和风险的程序。基于这种方法的标签提供有关认定风险的有针对性的信息,但可能不包括有关慢性健康效应的某些信息,例如,反复接触后的靶器官系统毒性、生殖毒性和致癌性,这些信息将出现在只基于危险的标签上。

3. 触觉警告

如果使用触觉警告应符合《包装 触摸危险标志 要求》(ISO 11683)中的相关规定。

(六)危险性公示:安全数据单(SDS)

1. 确定是否应当制作安全数据单的标准

符合 GHS 中物理、健康或环境危险统一标准的所有物质和混合物及含有符合致癌性、生殖毒性或靶器官系统毒性标准且浓度超过混合物标准所规定的安全数据单临界极限的物质的所有混合物,应当制作安全数据单。主管部门还可要求为不符合危险类别标准但含有某种浓度的危险物质的混合物制作安全数据单。

2. 关于编制安全数据单的一般指导

(1)临界值/浓度极限值。具体内容包括:

①应根据表 1-5 所示的通用临界值/浓度极限值提供安全数据单。

表 1-5　每个健康和环境危险种类的临界值/浓度极限值

危险种类	临界值/浓度极限值(%)
急性毒性	≥1.0
皮肤腐蚀/刺激	≥1.0
严重眼损伤/眼刺激	≥1.0
呼吸/皮肤过敏作用	≥1.0

（续表）

危险种类	临界值/浓度极限值(%)
生殖细胞致突变性:第 1 类	≥0.1
生殖细胞致突变性:第 2 类	≥1.0
致癌性	≥0.1
生殖毒性	≥0.1
特定靶器官系统毒性(单次接触)	≥1.0
特定靶器官系统毒性(重复接触)	≥1.0
危害水生环境	≥1.0

②可能出现这样的情况,即现有的危险数据可能证明,基于其他临界值/浓度极限值的分类,比基于关于健康和环境危险种类的规章所规定的通用临界值/浓度极限值的分类更合理。在此类具体临界值用于分类时,它们也应适用于编制安全数据单的义务。

③主管当局可能要求为这样的混合物编制安全数据单,即它们由于适用加和性公式而不进行急性毒性或水生毒性分类,但它们含有浓度等于或大于1%的急性有毒物质或对水生环境有毒的物质。

④主管当局可能决定不对一个危险种类内的某些类别实行管理。在此种情况下,没有义务编制安全数据单。

⑤一旦弄清某种物质或混合物需要安全数据单,那么需要列入安全数据单中的信息在所有情况下都应按照 GHS 的要求提供。

(2)安全数据单的格式。安全数据单中的信息应按 16 个项目提供,具体可参照《化学品分类和危险性公示 通则》(GB 13690)附录 D 相关内容。

(3)安全数据单的内容。具体内容如下所述:

①安全数据单应清楚地说明用来确定危险的数据。如果可适用并且可获得具体的信息,《化学品分类和危险性公示 通则》(GB 13690)附录 B 中的最低限度的信息应列在安全数据单的有关标题下。如果在某一特定小标题下具体的信息不能适用或不能获得,则安全数据单应予以明确指出,主管部门可要求提供补充信息。

②有些小标题实际上涉及国家性或区域性信息,如"欧洲联盟委员会编号"和"职业接触极限"。供应商或雇主应将适当的、与安全数据单所针对和产品所供应的国家或区域有关的信息收列在此类小标题下。

③根据 GHS 的要求,安全数据单的编制可参照《化学品安全技术说明书 内容和项目顺序》(GB/T 16483)中的相关规定。

第五节　基于 GHS 的化学品标签规范及化学品安全技术说明书

一、基于 GHS 的化学品标签规范

(一)基于 GHS 的化学品标签的有关概念

GHS 分类是指按照基于 GHS 的化学物质及其混合物的物理化学危险性、健康有害

性、环境有害性而加以调整后的判断标准的分类。

危害性类别可分成如易燃性固体类的物理化学危险性,致癌性物质、经口剧毒这样的健康有害性,以及对水生环境有害的环境有害性。

危害性级别是指根据各种危害性类别内的判断基准的分级。例如经口急性毒性分为5个危险级别,易燃性液体分成4个危险级别。这些分级是在危害性类别内,根据危害性的程度而加以相对性的划分,不应当看作是一般危害性分级的比较。

标签是有关危险有害产品的书面、印刷或者图形构成的主要信息的归纳,对目的部门选择相关内容,直接在危害性物质的容器上或者在其外包装上,贴上、印上或者添附的东西。

标签要素是指标签上为使用者提供国际上公认的信息,例如符号、警示语、危害性说明及注意事项。

物料安全数据表(MSDS)是指针对危害性化学物质和混合物,写明其成分、产品名、供货商、危害性、安全预防措施、发生意外时的应对措施等内容的文字材料。

【注:物料安全数据表在 GHS 中被称为安全数据单(SDS)。】

(二)标签上的必要信息和内容的表示顺序

1. 标签上的必要信息

标签上的必要信息包括:表示危害性的象形图;警示语;危害性说明;注意事项;产品名称;生产商/供货商。

2. 标签内容的表示顺序

根据 GHS 的分类结果,相对于某危害性类别和等级时,使用分别对应的象形图、警示语、危害性说明做成标签。具体可参照《基于 GHS 的化学品标签规范》(GB/T 22234)附录A 相关内容。

(1)表示危害性的象形图。GHS 中使用的标准象形图如表 1-6 所示。标签上的象形图不能与 GHS 用的标准象形图有显著差异。

表 1-6 GHS 中使用的标准象形图

名称(符号)	象形图	危害性类别
火焰		可燃性气体 易燃性压力下气体 易燃气体 自反应化学品 自燃液体和固体 自热化学品 遇水放出可燃性气体化学品 有机过氧化物
圆圈上的火焰		助燃性、氧化性气体类、氧化性液体、固体

（续表）

名称(符号)	象形图	危害性类别
炸弹爆炸		火药类 自反应性化学品 有机过氧化物
腐蚀性		金属腐蚀物 皮肤腐蚀/刺激 对眼有严重的损伤、刺激性
气体罐		压力下气体
骷髅		急性毒性/剧毒
感叹号		急性毒性/剧毒 皮肤腐蚀性、刺激性 严重眼睛损伤/眼睛刺激性 引起皮肤过敏 对靶器官、全身有毒害性
环境		对水生环境有害性
健康有害性		引起呼吸器官过敏 引起生殖细胞突变 致癌性 对生殖毒性 对靶器官、全身有毒害性 对吸入性呼吸器官有害

　　标签中使用的象形图为:在菱形(正方形)的白底上用黑色的符号;为了醒目,再用较粗的红线作边框。非出口用包装,其标签也可使用黑线边框。象形图示例如图1-1所示。

图 1-1　皮肤刺激性物质的象形图

（2）警示语。警示语是指表示危险有害严重性的相对程度、向使用者警告潜在危害性的语句。GHS 中所使用的警示语有"危险 Danger"和"警告 Warning"。"危险"用于比较严重的危害性等级，"警告"用于危害性较低的级别，危险性更低的情况下可不写警示语。可参照《基于 GHS 的化学品标签规范》（GB/T 22234）附录 A 相关内容，学习对应于 GHS 各级危害性的警示语。

（3）危害性说明。危害性说明是指与各类危害性及等级标准相对应的、表示该产品危害性的性质和程度的说明性文字。可参照《基于 GHS 的化学品标签规范》（GB/T 22234）附录 A 相关内容，学习与 GHS 的各级危害性相对应的危害性说明。

（4）注意事项。为了防止接触具有危害性的产品或不恰当地存放及处理而产生的危害，或者是为了将危险降至最低，而应该采取的推荐措施，用文字（或象形图）表示。标签上应含有适当的注意事项，并且其选择由所要进行的表示来判断。

（5）产品的名称。产品的名称应满足以下规定：

①产品的名称或一般名称应记载到标签上；该名称和 MSDS 的产品特定名称应一致；该物质或混合物如果符合联合国运输危险货物的标准手册，应在包装上同时标出联合国产品名称。

②标签上应包含化学物质的名称。

③混合物或合金的标签上，如果表示有急性毒性（剧毒）、皮肤腐蚀性、对眼有严重的损伤性、引起生殖细胞突变、致癌性、生殖毒害性、可引起皮肤过敏、可引起呼吸器官过敏，或者对特定靶器官、全身有毒害性（TOST）等危害性时，与这些有关的所有成分或者合金元素的化学名称应在标签上表示出来；与皮肤刺激性、眼刺激性有关的所有成分或者合金元素，也可以记载到标签上。

④生产厂商名应记载在标签上。必须将物质或混合物的制造厂家或者供应商的名称在标签上表示出来，且应标出其地址和电话号码；可能的话，紧急情况下的联系方式也应记载在标签上。

3. 关于多种危害性及危害性信息的表示顺序

表示化学物质等有几种危害性时，应按照下列处理方式进行处理：

（1）关于健康有害性的象形图的先后顺序。可以使用"骷髅"的，最好不用"感叹号"；可以使用"腐蚀性"的，最好不用表示对皮肤、眼有刺激性的"感叹号"；使用表示呼吸器官致敏的"健康有害性"时，最好不用表示对皮肤有致敏作用或对皮肤、眼有刺激性的"感叹号"。

（2）关于警示语的先后顺序。可以用"危险"的时候，最好不用警示语"警告"。

（3）关于危害性信息的先后顺序。尽量把对应的所有危害性信息都记入标签中。

（三）《基于 GHS 的化学品标签规范》（GB/T 22234）未包含的信息或补充信息的使用

《基于 GHS 的化学品标签规范》（GB/T 22234）中没有包含，但作为注意事项，又应该包含在标签中的其他内容时,可以主动地加入补充信息。但是,为了防止因增加没有必要的信息而引起《基于 GHS 的化学品标签规范》(GB/T 22234)中所表示的标签要素受到忽视,一般情况下,补充信息的使用仅限于以下两个方面:

(1)提供详细的信息,但与《基于 GHS 的化学品标签规范》(GB/T 22234)所表示的危害性的有关信息的妥当性之间没有矛盾、不会产生疑问。

(2)提供有关 GHS 中还没有被列入的危害性的信息。不管哪种情况,补充信息不得降低对健康和环境的保护水平。

关于物理状态、接触途径等危害性的补充信息,并不是在标签补充信息部分表示,而是和危害性信息一起表示。

二、化学品安全技术说明书

化学品安全技术说明书(SDS)提供了化学品(物质或混合物)在安全、健康和环境保护等方面的信息,推荐了防护措施和紧急情况下的应对措施。在一些国家,化学品安全技术说明书又被称为物质安全技术说明书(MSDS),但在《化学品安全技术说明书 内容和项目顺序》(GB/T 16483)中统一使用化学品安全技术说明书(SDS)这一称呼。

化学品安全技术说明书(SDS)是化学品的供应商向下游用户传递化学品基本危害信息(包括运输、操作处置、储存和应急行动等信息)的一种载体。同时化学品安全技术说明书还可以向公共机构、服务机构和其他涉及该化学品的相关方传递这些信息。

(一)化学品安全技术说明书的内容和填写要求

化学品安全技术说明书(SDS)将按照 16 个部分提供化学品的信息,每部分的标题、编号和前后顺序不应随意变更。16 个部分化学品信息包括:化学品及企业标识;危险性概述;成分/组成信息;急救措施;消防措施;泄漏应急处理;操作处置与储存;接触控制和个体防护;理化特性;稳定性和反应性;毒理学信息;生态学信息;废弃处置;运输信息;法规信息;其他信息。

为方便 SDS 编制者识别不同化学品的 SDS,应该设定 SDS 编号。

需在 16 个部分下面填写相关的信息,该项如果无数据,应写明无数据原因。16 个部分中,除第 16 部分"其他信息"外,其余部分不能留下空项。SDS 中信息的来源一般不用详细说明。

SDS 的每一页都要注明该种化学品的名称,名称应与标签上的名称一致,同时注明日期和 SDS 编号。日期是指最后修订的日期。页码中应包括总的页数,或者显示总页数的最后一页。

SDS 正文的书写应简明、扼要、通俗易懂,推荐采用常用词语。SDS 应该使用用户可接受的语言书写。

(二)化学品安全技术说明书编写导则

1. 第 1 部分——化学品及企业标识

主要标明化学品的名称,且名称应与安全标签上的名称一致,建议同时标注供应商的产品代码。应标明供应商的名称、地址、电话号码、应急电话、传真和电子邮件地址。除此之外,还应说明化学品的推荐用途和限制用途。

2. 第 2 部分——危险性概述

该部分应标明化学品主要的物理和化学危险性信息,以及对人体健康和环境影响的信息,如果该化学品具有某些特殊的危险性质,也应在该部分进行说明。

如果已经根据 GHS 对化学品进行了危险性分类,应标明 GHS 危险性类别,同时应注明 GHS 的标签要素,如象形图或符号、防范说明、危险信息和警示词等。象形图或符号如火焰、骷髅和交叉骨可以用黑白颜色表示。GHS 分类未包括的危险性,如粉尘爆炸危险等,也应在该部分注明。

该部分还应注明人员接触后的主要症状及应急综述。

3. 第 3 部分——成分/组成信息

该部分应注明该化学品是物质还是混合物。具体如下:

(1)如果是物质,应提供化学名或通用名、美国化学文摘登记号(CAS 号)及其他标识符。如果某种物质按 GHS 分类标准分类为危险化学品,则应列明包括对该物质的危险性分类产生影响的杂质和稳定剂在内的所有危险组分的化学名或通用名、浓度或浓度范围。

(2)如果是混合物,不必列明所有组分。如果按 GHS 标准被分类为危险的组分,并且含量超过了浓度限值,应列明该组分的名称信息、浓度或浓度范围。对已经识别出的危险组分,也应该提供被识别为危险组分的那些组分的化学名或通用名、浓度或浓度范围。

4. 第 4 部分——急救措施

该部分应说明必要时应采取的急救措施及应避免的行为,此处填写的文字须易于被受害人和(或)施救者理解。

根据不同的接触方式将信息细分为:吸入、皮肤接触、眼睛接触和食入。

该部分应简要描述接触化学品后的急性和迟发效应、主要症状和对健康的主要影响。

如有必要,应包括对保护施救者的忠告和对医生的特别提示;还要给出及时的医疗护理和特殊的治疗措施。

5. 第 5 部分——消防措施

该部分应说明合适的灭火方法和灭火剂,如有不合适的灭火剂也应在此处标明。

应标明化学品的特别危险性,如产品是危险的易燃品。

标明特殊灭火方法及保护消防人员的特殊防护装备。

6. 第 6 部分——泄漏应急处理

该部分应包括以下信息:

(1)作业人员防护措施、防护装备和应急处置程序。

(2)环境保护措施。

(3)泄漏化学品的收容、清除方法及所使用的处置材料(如果和第 13 部分不同,则需列明恢复、中和和清除的方法)。

该部分应当提供防止发生次生危害的预防措施。

7. 第 7 部分——操作处置与储存

(1)操作处置。应描述的安全处置注意事项包括:防止化学品人员接触、防止发生火灾和爆炸的技术措施,以及提供局部或全面通风,防止形成气溶胶和粉尘爆炸的技术措施等。还应包括防止直接接触不相容物质或混合物的特殊处置注意事项。

(2)储存。应描述安全储存的条件、安全技术措施、同禁配物隔离储存的措施、包装材料信息,其中,安全储存包括适合的储存条件和不适合的储存条件,包装材料信息包括建议的包装材料和不建议的包装材料。

8. 第 8 部分——接触控制和个体防护

该部分应满足以下规定：

(1)列明容许浓度,如职业接触限值或生物限值。

(2)列明减少接触的工程控制方法,该信息是对第 7 部分内容的进一步补充。

(3)如果可能,列明容许浓度的发布日期、数据出处、试验方法及方法来源。

(4)列明推荐使用的个体防护设备。例如:呼吸系统防护;手防护;眼睛防护;皮肤和身体防护。

(5)标明防护设备的类型和材质。

(6)化学品若只在某些特殊条件下才具有危险性,如量大、高浓度、高温、高压等,应标明这些情况下的特殊防护措施。

9. 第 9 部分——理化特性

该部分应提供以下信息:化学品的外观与性状,例如物态、形状和颜色;气味;pH 值,并指明浓度;熔点/凝固点;沸点、初沸点和沸程;闪点;燃烧上下极限或爆炸极限;蒸气压;蒸气密度;密度/相对密度;溶解性;n-辛醇/水分配系数;自燃温度;分解温度。

如果有必要,该部分应提供下列信息:气味阈值;蒸发速率;易燃性(固体、气体)。

该部分也应提供化学品安全使用的其他资料,例如放射性或体积密度等。

10. 第 10 部分——稳定性和反应性

该部分应描述化学品的稳定性和在特定条件下可能发生的危险反应,应包括以下信息:应避免的条件,如静电、撞击或震动;不相容的物质;危险的分解产物(一氧化碳、二氧化碳和水除外)。

填写该部分时应考虑提供化学品的预期用途和可预见的错误用途。

11. 第 11 部分——毒理学信息

该部分应全面、简洁地描述使用者接触化学品后产生的各种毒性作用(健康影响),应包括以下信息:急性毒性;皮肤刺激或腐蚀;眼睛刺激或腐蚀;呼吸或皮肤过敏;生殖细胞突变性;致癌性;生殖毒性;特异性靶器官系统毒性——一次性接触;特异性靶器官系统毒性——反复接触;吸入危害。

该部分还可以提供下列信息:毒代动力学、代谢和分布信息。

【注:体外致突变试验数据,如 Ames 试验数据,在生殖细胞致突变条目中描述。】

除以上要求外,第 11 部分还应满足以下要求:

(1)如果可能,分别描述一次性接触、反复接触与连续接触所产生的毒作用;迟发效应和即时效应应分别说明。

(2)潜在的有害效应,应包括与毒性值(例如急性毒性估计值)测试观察到的有关症状、理化和毒理学特性。

(3)应按照不同的接触途径,如吸入、皮肤接触、眼睛接触、食入等提供信息。

(4)如果可能,提供更多的科学实验产生的数据或结果,并标明引用文献资料来源。

(5)如果混合物没有作为整体进行毒性试验,应提供每个组分的相关信息。

12. 第 12 部分——生态学信息

该部分应满足以下要求:

(1)该部分应提供化学品的环境影响、环境行为和归宿方面的信息,例如:化学品在环境中的预期行为,可能对环境造成的影响/生态毒性;持久性和降解性;潜在的生物累积性;土壤中的迁移性。

(2)如果可能,提供更多的科学实验产生的数据或结果,并标明引用文献资料来源。

(3)如果可能,提供任何生态学限值。

13. 第 13 部分——废弃处置

该部分应满足以下要求:

(1)该部分应包括为安全和有利于环境保护而推荐的废弃处置方法信息。这些处置方法应适用于化学品(残余废弃物),也适用于任何受污染的容器和包装。

(2)提醒下游用户注意当地有关废弃化学物品处置的法规和政策措施。

14. 第 14 部分——运输信息

该部分包括国际运输法规规定的编号与分类信息,这些信息应根据不同的运输方式,如陆运、海运和空运进行区分。应包含的信息有:联合国危险货物编号(UN 号);联合国运输名称;联合国危险性分类;包装组(如果可能);海洋污染物(是/否);提供使用者需要了解或遵守的其他与运输或运输工具有关的特殊防范措施。

该部分还可增加其他相关法规的规定。

15. 第 15 部分——法律法规信息

该部分应满足以下要求:

(1)该部分应标明使用本 SDS 的国家或地区中,管理该化学品的法规名称。

(2)提供与法律相关的法规信息和化学品标签信息。

(3)提醒下游用户注意当地有关废弃化学物品处置的法规和政策措施。

参考文献可在本部分列出。

16. 第 16 部分——其他信息

该部分应进一步提供上述各项未包括的其他重要信息。例如:可以提供需要进行的专业培训、建议的用途和限制的用途等。

参考文献可在该部分列出。

第六节　危险化学品重大危险源辨识

本部分内容根据《危险化学品重大危险源辨识》(GB 18218—2018)做了相应的调整。

一、危险化学品重大危险源辨识

(一)主要术语

单元是指涉及危险化学品的生产、储存装置、设施或场所,分为生产单元和储存单元。

临界量是指某种或某类危险化学品构成重大危险源所规定的最小数量。

危险化学品重大危险源是指长期地或临时地生产、储存、使用和经营危险化学品,且危险化学品的数量等于或超过临界量的单元。

生产单元是指危险化学品的生产、加工及使用等的装置及设施,当装置及设施之间有切断阀时,以切断阀作为分隔界限划分为独立的单元。

储存单元是指用于储存危险化学品的储罐或仓库组成的相对独立的区域,储罐区以罐区防火堤为界限划分为独立的单元,仓库以独立库房(独立建筑物)为界限划分为独立的单元。

（二）辨识与评估

1. 重大危险源概述

危险化学品单位应当按照《危险化学品重大危险源辨识》（GB 18218）中的相关标准，对本单位的危险化学品生产、经营、储存和使用装置、设施或者场所进行重大危险源辨识，并记录辨识过程与结果。

重大危险源根据其危险程度，分为一级、二级、三级和四级，一级为最高级别。重大危险源分级方法由《危险化学品重大危险源监督管理暂行规定》（2015年修订）中的相关规定列示。

重大危险源有下列情形之一的，应当委托具有相应资质的安全评价机构，按照有关标准的规定采用定量风险评价方法进行安全评估，确定个人和社会风险值：

（1）构成一级或者二级重大危险源，且毒性气体实际存在（在线）量与其在《危险化学品重大危险源辨识》（GB 18218）中规定的临界量比值之和大于或等于1的。

（2）构成一级重大危险源，且爆炸品或液化易燃气体实际存在（在线）量与其在《危险化学品重大危险源辨识》（GB 18218）中规定的临界量比值之和大于或等于1的。

2. 对重大危险源重新进行辨识、安全评估及分级的情形

有下列情形之一的，危险化学品单位应当对重大危险源重新进行辨识、安全评估及分级：

（1）重大危险源安全评估已满3年的。

（2）构成重大危险源的装置、设施或者场所进行新建、改建、扩建的。

（3）危险化学品种类、数量、生产、使用工艺或者储存方式及重要设备、设施等发生变化，影响重大危险源级别或者风险程度的。

（4）外界生产安全环境因素发生变化，影响重大危险源级别和风险程度的。

（5）发生危险化学品事故造成人员死亡，或者10人以上受伤，或者影响到公共安全的。

（6）有关重大危险源辨识和安全评估的国家标准、行业标准发生变化的。

（三）危险化学品重大危险源辨识方法

1. 危险化学品重大危险源的辨识依据

危险化学品重大危险源的辨识依据是危险化学品的危险特性及其数量，具体见表1-7和表1-8。危险化学品重大危险源可分为生产单元危险化学品重大危险源和储存单元危险化学品重大危险源。

（1）危险化学品临界量的确定方法如下：

①在表1-7范围内的危险化学品，其临界量按表1-7确定；

②未在表1-7范围内的危险化学品，依据其危险性，按表1-8确定临界量；若一种危险化学品具有多种危险性，按其中最低的临界量确定。

表1-7 危险化学品名称及其临界量

序号	危险化学品名称和说明	别名	CAS号	临界量/t
1	氨	液氨；氨气	7664-41-7	10
2	二氟化氧	一氧化二氟	7783-41-7	1

（续表）

序号	危险化学品名称和说明	别名	CAS 号	临界量/t
3	二氧化氮		10102-44-0	1
4	二氧化硫	亚硫酸酐	7446-09-5	20
5	氟		7782-41-4	1
6	碳酰氯	光气	75-44-5	0.3
7	环氧乙烷	氧化乙烯	75-21-8	10
8	甲醛(含量>90%)	蚁醛	50-00-0	5
9	磷化氢	磷化三氢;膦	7803-51-2	1
10	硫化氢		7783-06-4	5
11	氯化氢(无水)		7647-01-0	20
12	氯	液氯;氯气	7782-50-5	5
13	煤气(CO,CO 和 H₂、CH₄ 的混合物等)			20
14	砷化氢	砷化三氢、胂	7784-42-1	1
15	锑化氢	三氢化锑;锑化三氢;䏙	7803-52-3	1
16	硒化氢		7783-07-5	1
17	溴甲烷	甲基溴	74-83-9	10
18	丙酮氰醇	丙酮合氰化氢;2-羟基异丁腈;氰丙醇	75-86-5	20
19	丙烯醛	烯丙醛;败脂醛	107-02-8	20
20	氟化氢		7664-39-3	1
21	1-氯-2,3-环氧丙烷	环氧氯丙烷(3-氯-1,2-环氧丙烷)	106-89-8	20
22	3-溴-1,2-环氧丙烷	环氧溴丙烷;溴甲基环氧乙烷;表溴醇	3132-64-7	20
23	甲苯二异氰酸酯	二异氰酸甲苯酯;TDI	26471-62-5	100
24	一氯化硫	氯化硫	10025-67-9	1
25	氰化氢	无水氢氰酸	74-90-8	1
26	三氧化硫	硫酸酐	7446-11-9	75
27	3-氨基丙烯	烯丙胺	107-11-9	20
28	溴	溴素	7726-95-6	20
29	乙撑亚胺	吖丙啶;1-氮杂环丙烷,氮丙啶	151-56-4	20
30	异氰酸甲酯	甲基异氰酸酯	624-83-9	0.75

（续表）

序号	危险化学品名称和说明	别名	CAS 号	临界量/t
31	叠氮化钡	叠氮钡	18810-58-7	0.5
32	叠氮化铅		13424-46-9	0.5
33	雷汞	二雷酸汞;雷酸汞	628-86-4	0.5
34	三硝基苯甲醚	三硝基茴香醚	28653-16-9	5
35	2,4,6-三硝基甲苯	梯恩梯;TNT	118-96-7	5
36	硝化甘油	硝化丙三醇;甘油三硝酸酯	55-63-0	1
37	硝化纤维素［干的或含水（或乙醇）<25％］	硝化棉	9004-700	1
38	硝化纤维素（未改型的,或增塑的,含增塑剂<18％）			1
39	硝化纤维素（含乙醇≥25％）			10
40	硝化纤维素（含氮≤12.6％）			50
41	硝化纤维素（含水≥25％）			50
42	硝化纤维素溶液（含氮量≤12.6％,含硝化纤维素≤55％）	硝化棉溶液	9004-700	50
43	硝酸铵（含可燃物>0.2％,包括以碳计算的任何有机物,但不包括任何其他添加剂）		6484-52-2	5
44	硝酸铵（含可燃物≤0.2％）		6484-52-2	50
45	硝酸铵肥料（含可燃物≤0.4％）			200
46	硝酸钾		7757-79-1	100
47	1,3-丁二烯	联乙烯	106-99-0	5
48	二甲醚	甲醚	115-10-6	50
49	甲烷,天然气		74-82-8（甲烷）8006-14-2（天然气）	50
50	氯乙烯	乙烯基氯	75-01-4	50
51	氢	氢气	1333-74-0	5
52	液化石油气（含丙烷、丁烷及其混合物）	石油气（液化的）	68476-85-7 74-98-6（丙烷）106-97-8（丁烷）	50
53	一甲胺	氨基甲烷;甲胺	74-89-5	5
54	乙炔	电石气	74-86-2	1
55	乙烯		74-85-1	50

序号	危险化学品名称和说明	别名	CAS 号	临界量/t
56	氧（压缩的或液化的）	液氧；氧气	7782-44-7	200
57	苯	纯苯	71-43-2	50
58	苯乙烯	乙烯苯	100-42-5	500
59	丙酮	二甲基酮	67-64-1	500
60	2-丙烯腈	丙烯氰；乙烯基氰；氰基乙烯	107-13-1	50
61	二硫化碳		75-15-0	50
62	环己烷	六氢化苯	110-82-7	500
63	1,2-环氧丙烷	氧化丙烯；甲基环氧乙烷	75-56-9	10
64	甲苯	甲基苯；苯基甲烷	108-88-3	500
65	甲醇	木醇；木精	67-56-1	500
66	汽油（乙醇汽油、甲醇汽油）		86290-81-5（汽油）	200
67	乙醇	酒精	64-17-5	500
68	乙醚	二乙基醚	60-29-7	10
69	乙酸乙酯	醋酸乙酯	141-78-6	500
70	正己烷	己烷	110-54-3	500
71	过乙酸	过醋酸；过氧乙酸；乙酰过氧化氢	79-21-0	10
72	过氧化甲基乙基酮（10% ＜有效氧含量≤10.7%，含 A 型稀释剂≥48%）		1338-23-4	10
73	白磷	黄磷	12185-10-3	50
74	烷基铝	三烷基铝		1
75	戊硼烷	五硼烷	19624-22-7	1
76	过氧化钾		17014-71-0	20
77	过氧化钠	双氧化钠；二氧化钠	1313-60-6	20
78	氯酸钾		3811-04-9	100
79	氯酸钠		7775-09-9	100
80	发烟硝酸		52583-42-3	20
81	硝酸（发红烟的除外,含硝酸 ＞70%）		7697-37-2	100
82	硝酸胍	硝酸亚氨脲	506-93-4	50
83	碳化钙	电石	75-20-7	100
84	钾	金属钾	7440-09-7	1
85	钠	金属钠	7440-23-5	10

表 1-8 未在表 1-7 中列举的危险化学品类别及其临界量

类别	符号	危险性分类及说明	临界量/t
健康危害	J(健康危害性符号)	—	—
急性毒性	J1	类别1,所有暴露途径,气体	5
	J2	类别1,所有暴露途径,固体、液体	50
	J3	类别2、类别3,所有暴露途径,气体	50
	J4	类别2、类别3,吸入途径,液体(沸点<35 ℃)	50
	J5	类别2,所有暴露途径,液体(除J4外)、固体	500
物理危险	W(物理危险性符号)	—	—
爆炸物	W1.1	—不稳定爆炸物 —1.1项爆炸物	1
	W1.2	1.2、1.3、1.5、1.6项爆炸物	10
	W1.3	1.4项爆炸物	50
易燃气体	W2	类别1和类别2	10
气溶胶	W3	类别1和类别2	150
氧化性气体	W4	类别1	50
易燃液体	W5.1	—类别1 —类别2和3,工作温度高于沸点	10
	W5.2	—类别2和3,具有引发重大事故的特殊工艺条件包括危险化工工艺、爆炸极限范围或附近操作、操作压力大于1.6 MPa等	50
	W5.3	—不属于W5.1或W5.2的其他类别2	1 000
	W5.4	—不属于W5.1或W5.2的其他类别3	5 000
自反应物质和混合物	W6.1	A型和B型自反应物质和混合物	10
	W6.2	C型、D烈、E型自反应物质和混合物	50
有机过氧化物	W7.1	A我和B型有机过氧化物	10
	W7.2	C型、D型、E型、F型有机过氧化物	50
自燃液体和自燃固体	W8	类别1自燃液体 类别1自燃固体	50
氧化性固体和液体	W9.1	类别1	50
	W9.2	类别2、类别3	200
易燃固体	W10	类别1易燃固体	200
遇水放出易燃气体的物质和混合物	W11	类别1和类别2	200

2. 危险化学品重大危险源的辨识指标

生产单元、储存单元内存在危险化学品的数量等于或超过表 1-7、表 1-8 规定的临界量,即被定为重大危险源。单元内存在的危险化学品的数量根据危险化学品种类的多少区分为以下两种情况:

(1)生产单元、储存单元内存在的危险化学品为单一品种时,该危险化学品的数量即为单元内危险化学品的总量,若等于或超过相应的临界量,则定为重大危险源。

(2)生产单元、储存单元内存在的危险化学品为多品种时,按下式计算,若满足下式,则定为重大危险源。

$$S = q_1/Q_1 + q_2/Q_2 + \cdots + q_n/Q_n \geq 1$$

式中:

S——辨识指标;

$q_1, q_2, \cdots, q_n$——每种危险化学品实际存在量,单位为吨(t);

$Q_1, Q_2, \cdots, Q_n$——与各危险化学品相对应的临界量,单位为吨(t)。

危险化学品储罐以及其他容器、设备或仓储区的危险化学品的实际存在量按设计最大量确定。

对于危险化学品混合物,如果混合物与其纯物质属于相同危险类别,则视混合物为纯物质,按混合物整体进行计算。如果混合物与其纯物质不属于相同危险类别,则应按新危险类别考虑其临界量。

二、危险化学品安全事故的防范措施

危险化学品安全事故的防范措施包括:

(1)推进重点地区制定化工行业安全发展规划。加快实施人口密集区域危险化学品和化工企业生产、仓储场所安全搬迁工程。

(2)开展危险化学品专项整治和综合治理。

(3)推进化工园区和涉及危险化学品的重大风险功能区区域定量风险评估,科学确定风险容量,推动实现区域安全管理一体化。

(4)强化高风险工艺、高危物质、重大危险源管控。

(5)健全危险化学品生产、储存、使用、经营、运输和废弃处置等环节的信息共享机制。

(6)建立危险化学品发货和装载查验、登记、核准制度。

(7)加强危险化学品建设项目立项、规划选址、设计、建设、试生产和运行监管。

(8)完善危险化学品分类分级监管机制。

(9)推进新工艺安全风险分析和评估。

(10)建立化工安全仪表系统安全标志认证制度。推行全球化学品统一分类和标签制度。

第二章 化工生产过程安全管理

第一节 化工企业工艺安全管理

一、化工企业工艺安全管理综述

中共中央办公厅、国务院办公厅 2020 年 2 月印发的《关于全面加强危险化学品安全生产工作的意见》指示,要强化化工企业生产全链条的安全管理,从安全准入、重点环节管控和废弃危险化学品等危险废物监管方面强化管理,对涉及"两重点一重大"(重点监管的危险化工工艺、重点监管的危险化学品和危险化学品重大危险源)的危险化学品建设项目由设区的市级以上政府相关部门联合建立安全风险防控机制。

根据《化工企业工艺安全管理实施导则》(AQ/T 3034),化工过程安全管理应包含12 项内容,可作为确保企业消除隐患、预防事故的 12 个要素。这 12 个要素分别是:安全生产信息管理;风险管理;操作规程;装置运行安全管理;岗位安全教育和操作技能培训;试生产安全管理;设备完好性;作业安全管理;承包商管理;变更管理;应急管理;事故和事件管理。其中,安全生产信息管理和风险管理是贯穿整个化工生产过程的基础性工作,其他则分别针对化工生产过程中的具体环节。

化工过程安全管理的主要内容和任务包括:收集和利用化工过程安全生产信息;风险辨识和控制;不断完善并严格执行操作规程;通过规范管理,确保装置安全运行;开展安全教育和操作技能培训;严格新装置试车和试生产的安全管理;保持设备设施完好性;作业安全管理;承包商安全管理;变更管理;应急管理;事故和事件管理;化工过程安全管理的持续改进等。

二、工艺的含义

工艺是指任何涉及危险化学品的活动过程,包括危险化学品的生产、储存、使用、处置或搬运,或者与这些活动有关的活动。当任何相互连接的容器组和区域隔离的容器可能发生危险化学品泄漏时,应当作为一个单独的工艺来考虑。

工艺安全事故是指危险化学品(能量)的意外泄漏(释放),造成人员伤害、财产损失或环境破坏的事件。

三、工艺安全信息

(一)化学品危害信息

化学品危害信息至少应包括:毒性;允许暴露限值;物理参数,如沸点、蒸气压、密度、溶解度、闪点、爆炸极限;反应特性,如分解反应、聚合反应;腐蚀性数据,腐蚀性及材质的不相容性;热稳定性和化学稳定性,如受热是否分解、暴露于空气中或被撞击时是否稳定,与其他物质混合时的不良后果,混合后是否发生反应;对于泄漏化学品的处置方法。

（二）工艺技术信息

工艺技术信息至少应包括：工艺流程简图；工艺化学原理资料；设计的物料最大存储量；安全操作范围，如温度、压力、流量、液位或组分等；偏离正常工况后果的评估，包括对员工的安全和健康的影响。

【注：上述工艺技术信息通常包含在技术手册、操作规程、操作法、培训材料或其他类似文件之中。】

（三）工艺设备信息

工艺设备信息至少应包括：材质；工艺控制流程图（P&ID）；电气设备危险等级区域划分图；泄压系统设计和设计基础；通风系统的设计图；设计标准或规范；物料平衡表、能量平衡表；计量控制系统；安全系统，如联锁、监测或抑制系统。

（四）工艺安全信息管理

全面收集安全生产信息。企业要明确责任部门，按照《化工企业工艺安全管理实施导则》（AQ/T 3034—2010）的要求，全面收集生产过程涉及的化学品危险性、工艺和设备等方面的全部安全生产信息，并将其文件化。

充分利用安全生产信息。企业要综合分析收集到的各类信息，明确提出生产过程安全要求和注意事项。通过建立安全管理制度、制定操作规程、制定应急救援预案、制作工艺卡片、编制培训手册和技术手册、编制化学品间的安全相容矩阵表等措施，将各项安全要求和注意事项纳入自身的安全管理中。

建立安全生产信息管理制度。企业要建立安全生产信息管理制度，及时更新信息文件。企业要保证生产管理、过程危害分析、事故调查、符合性审核、安全监督检查、应急救援等方面的相关人员能够及时获取最新安全生产信息。

企业可以通过以下途径获得所需要的工艺安全信息：

（1）从制造商或供应商处获得物料安全技术说明书（MSDS）。

（2）从项目工艺技术包的提供商或工程项目总承包商处可以获得基础的工艺技术信息。

（3）从设计单位获得详细的工艺系统信息，包括各专业的详细图纸、文件和计算书等。

（4）从设备供应商处获取主要设备的资料，包括设备手册或图纸，维修和操作指南、故障处理等相关的信息。

（5）机械完工报告、单机和系统调试报告、监理报告、特种设备检验报告、消防验收报告等文件和资料。

（6）为防止生产过程中误将不相容的化学品混合，宜将企业范围内涉及的化学品编制成化学品互相反应的矩阵表；通过查阅矩阵表确认化学品之间的相容性。

工艺安全信息一般包含在技术手册、操作规程、培训材料或其他工艺文件中。工艺安全信息文件应纳入企业文件控制系统予以管理，并保持最新版本。

专家解读

1. 工艺安全信息的重要性

企业在开展工艺危害分析前应完成书面工艺安全信息建立。工艺安全信息的重要性包括：对工艺系统的准确描述，依据正确的工艺信息进行生产、操作和变更，有效避免工艺事故发生；是开展工艺危害分析的基础；确保生产和维修符合最初设计的意图；是进行工艺系统改造的重要依据；记录和积累工厂设计、生产操作、维护保养经验和教训等。

2.与工厂储存、使用和生产的化学品的危害相关的信息

建立 MSDS 信息管理系统,确保所有化学品都有相应的最新版本 MSDS,并可以方便地获取所需要的 MSDS。

3.获取工艺安全信息的途径

企业可以通过多种途径获得所需的工艺安全信息,一般可在企业的内网上设立生产信息管理系统,及时更新,使用最新版本,在需要时及时获取。

例如,企业生产管理系统(PMIS)显示了信息菜单、数据报表、静态报告、应急操作、程序文件和规范标准清单等。

四、风险管理

(一)建立风险管理制度

企业需制定化工过程风险管理制度,明确风险辨识范围、方法、频次和责任人,规定风险分析结果应用和改进措施落实的要求,对生产全过程进行风险辨识分析。

对涉及重点监管的危险化工工艺、重点监管的危险化学品和危险化学品重大危险源(以下统称"两重点一重大")的生产储存装置进行风险辨识分析,要采用危险与可操作性分析(HAZOP)技术,一般每 3 年进行一次。对其他生产储存装置的风险辨识分析,针对装置不同的复杂程度,选用安全检查表、工作危害分析、预危险性分析、故障类型和影响分析(FMEA)、HAZOP 技术等方法或多种方法组合,可每 5 年进行一次。企业管理机构、人员构成、生产装置等发生重大变化或发生生产安全事故时,要及时进行风险辨识分析。企业要组织所有人员参与风险辨识分析,力求风险辨识分析全覆盖。

(二)确定风险辨识分析内容

化工过程风险分析的内容应包括:工艺技术的本质安全性及风险程度;工艺系统可能存在的风险;对严重事件的安全审查情况;控制风险的技术、管理措施及其失效可能引起的后果;现场设施失控和人为失误可能对安全造成的影响。在役装置的风险辨识分析还要包括发生的变更是否存在风险,吸取本企业和其他同类企业事故及事件教训的措施等。

(三)制定可接受的风险标准

企业应按照《危险化学品重大危险源监督管理暂行规定》(国家安全监管总局令第40 号)的要求,根据国家有关规定或参照国际相关标准,确定本企业可接受的风险标准。对辨识分析发现的不可接受风险,企业应及时制定并落实消除、减小或控制风险的措施,将风险控制在可接受的范围内。

(四)风险控制措施

化工工艺过程中存在的安全风险很多都具有隐藏性,这就需要我们根据化工企业的实际情况,在较为普遍的控制措施的基础上采取针对性较强的风险控制方案。

1.工艺物料监测和评估

化工企业应该组织专业人员对化工原料的物理特性和化学性质进行严格的检验,并且还应该充分考虑对反应活性、燃烧特性、稳定性以及毒性特性等方面进行评估,这样可以为工作人员提供数据支持。同时还应该对反应催化剂进行分析,针对不同化学反应类型选取适当的催化剂,避免出现因催化剂反应过于激烈而导致的安全事故。

2. 化学反应装置和储罐性能的检查

化工企业在进行化工工艺生产过程中应该高度重视化学反应装置以及储罐的性能检查,保证储罐以及反应装置的密封性能,防止出现化工原料泄漏的情况。应根据化工原料反应的特性选择不同的反应装置和储存设备,特别是对于易燃易爆、腐蚀有毒的物料更应该选择特殊材质的反应装置。

3. 工艺管道科学合理

化工工艺过程中应该充分考虑到输送管道的材质、管路排布以及环境振动方面的影响因素,并且应根据输送化工物料的实际情况选择不同的管道材质、法兰结构,以保证输送管道具有较高的密封性,而且还应针对管道接口以及拐弯处进行特殊处理,以保证输送管道在工作过程中的安全性。

4. 提高人员的综合素质

化工工艺难度系数高,这就需要从业人员具备较高的专业知识技能,因此化工企业应该对人员进行专业的培训教育,保障从业人员具备较高的安全意识和专业知识。企业还可以通过科学的奖励机制激发广大人员工作的积极性和创造性,这样可以在很大程度上保证化工工艺工作人员具备较高的安全意识和专业知识、积极性和创造性,进而降低化工生产过程中的人为失误造成安全事故的风险。

5. 建立动态智能的监控预警系统

化工企业应该利用现代先进的科学技术建立一套较为完善的监控系统,这样可以保证化工工艺过程以及相关的生产活动都处于监控之中,以便于第一时间发现安全隐患,确保安全隐患被及时消除,同时通过智能化的预警系统也可以提高识别安全隐患的效率和质量,从而可以降低安全事故发生的频率,保证工作人员的生命安全,降低事故发生概率,促进化工企业的健康可持续发展。

五、装置运行安全管理

(一)操作规程管理

企业应制定操作规程管理制度,规范操作规程内容,明确操作规程编写、审查、批准、分发、使用、控制、修改及废止的程序和职责。操作规程的内容应至少包括:开车、正常操作、临时操作、应急操作、正常停车和紧急停车的操作步骤与安全要求;工艺参数的正常控制范围,偏离正常工况的后果;防止和纠正偏离正常工况的方法及步骤;操作过程中的人身安全保障、职业健康注意事项等。

操作规程应当及时反映安全生产信息、安全要求和注意事项的变化。企业每年要对操作规程的适应性和有效性进行确认,应至少每3年对操作规程进行审核修订;当工艺技术、设备发生重大变更时,应及时审核修订操作规程。

企业应确保作业现场始终存有最新版本的操作规程文件,以方便现场操作人员随时查用;定期开展操作规程培训和考核,建立培训记录和考核成绩档案;鼓励从业人员分享安全操作经验,参与操作规程的编制、修订和审核。

(二)异常工况监测预警

企业应装备自动化控制系统,对重要工艺参数进行实时监控预警;应采用在线安全监控、自动检测或人工分析数据等手段,及时判断发生异常工况的根源,评估可能产生的后果,制定安全处置方案,避免因处理不当造成事故。

（三）开停车安全管理

企业应制定开停车安全条件检查确认制度。在正常开停车、紧急停车后的开车前,都应进行安全条件检查确认。开停车前,企业应进行风险辨识分析,制定开停车方案,编制安全措施和开停车步骤确认表,经生产和安全管理部门审查同意后,应严格执行并将相关资料存档备查。

企业应落实开停车安全管理责任,严格执行开停车方案,建立重要作业责任人签字确认制度。开车过程中装置依次进行吹扫、清洗、气密试验时,应制定有效的安全措施;引进蒸汽、氮气、易燃易爆介质前,应指定有经验的专业人员进行流程确认;引进物料时,应随时监测物料流量、温度、压力、液位等参数变化情况,确认流程是否正确。应严格控制进退料的顺序和速率,现场安排专人不间断巡检,监控有无泄漏等异常现象。

停车过程中的设备、管线低点的排放应按照顺序缓慢进行,并做好个人防护;设备、管线吹扫处理完毕后,应用盲板切断与其他系统的联系。盲板抽堵作业应在编号、挂牌、登记后按规定的顺序进行,并安排专人逐一进行现场确认。

六、试生产安全管理

（一）明确试生产安全管理职责

企业应明确试生产安全管理范围,合理界定项目建设单位、总承包单位、设计单位、监理单位、施工单位等相关方的安全管理范围与职责。

项目建设单位或总承包单位负责编制总体试生产方案、明确试生产条件,设计、施工、监理单位应对试生产方案及试生产条件提出审查意见。对采用专利技术的装置,试生产方案经设计、施工、监理单位审查同意后,还应需要经专利供应商现场人员书面确认。

项目建设单位或总承包单位负责编制联动试车方案、投料试车方案、异常工况处置方案等。项目建设单位或总承包单位应在试生产前完成工艺流程图、操作规程、工艺卡片、工艺和安全技术规程、事故处理预案、化验分析规程、主要设备运行规程、电气运行规程、仪表及计算机运行规程、联锁整定值等生产技术资料、岗位记录表和技术台账的编制工作。

（二）试生产前各环节的安全管理

建设单位或总承包单位应在建设项目试生产前及时组织设计、施工、监理、生产等单位的工程技术人员开展"三查四定"(三查,即查设计漏项、查工程质量、查工程隐患;四定,即整改工作定任务、定人员、定时间、定措施),确保施工质量符合有关标准和设计要求,确认工艺危害分析报告中的改进措施和安全保障措施已经落实。

1. 系统吹扫冲洗安全管理

在系统吹扫冲洗前,要在排放口设置警戒区,拆除易被吹扫冲洗损坏的所有部件,确认吹扫冲洗流程、介质及压力。蒸汽吹扫时,要落实防止人员烫伤的防护措施。

2. 气密性试验安全管理

企业应在试验前确保气密性试验方案全覆盖、无遗漏,明确各系统气密的最高压力等级。高压系统应在气密性试验前分成若干等级压力,逐级进行气密性试验。真空系统进行真空试验前,应先完成气密性试验。应用盲板将气密性试验系统与其他系统隔离,严禁超压。气密性试验时,应安排专人监控,发现问题,及时处理;做好气密检查记录,签字备查。

3. 单机试车安全管理

企业应建立单机试车安全管理程序。单机试车前应编制试车方案、操作规程，并经各专业确认。单机试车过程中，应安排专人操作、监护、记录，发现异常立即处理。单机试车结束后，建设单位应组织设计、施工、监理及制造商等方面人员签字确认并填写试车记录。

4. 联动试车安全管理

联动试车应具备下列条件：所有操作人员考核合格并已取得上岗资格；公用工程系统已稳定运行；试车方案和相关操作规程、经审查批准的仪表报警和联锁值已整定完毕；各类生产记录、报表已印发到岗位；负责统一指挥的协调人员已经确定；引入燃料或窒息性气体后，企业必须建立并执行每日安全调度例会制度，统筹协调全部试车的安全管理工作。

5. 投料安全管理

企业应在投料前全面检查工艺、设备、电气、仪表、公用工程和应急准备等情况，具备条件后方可进行投料。投料及试生产过程中，管理人员要现场指挥，操作人员要持续进行现场巡查，设备、电气、仪表等专业人员要加强现场巡检，发现问题及时报告和处理。投料试生产过程中，应严格控制现场人数，严禁无关人员进入现场。

七、设备完好性（完整性）

（一）建立并不断完善设备管理制度

1. 建立设备台账管理制度

企业应对所有设备进行编号，建立设备台账、技术档案和备品配件管理制度，编制设备操作和维护规程。设备操作、维修人员要进行专门的培训和资格考核，培训考核情况要记录存档。

2. 建立装置泄漏监（检）测管理制度

企业应统计和分析可能出现泄漏的部位、物料种类和最大量。定期监（检）测生产装置动静密封点，发现问题及时处理。定期标定各类泄漏检测报警仪器，确保准确有效。要加强防腐蚀管理，确定检查部位，定期检测，建立检测数据库。对重点部位要增加检测检查频次，及时发现和处理管道、设备壁厚减薄情况；定期评估防腐效果和核算设备剩余使用寿命，及时发现并更新更换存在安全隐患的设备。

3. 建立电气安全管理制度

企业应编制电气设备设施操作、维护、检修等管理制度。定期开展企业电源系统安全可靠性分析和风险评估。要制定防爆电气设备、线路检查和维护管理制度。

4. 建立仪表自动化控制系统安全管理制度

新（改、扩）建装置和大修装置的仪表自动化控制系统投用前、长期停用的仪表自动化控制系统再次启用前，必须进行检查确认。要建立健全仪表自动化控制系统日常维护保养制度，建立安全联锁保护系统停运、变更专业会签和技术负责人审批制度。

（二）设备安全运行管理

1. 开展设备预防性维修

关键设备要装设在线监测系统。要定期监（检）测检查关键设备、连续监（检）测检查仪表，及时消除静设备密封件、动设备易损件的安全隐患。定期检查压力管道阀门、螺栓等附件的安全状态，及早发现和消除设备缺陷。

2. 加强动设备管理

企业应编制动设备操作规程,确保动设备始终具备规定的工况条件。自动监测大机组和重点动设备的转速、振动、位移、温度、压力、腐蚀性介质含量等运行参数,及时评估设备运行状况。加强动设备润滑管理,确保动设备运行可靠。

3. 开展安全仪表系统安全完整性等级评估

企业要在风险分析的基础上,确定安全仪表功能(SIF)及其相应的功能安全要求或安全完整性等级(SIL)。企业要按照《过程工业领域安全仪表系统的功能安全》(GB/T 21109)系列标准和《石油化工安全仪表系统设计规范》(GB 50770)的要求,设计、安装、管理和维护安全仪表系统。

八、作业安全管理

(一)建立危险作业许可制度

企业应建立并不断完善危险作业许可制度,规范动火、吊装、高处作业、动土、临时用电、断路、盲板抽堵、进入受限空间等特殊作业安全条件和审批程序。实施特殊作业前,必须办理审批手续。

(二)落实危险作业安全管理责任

实施危险作业前,必须进行风险分析,确认安全条件,确保作业人员了解作业风险和掌握风险控制措施,作业环境符合安全要求,预防和控制风险措施得到落实。危险作业审批人员要在现场检查确认后签发作业许可证。现场监护人员要熟悉作业范围内的工艺、设备和物料状态,并应具备应急救援和处置能力。作业过程中,管理人员要加强现场监督检查,严禁监护人员擅离现场。

九、工艺危害分析

(一)建立管理程序

企业应建立管理程序,明确工艺危害分析过程、方法、人员以及结论和改进建议。

(二)明确小组成员及负责人

工艺危害分析最好由一个小组来完成并明确一名负责人,小组成员应当由具备工程和生产经验、掌握工艺系统相关知识以及工艺危害分析方法的人员组成。

(三)工艺危害分析频次与更新

企业应在工艺装置建设期间进行一次工艺危害分析,识别、评估和控制工艺系统相关的危害,所选择的方法要与工艺系统的复杂性相适应。企业应每3年对以前完成的工艺危害分析重新进行确认和更新,涉及剧毒化学品的工艺可结合法规对现役装置评价要求频次进行。

(四)文件记录

企业应确保这些建议可以及时得到解决,并且形成相关文件和记录。如建议采纳情况、改进实施计划、工作方案、时间表、验收、告知相关人员等。

(五)分析与评价工艺危害的方法

企业可选择采取下列方法中的一种或几种,来分析和评价工艺危害:故障假设分析;

检查表;"如果……怎么样?"(What if)+"检查表"(Checklist);预先危险分析;危险及可操作性研究;故障类型及影响分析;事故树分析等。

无论选用哪种方法,工艺危害分析都应包括以下内容:工艺系统的危害;对以往发生的可能导致严重后果的事件的审查;控制危害的工程措施和管理措施,以及失效时的后果;现场设施;人为因素;失控后可能对人员安全和健康造成影响的范围。

（六）分析比较

在装置投产后,需要与设计阶段的危害分析作比较;由于经常需要对工艺系统进行更新,对于复杂的变更或者变更可能增加危害的情形,需要对发生变更的部分进行危害性分析。

在役装置的危害性分析还需要审查过去几年的变更、本企业或同行业发生的事故和严重未遂事故等。

【专家解读】 所有类别的潜在风险得到识别、评估,可从以下方面考虑:人员安全——考虑由于危险事件的影响,造成人员的急性伤害;人员健康——考虑由于职业接触危害物,可能损害人员健康;环保——考虑对周围环境的短期、长期破坏;财产损失——考虑由于事故造成的设备损坏或停车造成的损失;声誉——考虑事故造成公司名誉的负面影响;与任务相关的任何其他危险。

控制和降低危害手段的选择:进行最小风险设计——在设计上消除危险;应用安全装置——通过固定的、自动的或其他安全防护设计或装置,使风险减少到可接受水平;提供报警装置——采用报警装置检测危险状况,向有关人员发出适当的报警信号,并制定专用的程序和进行培训;剩余风险——对目前没有控制措施,记录每个剩余风险以及解决办法不完善的原因。

控制和预防措施应包括以下内容:所有的危害、影响和威胁已确定;危险事件的发生可能性和后果已被评估;阻止危害发生的控制手段到位;降低事故危害的准备工作到位。

对整个控制的过程进行跟踪以减小风险,然后对执行的情况进行定期分析回顾,见图2-1。

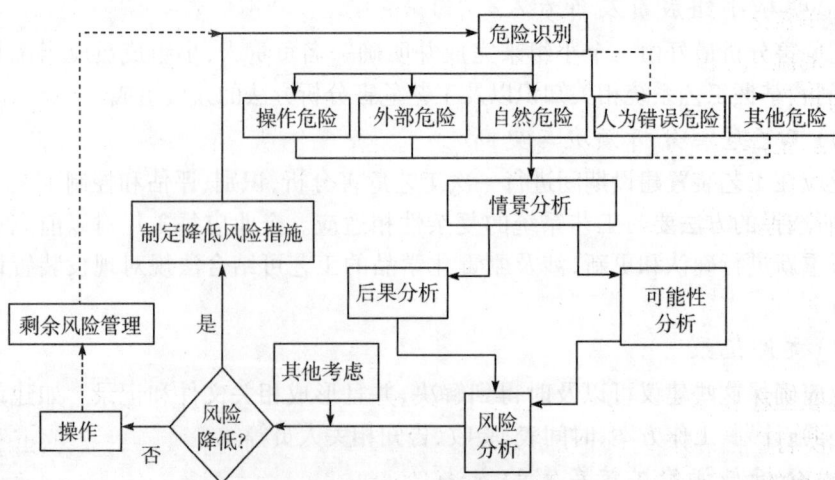

图2-1 风险分析回顾图

十、操作规程

(一)操作规程编制

企业应编制并实施书面的操作规程,并应与工艺安全信息保持一致。企业应鼓励员工参与操作规程的编制,并组织进行相关培训。

操作规程应至少包括以下内容:

(1)初始开车、正常操作、临时操作、应急操作、正常停车、紧急停车等各个操作阶段的操作步骤。

(2)正常工况控制范围、偏离正常工况的后果;纠正或防止偏离正常工况的步骤。

(3)安全、健康和环境相关的事项。如危险化学品的特性与危害、防止暴露的必要措施、发生身体接触或暴露后的处理措施、安全系统及其功能(联锁、监测和抑制系统)等。

(二)操作规程审查

企业应根据需要经常对操作规程进行审核,确保反映当前的操作状况,包括化学品、工艺技术设备和设施的变更。企业应每年确认操作规程的适应性和有效性。

(三)操作规程的使用和控制

企业应确保操作人员可以获得书面的操作规程。通过培训,帮助他们掌握如何正确使用操作规程,并且使他们意识到操作规程是强制性的。

十一、承包单位管理

(一)严格承包单位管理制度

企业应建立承包单位安全管理制度,将承包单位在本企业发生的事故纳入企业事故管理。企业选择承包单位时,要严格审查承包单位有关资质,定期评估承包单位安全生产业绩,及时淘汰业绩差的承包单位。企业要对承包单位作业人员进行严格的入厂安全培训教育,经考核合格后方可凭证入厂,禁止未经安全培训教育的承包单位作业人员入厂。企业要妥善保存承包单位作业人员安全培训教育记录。

(二)落实安全管理责任

承包单位进入作业现场前,企业要与承包单位作业人员进行现场安全交底,审查承包单位编制的施工方案和作业安全措施,与承包单位签订安全管理协议,明确双方安全管理的范围与责任。现场安全交底的内容包括作业过程中可能出现的泄漏、火灾、爆炸、中毒窒息、触电、坠落、物体打击和机械伤害等方面的危害信息。承包单位应确保作业人员接受了相关的安全培训,掌握与作业相关的所有危害信息和应急预案。企业应对承包单位作业进行全程安全监督。

十二、变更管理

(一)建立变更管理制度

企业在工艺、设备、仪表、电气、公用工程、备件、材料、化学品、生产组织方式和人员等方面发生的所有变化,都要纳入变更管理。变更管理制度应至少包含以下内容:变更的事项、起始时间,变更的技术基础、可能带来的安全风险,消除和控制安全风险的措施,是否修改操作规程,变更审批权限,变更实施后的安全验收等。实施变更前,企业应组织专业人员进行检查,确保变更具备安全条件;明确受变更影响的本企业人员和承包单位作业人员,并对其进行相应的培训。变更完成后,企业要及时更新相应的安全生产信息,建立变更管理档案。

(二)严格变更管理

1. 工艺技术变更

工艺技术变更主要包括生产能力,原辅材料(包括助剂、添加剂、催化剂等)和介质(包括成分比例的变化),工艺路线、流程及操作条件,工艺操作规程或操作方法,工艺控制参数,仪表控制系统(包括安全报警和联锁整定值的改变),水、电、气(汽)、风等公用工程方面的改变等。

2. 设备设施变更

设备设施变更主要包括设备设施的更新改造、非同类型替换(包括型号、材质、安全设施的变更)、布局改变,备件、材料的改变,监控、测量仪表的变更,计算机及软件的变更,电气设备的变更,增加临时的电气设备等。

3. 管理变更

管理变更主要包括人员、供应商和承包单位、管理机构、管理职责、管理制度和标准发生变化等。

(三)变更管理程序

1. 申请

按要求填写变更申请表,由专人进行管理。

2. 审批

变更申请表应逐级上报企业主管部门,并按管理权限报主管负责人审批。

3. 实施

变更批准后,由企业主管部门负责实施。没有经过审查和批准,任何临时性变更都不得超过原批准范围和期限。

4. 验收

变更结束后,企业主管部门应对变更实施情况进行验收并形成报告,及时通知相关部门和有关人员。相关部门收到变更验收报告后,要及时更新安全生产信息,载入变更管理档案。

第二节　首批重点监管的危险化工工艺安全控制要求、重点监控参数及推荐的控制方案

一、光气及光气化工艺

具体内容如表 2-1 所示。

表 2-1　光气及光气化工艺一览表

项目	内容
反应类型	放热反应
重点监控单元	光气化反应釜、光气储运单元

（续表）

项目	内容
工艺简介	光气及光气化工艺包含光气的制备工艺,以及以光气为原料制备光气化产品的工艺路线,光气化工艺主要分为气相和液相两种
工艺危险特点	(1)光气为剧毒气体,在储运、使用过程中发生泄漏后,易造成大面积污染、中毒事故 (2)反应介质具有燃爆危险性 (3)副产物氯化氢具有腐蚀性,易造成设备和管线泄漏使人员发生中毒事故
典型工艺	一氧化碳与氯气的反应得到光气;光气合成双光气、三光气;采用光气作单体合成聚碳酸酯;甲苯二异氰酸酯(TDI)的制备;4,4′-二苯基甲烷二异氰酸酯(MDI)的制备等
重点监控工艺参数	一氧化碳、氯气含水量;反应釜温度、压力;反应物质的配料比;光气进料速度;冷却系统中冷却介质的温度、压力、流量等
安全控制的基本要求	事故紧急切断阀;紧急冷却系统;反应釜温度、压力报警联锁;局部排风设施;有毒气体回收及处理系统;自动泄压装置;自动氨或碱液喷淋装置;光气、氯气、一氧化碳监测及超限报警;双电源供电
宜采用的控制方式	光气及光气化生产系统一旦出现异常现象或发生光气及其剧毒产品泄漏事故时,应通过自控联锁装置启动紧急停车并自动切断所有进出生产装置的物料,将反应装置迅速冷却降温,同时将发生事故设备内的剧毒物料导入事故槽内,开启氨水、稀碱液喷淋,启动通风排毒系统,将事故部位的有毒气体排至处理系统

二、电解工艺（氯碱）

具体内容如表2-2所示。

表2-2　电解工艺（氯碱）一览表

项目	内容
反应类型	吸热反应
重点监控单元	电解槽、氯气储运单元
工艺简介	电流通过电解质溶液或熔融电解质时,在两个极上所引起的化学变化称为电解反应。涉及电解反应的工艺过程为电解工艺。许多基本化学工业产品(氢、氧、氯、烧碱、过氧化氢等)的制备,都是通过电解来实现的
工艺危险特点	(1)电解食盐水过程中产生的氢气是极易燃烧的气体,氯气是氧化性很强的剧毒气体,两种气体混合极易发生爆炸,当氯气中含氢量达到5%以上,则随时可能在光照或受热情况下发生爆炸 (2)如果盐水中存在的铵盐超标,在适宜的条件即pH<4.5下,铵盐和氯作用可生成氯化铵,浓氯化铵溶液与氯还可生成黄色油状的三氯化氮。三氯化氮是一种爆炸性物质,与许多有机物接触或加热至90℃以上以及被撞击、摩擦等,即发生剧烈的分解而爆炸 (3)电解溶液腐蚀性强 (4)液氯的生产、储存、包装、输送、运输可能发生液氯的泄漏

（续表）

项目	内容
典型工艺	氯化钠（食盐）水溶液电解生产氯气、氢氧化钠、氢气；氯化钾水溶液电解生产氯气、氢氧化钾、氢气
重点监控工艺参数	电解槽内液位；电解槽内电流和电压；电解槽进出物料流量；可燃和有毒气体浓度；电解槽的温度和压力；原料中铵含量；氯气杂质含量（水、氢气、氧气、三氯化氮等）等
安全控制的基本要求	电解槽温度、压力、液位、流量报警和联锁；电解供电整流装置与电解槽供电的报警和联锁；紧急联锁切断装置；事故状态下氯气吸收中和系统；可燃和有毒气体检测报警装置等
宜采用的控制方式	将电解槽内压力、槽电压等形成联锁关系，系统设立联锁停车系统。安全设施，包括安全阀、高压阀、紧急排放阀、液位计、单向阀及紧急切断装置等

三、氯化工艺

具体内容如表2-3所示。

表2-3　氯化工艺一览表

项目	内容
反应类型	放热反应
重点监控单元	氯化反应釜、氯气储运单元
工艺简介	氯化是化合物的分子中引入氯原子的反应，包含氯化反应的工艺过程为氯化工艺，主要包括取代氯化、加成氯化、氧氯化等
工艺危险特点	（1）氯化反应是一个放热过程，尤其在较高温度下进行氯化，反应更为剧烈，速度快，放热量较大 （2）所用的原料大多具有燃爆危险性 （3）常用的氯化剂氯气本身为剧毒化学品，氧化性强，储存压力较高，多数氯化工艺采用液氯生产是先汽化再氯化，一旦泄漏危险性较大 （4）氯气中的杂质，如水、氢气、氧气、三氯化氮等，在使用中易发生危险，特别是三氯化氮积累后，容易引发爆炸危险 （5）生成的氯化氢气体遇水后腐蚀性强 （6）氯化反应尾气可能形成爆炸性混合物
典型工艺	（1）取代氯化：氯取代烷烃的氢原子制备氯代烷烃；氯取代苯的氢原子生产六氯化苯；氯取代萘的氢原子生产多氯化萘；甲醇与氯反应生产氯甲烷；乙醇和氯反应生产氯乙烷（氯乙醛类）；醋酸与氯反应生产氯乙酸；氯取代甲苯的氢原子生产苄基氯等 （2）加成氯化：乙烯与氯加成氯化生产1,2-二氯乙烷；乙炔与氯加成氯化生产1,2-二氯乙烯；乙炔和氯化氢加成生产氯乙烯等 （3）氧氯化：乙烯氧氯化生产二氯乙烷；丙烯氧氯化生产1,2-二氯丙烷；甲烷氧氯化生产甲烷氯化物；丙烷氧氯化生产丙烷氯化物等 （4）其他工艺：硫与氯反应生成一氯化硫；四氯化钛的制备；黄磷与氯气反应生产三氯化磷、五氯化磷等

项目	内容
重点监控 工艺参数	氯化反应釜温度和压力;氯化反应釜搅拌速率;反应物料的配比;氯化剂进料流量;冷却系统中冷却介质的温度、压力、流量等;氯气杂质含量(水、氢气、氧气、三氯化氮等);氯化反应尾气组成等
安全控制的 基本要求	反应釜温度和压力的报警和联锁;反应物料的比例控制和联锁;搅拌的稳定控制;进料缓冲器;紧急进料切断系统;紧急冷却系统;安全泄放系统;事故状态下氯气吸收中和系统;可燃和有毒气体检测报警装置等
宜采用的 控制方式	将氯化反应釜内温度、压力与釜内搅拌、氯化剂流量、氯化反应釜夹套冷却水进水阀形成联锁关系,设立紧急停车系统。安全设施包括安全阀、高压阀、紧急放空阀、液位计、单向阀及紧急切断装置等

四、硝化工艺

具体内容如表2-4所示。

表2-4　硝化工艺一览表

项目	内容
反应类型	放热反应
重点监控单元	硝化反应釜、分离单元
工艺简介	硝化是有机化合物分子中引入硝基($-NO_2$)的反应,最常见的是取代反应。硝化方法可分成直接硝化法、间接硝化法和亚硝化法,分别用于生产硝基化合物、硝胺、硝酸酯和亚硝基化合物等。涉及硝化反应的工艺过程为硝化工艺
工艺危险特点	(1)反应速度快,放热量大。大多数硝化反应是在非均相中进行的,反应组分的不均匀分布容易引起局部过热导致危险。尤其在硝化反应开始阶段,停止搅拌或由于搅拌叶片脱落等造成搅拌失效是非常危险的,一旦搅拌再次开动,就会突然引发局部激烈反应,瞬间释放大量的热量,引起爆炸事故 (2)反应物料具有燃爆危险性 (3)硝化剂具有强腐蚀性、强氧化性,与油脂、有机化合物(尤其是不饱和有机化合物)接触能引起燃烧或爆炸 (4)硝化产物、副产物具有爆炸危险性
典型工艺	(1)直接硝化法:丙三醇与混酸反应制备硝酸甘油;氯苯硝化制备邻硝基氯苯、对硝基氯苯;苯硝化制备硝基苯;蒽醌硝化制备1-硝基蒽醌;甲苯硝化生产三硝基甲苯(俗称梯恩梯,TNT);丙烷等烷烃与硝酸通过气相反应制备硝基烷烃等 (2)间接硝化法:苯酚采用磺酰基的取代硝化制备苦味酸等 (3)亚硝化法:2-萘酚与亚硝酸盐反应制备1-亚硝基-2-萘酚;二苯胺与亚硝酸钠和硫酸水溶液反应制备对亚硝基二苯胺等
重点监控 工艺参数	硝化反应釜内温度、搅拌速率;硝化剂流量;冷却水流量;pH值;硝化产物中杂质含量;精馏分离系统温度;塔釜杂质含量等

（续表）

项目	内容
安全控制的 基本要求	反应釜温度的报警和联锁；自动进料控制和联锁；紧急冷却系统；搅拌的稳定控制和联锁系统；分离系统温度控制与联锁；塔釜杂质监控系统；安全泄放系统等
宜采用的 控制方式	将硝化反应釜内温度与釜内搅拌、硝化剂流量、硝化反应釜夹套冷却水进水阀形成联锁关系，在硝化反应釜处设立紧急停车系统，当硝化反应釜内温度超标或搅拌系统发生故障，能自动报警并自动停止加料。分离系统温度与加热、冷却形成联锁，温度超标时，能停止加热并紧急冷却。硝化反应系统应设有泄爆管和紧急排放系统

五、合成氨工艺

具体内容如表 2-5 所示。

表 2-5 合成氨工艺一览表

项目	内容
反应类型	吸热反应
重点监控单元	合成塔、压缩机、氨储存系统
工艺简介	氮和氢两种组分按一定比例(1:3)组成的气体(合成气)，在高温、高压下(一般为400~450 ℃,15 MPa~30 MPa)经催化反应生成氨的工艺过程
工艺危险特点	(1)高温、高压使可燃气体爆炸极限扩宽，气体物料一旦过氧(亦称透氧)，极易在设备和管道内发生爆炸 (2)高温、高压气体物料从设备管线泄漏时会迅速膨胀与空气混合形成爆炸性混合物，遇到明火或因高流速物料与裂(喷)口处摩擦产生静电火花引起着火和空间爆炸 (3)气体压缩机等转动设备在高温下运行会使润滑油挥发裂解，在附近管道内造成积炭，可导致积炭燃烧或爆炸 (4)高温、高压可加速设备金属材料发生蠕变、改变金相组织，还会加剧氢气、氮气对钢材的氢蚀及渗氮，加剧设备的疲劳腐蚀，使其机械强度减弱，引发物理爆炸 (5)液氨大规模事故性泄漏会形成低温云团引起大范围人群中毒，遇明火还会发生空间爆炸
典型工艺	节能 AMV 法；德士古水煤浆加压气化法；凯洛格法；甲醇与合成氨联合生产的联醇法；纯碱与合成氨联合生产的联碱法；采用变换催化剂、氧化锌脱硫剂和甲烷催化剂的"三催化"气体净化法等
重点监控 工艺参数	合成塔、压缩机、氨储存系统的运行基本控制参数，包括温度、压力、液位、物料流量及比例等
安全控制的 基本要求	合成氨装置温度、压力报警和联锁；物料比例控制和联锁；压缩机的温度、入口分离器液位、压力报警联锁；紧急冷却系统；紧急切断系统；安全泄放系统；可燃、有毒气体检测报警装置

（续表）

项目	内容
宜采用的 控制方式	（1）将合成氨装置内温度、压力与物料流量、冷却系统形成联锁关系；将压缩机温度、压力、入口分离器液位与供电系统形成联锁关系；紧急停车系统 （2）合成单元自动控制还需要设置以下几个控制回路：氨分；冷交液位；废锅液位；循环量控制；废锅蒸汽流量；废锅蒸汽压力 （3）安全设施，包括安全阀、爆破片、紧急放空阀、液位计、单向阀及紧急切断装置等

六、裂解（裂化）工艺

具体内容如表2-6所示。

表2-6 裂解（裂化）工艺一览表

项目	内容
反应类型	高温吸热反应
重点监控单元	裂解炉、制冷系统、压缩机、引风机、分离单元
工艺简介	（1）裂解是指石油系的烃类原料在高温条件下，发生碳链断裂或脱氢反应，生成烯烃及其他产物的过程。产品以乙烯、丙烯为主，同时副产品有丁烯、丁二烯等烯烃和裂解汽油、柴油、燃料油等。烃类原料在裂解炉内进行高温裂解，产出组成为氢气、低/高碳烃类、芳烃类以及馏分为288 ℃以上的裂解燃料油的裂解气混合物。经过急冷、压缩、激冷、分馏以及干燥和加氢等方法，分离出目标产品和副产品 （2）在裂解过程中，同时伴随缩合、环化和脱氢等反应。由于所发生的反应很复杂，通常把反应分成两个阶段。第一阶段，原料变成的目的产物为乙烯、丙烯，这种反应称为一次反应。第二阶段，一次反应生成的乙烯、丙烯继续反应转化为炔烃、二烯烃、芳烃、环烷烃，甚至最终转化为氢气和焦炭，这种反应称为二次反应。裂解产物往往是多种组分混合物。影响裂解的基本因素主要为温度和反应的持续时间。化工生产中用热裂解的方法生产小分子烯烃、炔烃和芳香烃，如乙烯、丙烯、丁二烯、乙炔、苯和甲苯等
工艺危险特点	（1）在高温（高压）下进行反应，装置内的物料温度一般超过其自燃点，若发生泄漏会立即引起火灾 （2）炉管内壁结焦会使流体阻力增加，影响传热，当焦层达到一定厚度时，因炉管壁温度过高，而不能继续运行下去，必须进行清焦，否则会烧穿炉管，裂解气外泄，引起裂解炉爆炸 （3）如果由于断电或引风机机械故障而使引风机突然停转，则炉膛内很快变成正压，会从窥视孔或烧嘴等处向外喷火，严重时会引起炉膛爆炸 （4）如果燃料系统大幅度波动，燃料气压力过低，则可能造成裂解炉烧嘴回火，使烧嘴烧坏，甚至会引起爆炸 （5）有些裂解工艺产生的单体会自聚或爆炸，需要向生产的单体中加阻聚剂或稀释剂等
典型工艺	热裂解制烯烃工艺；重油催化裂化制汽油、柴油、丙烯、丁烯；乙苯裂解制苯乙烯；二氟一氯甲烷（HCFC－22）热裂解制得四氟乙烯（TFE）；二氟一氯乙烷（HCFC－142b）热裂解制得偏氟乙烯（VDF）；四氟乙烯和八氟环丁烷热裂解制得六氟乙烯（HFP）等

（续表）

项目	内容
重点监控 工艺参数	裂解炉进料流量;裂解炉温度;引风机电流;燃料油进料流量;稀释蒸汽比及压力;燃料油压力;滑阀差压超驰控制、主风流量控制、外取热器控制、机组控制、锅炉控制等
安全控制的 基本要求	裂解炉进料压力、流量控制报警与联锁;紧急裂解炉温度报警和联锁;紧急冷却系统;紧急切断系统;反应压力与压缩机转速及入口放火炬控制;再生压力的分程控制;滑阀差压与料位;温度的超驰控制;再生温度与外取热器负荷控制;外取热器汽包和锅炉汽包液位的三冲量控制;锅炉的熄火保护;机组相关控制;可燃与有毒气体检测报警装置等
宜采用的 控制方式	(1)将引风机电流与裂解炉进料阀、燃料油进料阀、稀释蒸汽阀之间形成联锁关系,一旦引风机故障停车,则裂解炉自动停止进料并切断燃料供应,但应继续供应稀释蒸汽,以带走炉膛内的余热 (2)将燃料油压力与燃料油进料阀、裂解炉进料阀之间形成联锁关系,燃料油压力降低,则切断燃料油进料阀,同时切断裂解炉进料阀 (3)分离塔应安装安全阀和放空管,低压系统与高压系统之间应有逆止阀并配备固定的氮气装置、蒸汽灭火装置 (4)将裂解炉电流与锅炉给水流量、稀释蒸汽流量之间形成联锁关系;一旦水、电、蒸汽等公用工程出现故障,裂解炉能自动紧急停车 (5)反应压力正常情况下由压缩机转速控制,开工及非正常工况下由压缩机入口放火炬控制 (6)再生压力由烟机入口蝶阀和旁路滑阀(或蝶阀)分程控制 (7)再生、待生滑阀正常情况下分别由反应温度信号和反应器料位信号控制,一旦滑阀差压出现低限,则转由滑阀差压控制 (8)再生温度由外取热器催化剂循环量或流化介质流量控制 (9)外取热汽包和锅炉汽包液位采用液位、补水量和蒸发量三冲量控制 (10)带明火的锅炉设置熄火保护控制 (11)大型机组设置相关的轴温、轴震动、轴位移、油压、油温、防喘振等系统控制 (12)在装置存在可燃气体、有毒气体泄漏的部位设置可燃气体报警仪和有毒气体报警仪

七、氟化工艺

具体内容如表 2-7 所示。

表 2-7　氟化工艺一览表

项目	内容
反应类型	放热反应
重点监控单元	氟化剂储运单元
工艺简介	氟化是化合物的分子中引入氟原子的反应,涉及氟化反应的工艺过程为氟化工艺。氟与有机化合物作用是强放热反应,放出大量的热可使反应物分子结构遭到破坏,甚至着火爆炸。氟化剂通常为氟气、卤族氟化物、惰性元素氟化物、高价金属氟化物、氟化氢、氟化钾等

（续表）

项目	内容
工艺危险特点	(1)反应物料具有燃爆危险性 (2)氟化反应为强放热反应,不及时排除反应热量,易导致超温超压,引发设备爆炸事故 (3)多数氟化剂具有强腐蚀性、剧毒,在生产、贮存、运输、使用等过程中,容易因泄漏、操作不当、误接触以及其他意外而造成危险
典型工艺	(1)直接氟化:黄磷氟化制备五氟化磷等 (2)金属氟化物或氟化氢气体氟化:SbF_3、AgF_2、CoF_3等金属氟化物与烃反应制备氟化烃;氟化氢气体与氢氧化铝反应制备氟化铝等 (3)置换氟化:三氯甲烷氟化制备二氟一氯甲烷;2,4,5,6-四氯嘧啶与氟化钠制备,2,4,6-三氟-5-氟嘧啶等 (4)其他氟化物的制备:浓硫酸与氟化钙(萤石)制备无水氟化氢等
重点监控工艺参数	氟化反应釜内温度、压力;氟化反应釜内搅拌速率;氟化物流量;助剂流量;反应物的配料比;氟化物浓度
安全控制的基本要求	反应釜内温度和压力与反应进料、紧急冷却系统的报警和联锁;搅拌的稳定控制系统;安全泄放系统;可燃和有毒气体检测报警装置等
宜采用的控制方式	(1)氟化反应操作中,要严格控制氟化物浓度、投料配比、进料速度和反应温度等。必要时应设置自动比例调节装置和自动联锁控制装置 (2)将氟化反应釜内温度、压力与釜内搅拌、氟化物流量、氟化反应釜夹套冷却水进水阀形成联锁控制,在氟化反应釜处设立紧急停车系统,当氟化反应釜内温度或压力超标或搅拌系统发生故障时自动停止加料并紧急停车。设置安全泄放系统

八、加氢工艺

具体内容如表2-8所示。

表2-8　加氢工艺一览表

项目	内容
反应类型	放热反应
重点监控单元	加氢反应釜、氢气压缩机
工艺简介	加氢是在有机化合物分子中加入氢原子的反应,涉及加氢反应的工艺过程为加氢工艺,主要包括不饱和键加氢、芳环化合物加氢、含氮化合物加氢、含氧化合物加氢、氢解等
工艺危险特点	(1)反应物料具有燃爆危险性,氢气的爆炸极限为4%~75%,具有高燃爆危险特性 (2)加氢为强烈的放热反应,氢气在高温高压下与钢材接触,钢材内的碳分子易与氢气发生反应生成碳氢化合物,使钢制设备强度降低,发生氢脆 (3)催化剂再生和活化过程中易引发爆炸 (4)加氢反应尾气中有未完全反应的氢气和其他杂质在排放时易引发着火或爆炸

（续表）

项目	内容
典型工艺	(1)不饱和炔烃、烯烃的三键和双键加氢:环戊二烯加氢生产环戊烯等 (2)芳烃加氢:苯加氢生成环己烷,苯酚加氢生产环己醇等 (3)含氧化合物加氢:一氧化碳加氢生产甲醇,丁醛加氢生产丁醇,辛烯醛加氢生产辛醇等 (4)含氮化合物加氢:己二腈加氢生产己二胺,硝基苯催化加氢生产苯胺等 (5)油品加氢:馏分油加氢裂化生产石脑油、柴油和尾油,渣油加氢改质,减压馏分油加氢改质,催化(异构)脱蜡生产低凝柴油、润滑油基础油等
重点监控工艺参数	加氢反应釜或催化剂床层温度、压力;加氢反应釜内搅拌速率;氢气流量;反应物质的配料比;系统氧含量;冷却水流量;氢气压缩机运行参数、加氢反应尾气组成等
安全控制的基本要求	温度和压力的报警和联锁;反应物料的比例控制和联锁系统;紧急冷却系统;搅拌的稳定控制系统;氢气紧急切断系统;加装安全阀、爆破片等安全设施;循环氢压缩机停机报警和联锁;氢气检测报警装置等
宜采用的控制方式	将加氢反应釜内温度、压力与釜内搅拌电流、氢气流量、加氢反应釜夹套冷却水进水阀形成联锁关系,设立紧急停车系统。加入急冷氮气或氢气的系统。当加氢反应釜内温度或压力超标或搅拌系统发生故障时自动停止加氢,泄压,并进入紧急状态。设置安全泄放系统

九、重氮化工艺

具体内容如表2-9所示。

表2-9　重氮化工艺一览表

项目	内容
反应类型	绝大多数是放热反应
重点监控单元	重氮化反应釜、后处理单元
工艺简介	一级胺与亚硝酸在低温下作用,生成重氮盐的反应。脂肪族、芳香族和杂环的一级胺都可以进行重氮化反应。涉及重氮化反应的工艺过程为重氮化工艺。通常重氮化试剂是由亚硝酸钠和盐酸作用临时制备的。除盐酸外,也可以使用硫酸、高氯酸和氟硼酸等无机酸。脂肪族重氮盐很不稳定,即使在低温下也能迅速自发分解,芳香族重氮盐较为稳定
工艺危险特点	(1)重氮盐在温度稍高或光照的作用下,特别是含有硝基的重氮盐极易分解,有的甚至在室温时亦能分解。在干燥状态下,有些重氮盐不稳定,活性强,受热或摩擦、撞击等作用能发生分解甚至爆炸 (2)重氮化生产过程所使用的亚硝酸钠是无机氧化剂,175℃时能发生分解、与有机物反应导致着火或爆炸 (3)反应原料具有燃爆危险性

（续表）

项目	内容
典型工艺	（1）顺法:对氨基苯磺酸钠与2-萘酚制备酸性橙-Ⅱ染料;芳香族伯胺与亚硝酸钠反应制备芳香族重氮化合物等 （2）反加法:间苯二胺生产二氟硼酸间苯二重氮盐;苯胺与亚硝酸钠反应生产苯胺基重氮苯等 （3）亚硝酰硫酸法:2-氰基-4-硝基苯胺、2-氰基-4-硝基-6-溴苯胺、2,4-二硝基-6-溴苯胺、2,6-二氰基-4-硝基苯胺和2,4-二硝基-6-氰基苯胺为重氮组份与端氨基含醚基的偶合组份经重氮化、偶合成单偶氮分散染料;2-氰基-4-硝基苯胺为原料制备蓝色分散染料等 （4）硫酸铜触媒法:邻、间氨基苯酚用弱酸(醋酸、草酸等)或易于水解的无机盐和亚硝酸钠反应制备邻、间氨基苯酚的重氮化合物等 （5）盐析法:氨基偶氮化合物通过盐析法进行重氮化生产多偶氮染料等
重点监控工艺参数	重氮化反应釜内温度、压力、液位、pH值;重氮化反应釜内搅拌速率;亚硝酸钠流量;反应物质的配料比;后处理单元温度等
安全控制的基本要求	反应釜温度和压力的报警和联锁;反应物料的比例控制和联锁系统;紧急冷却系统;紧急停车系统;安全泄放系统;后处理单元配置温度监测、惰性气体保护的联锁装置等
宜采用的控制方式	（1）将重氮化反应釜内温度、压力与釜内搅拌、亚硝酸钠流量、重氮化反应釜夹套冷却水进水阀形成联锁关系,在重氮化反应釜处设立紧急停车系统,当重氮化反应釜内温度超标或搅拌系统发生故障时自动停止加料并紧急停车。设置安全泄放系统 （2）重氮盐后处理设备应配置温度检测、搅拌、冷却联锁自动控制调节装置,干燥设备应配置温度测量、加热热源开关、惰性气体保护的联锁装置 （3）安全设施,包括安全阀、爆破片、紧急放空阀等

十、氧化工艺

具体内容如表2-10所示。

表2-10 氧化工艺一览表

项目	内容
反应类型	放热反应
重点监控单元	氧化反应釜
工艺简介	氧化是指在电子转移的化学反应中失电子的过程,即氧化数升高的过程。多数有机化合物的氧化反应表现为反应原料得到氧或失去氢。涉及氧化反应的工艺过程为氧化工艺。常用的氧化剂有空气、氧气、双氧水、氯酸钾、高锰酸钾、硝酸盐等
工艺危险特点	（1）反应原料及产品具有燃爆危险性 （2）反应气相组成容易达到爆炸极限,具有闪爆危险 （3）部分氧化剂具有燃爆危险性,如氯酸钾、高锰酸钾、铬酸酐等都属于强氧化剂,如遇高温或受撞击、摩擦以及与有机物、酸类接触,皆能引起火灾爆炸 （4）产物中易生成过氧化物,化学稳定性差,受高温、摩擦或撞击作用易分解、燃烧或爆炸

（续表）

项目	内容
典型工艺	乙烯氧化制环氧乙烷；甲醇氧化制备甲醛；对二甲苯氧化制备对苯二甲酸；异丙苯经氧化–酸解联产苯酚和丙酮；环己烷氧化制环己酮；天然气氧化制乙炔；丁烯、丁烷、C4 馏分或苯的氧化制顺丁烯二酸酐；邻二甲苯或萘的氧化制备邻苯二甲酸酐；均四甲苯的氧化制备均苯四甲酸二酐；苊的氧化制 1,8 – 萘二甲酸酐；3 – 甲基吡啶氧化制 3 – 吡啶甲酸（烟酸）；4 – 甲基吡啶氧化制 4 – 吡啶甲酸（异烟酸）；2 – 乙基己醇（异辛醇）氧化制备 2 – 乙基己酸（异辛酸）；对氯甲苯氧化制备对氯苯甲醛和对氯苯甲酸；甲苯氧化制备苯甲醛、苯甲酸；对硝基甲苯氧化制备对硝基苯甲酸；环十二醇/酮混合物的开环氧化制备十二碳二酸；环己酮/醇混合物的氧化制己二酸；乙二醛硝酸氧化法合成乙醛酸；丁醛氧化制丁酸；氨氧化制硝酸等
重点监控工艺参数	氧化反应釜内温度和压力；氧化反应釜内搅拌速率；氧化剂流量；反应物料的配比；气相氧含量；过氧化物含量等
安全控制的基本要求	反应釜温度和压力的报警和联锁；反应物料的比例控制和联锁及紧急切断动力系统；紧急断料系统；紧急冷却系统；紧急送入惰性气体的系统；气相氧含量监测、报警和联锁；安全泄放系统；可燃和有毒气体检测报警装置等
宜采用的控制方式	将氧化反应釜内温度和压力与反应物的配比和流量、氧化反应釜夹套冷却水进水阀、紧急冷却系统形成联锁关系，在氧化反应釜处设立紧急停车系统，当氧化反应釜内温度超标或搅拌系统发生故障时自动停止加料并紧急停车。配备安全阀、爆破片等安全设施

十一、过氧化工艺

具体内容如表 2-11 所示。

表 2-11 过氧化工艺一览表

项目	内容
反应类型	吸热反应或放热反应
重点监控单元	过氧化反应釜
工艺简介	向有机化合物分子中引入过氧基（ – O – O – ）的反应称为过氧化反应，得到的产物为过氧化物的工艺过程为过氧化工艺
工艺危险特点	(1)过氧化物都含有过氧基（ – O – O – ），属含能物质，由于过氧键结合力弱，断裂时所需的能量不大，对热、振动、冲击或摩擦等都极为敏感，极易分解甚至爆炸 (2)过氧化物与有机物、纤维接触时易发生氧化、产生火灾 (3)反应气相组成容易达到爆炸极限，具有燃爆危险
典型工艺	双氧水的生产；乙酸在硫酸存在下与双氧水作用，制备过氧乙酸水溶液；酸酐与双氧水作用直接制备过氧二酸；苯甲酰氯与双氧水的碱性溶液作用制备过氧化苯甲酰；异丙苯经空气氧化生产过氧化氢异丙苯等
重点监控工艺参数	过氧化反应釜内温度；pH 值；过氧化反应釜内搅拌速率；(过)氧化剂流量；参加反应物质的配料比；过氧化物浓度；气相氧含量等

（续表）

项目	内容
安全控制的基本要求	反应釜温度和压力的报警和联锁;反应物料的比例控制和联锁及紧急切断动力系统;紧急断料系统;紧急冷却系统;紧急送入惰性气体的系统;气相氧含量监测、报警和联锁;紧急停车系统;安全泄放系统;可燃和有毒气体检测报警装置等
宜采用的控制方式	将过氧化反应釜内温度与釜内搅拌电流、过氧化物流量、过氧化反应釜夹套冷却水进水阀形成联锁关系,设置紧急停车系统。过氧化反应系统应设置泄爆管和安全泄放系统

十二、胺基化工艺

具体内容如表 2-12 所示。

表 2-12　胺基化工艺一览表

项目	内容
反应类型	放热反应
重点监控单元	胺基化反应釜
工艺简介	胺化是在分子中引入氨基(R_2N-)的反应,包括 $R-CH_3$ 烃类化合物(R:氢、烷基、芳基)在催化剂存在下,与氨和空气的混合物进行高温氧化反应,生成腈类等化合物的反应。涉及上述反应的工艺过程为胺基化工艺
工艺危险特点	(1)反应介质具有燃爆危险性 (2)在常压下 20 ℃时,氨气的爆炸极限为 15% ~27%,随着温度、压力的升高,爆炸极限的范围增大。因此,在一定的温度、压力和催化剂的作用下,氨的氧化反应放出大量热,一旦氨气与空气比失调,就可能发生爆炸事故 (3)由于氨呈碱性,具有强腐蚀性,在混有少量水分或湿气的情况下无论是气态或液态氨都会与铜、银、锡、锌及其合金发生化学作用 (4)氨易与氧化银或氧化汞反应生成爆炸性化合物(雷酸盐)
典型工艺	邻硝基氯苯与氨水反应制备邻硝基苯胺;对硝基氯苯与氨水反应制备对硝基苯胺;间甲酚与氯化铵的混合物在催化剂和氨水作用下生成间甲苯胺;甲醇在催化剂和氨气作用下制备甲胺;1-硝基蒽醌与过量的氨水在氯苯中制备1-氨基蒽醌;2,6-蒽醌二磺酸氨解制备 2,6-二氨基蒽醌;苯乙烯与胺反应制备 N-取代苯乙胺;环氧乙烷或亚乙基亚胺与胺或氨发生开环加成反应,制备氨基乙醇或二胺;甲苯经氨氧化制备苯甲腈;丙烯氨氧化制备丙烯腈等
重点监控工艺参数	胺基化反应釜内温度、压力;胺基化反应釜内搅拌速率;物料流量;反应物质的配料比;气相氧含量等
安全控制的基本要求	反应釜温度和压力的报警和联锁;反应物料的比例控制和联锁系统;紧急冷却系统;气相氧含量监控联锁系统;紧急送入惰性气体的系统;紧急停车系统;安全泄放系统;可燃和有毒气体检测报警装置等
宜采用的控制方式	将胺基化反应釜内温度、压力与釜内搅拌、胺基化物料流量、胺基化反应釜夹套冷却水进水阀形成联锁关系,设置紧急停车系统。安全设施包括安全阀、爆破片、单向阀及紧急切断装置等

十三、磺化工艺

具体内容如表 2-13 所示。

表 2-13　磺化工艺一览表

项目	内容
反应类型	放热反应
重点监控单元	磺化反应釜
工艺简介	磺化是向有机化合物分子中引入磺酰基($-SO_3H$)的反应。磺化方法分为三氧化硫磺化法、共沸去水磺化法、氯磺酸磺化法、烘焙磺化法和亚硫酸盐磺化法等。涉及磺化反应的工艺过程为磺化工艺。磺化反应除了增加产物的水溶性和酸性外,还可以使产品具有表面活性。芳烃经磺化后,其中的磺酸基可进一步被其他基团[如羟基($-OH$)、氨基($-NH_2$)、氰基($-CN$)等]取代,生成多种衍生物
工艺危险特点	(1)反应原料具有燃爆危险性;磺化剂具有氧化性、强腐蚀性;如果投料顺序颠倒、投料速度过快、搅拌不良、冷却效果不佳等,都有可能造成反应温度异常升高,使磺化反应变为燃烧反应,引起火灾或爆炸事故 (2)氧化硫易冷凝堵管,泄漏后易形成酸雾,危害较大
典型工艺	(1)三氧化硫磺化法:气体三氧化硫和十二烷基苯等制备十二烷基苯磺酸钠;硝基苯与液态三氧化硫制备间硝基苯磺酸;甲苯磺化生产对甲基苯磺酸和对位甲酚;对硝基甲苯磺化生产对硝基甲苯邻磺酸等 (2)共沸去水磺化法:苯磺化制备苯磺酸;甲苯磺化制备甲基苯磺酸等 (3)氯磺酸磺化法:芳香族化合物与氯磺酸反应制备芳磺酸和芳磺酰氯;乙酰苯胺与氯磺酸生产对乙酰氨基苯磺酰氯等 (4)烘焙磺化法:苯胺磺化制备对氨基苯磺酸等 (5)亚硫酸盐磺化法:2,4-二硝基氯苯与亚硫酸氢钠制备2,4-二硝基苯磺酸钠;1-硝基蒽醌与亚硫酸钠作用得到 α-蒽醌硝酸等
重点监控工艺参数	磺化反应釜内温度;磺化反应釜内搅拌速率;磺化剂流量;冷却水流量
安全控制的基本要求	反应釜温度的报警和联锁;搅拌的稳定控制和联锁系统;紧急冷却系统;紧急停车系统;安全泄放系统;三氧化硫泄漏监控报警系统等
宜采用的控制方式	将磺化反应釜内温度与磺化剂流量、磺化反应釜夹套冷却水进水阀、釜内搅拌电流形成联锁关系,紧急断料系统,当磺化反应釜内各参数偏离工艺指标时,能自动报警、停止加料,甚至紧急停车。磺化反应系统应设有泄爆管和紧急排放系统

十四、聚合工艺

具体内容如表 2-14 所示。

表 2-14　聚合工艺一览表

项目	内容
反应类型	放热反应
重点监控单元	聚合反应釜、粉体聚合物料仓

（续表）

项目	内容
工艺简介	聚合是一种或几种小分子化合物变成大分子化合物(也称高分子化合物或聚合物,通常分子量为 $1 \times 10^4 \sim 1 \times 10^7$)的反应,涉及聚合反应的工艺过程为聚合工艺。聚合工艺的种类很多,按聚合方法可分为本体聚合、悬浮聚合、乳液聚合、溶液聚合等
工艺危险特点	(1)聚合原料具有自聚和燃爆危险性 (2)如果反应过程中热量不能及时移出,随物料温度上升,发生裂解和爆聚,所产生的热量使裂解和爆聚过程进一步加剧,进而引发反应器爆炸 (3)部分聚合助剂危险性较大
典型工艺	(1)聚烯烃生产:聚乙烯生产;聚丙烯生产;聚苯乙烯生产等 (2)聚氯乙烯生产 (3)合成纤维生产:涤纶生产;锦纶生产;维纶生产;腈纶生产;尼龙生产等 (4)橡胶生产:丁苯橡胶生产;顺丁橡胶生产;丁腈橡胶生产等 (5)乳液生产:醋酸乙烯乳液生产;丙烯酸乳液生产等 (6)涂料粘合剂生产:醇酸油漆生产;聚酯涂料生产;环氧涂料粘合剂生产;丙烯酸涂料粘合剂生产等 (7)氟化物聚合:四氟乙烯悬浮法、分散法生产聚四氟乙烯;四氟乙烯(TFE)和偏氟乙烯(VDF)聚合生产氟橡胶和偏氟乙烯–全氟丙烯共聚弹性体(俗称26型氟橡胶或氟橡胶–26)等
重点监控工艺参数	聚合反应釜内温度、压力,聚合反应釜内搅拌速率;引发剂流量;冷却水流量;料仓静电、可燃气体监控等
安全控制的基本要求	反应釜温度和压力的报警和联锁;紧急冷却系统;紧急切断系统;紧急加入反应终止剂系统;搅拌的稳定控制和联锁系统;料仓静电消除、可燃气体置换系统,可燃和有毒气体检测报警装置;高压聚合反应釜设有防爆墙和泄爆面等
宜采用的控制方式	将聚合反应釜内温度、压力与釜内搅拌电流、聚合单体流量、引发剂加入量、聚合反应釜夹套冷却水进水阀形成联锁关系,在聚合反应釜处设立紧急停车系统。当反应超温、搅拌失效或冷却失效时,能及时加入聚合反应终止剂。设置安全泄放系统

十五、烷基化工艺

具体内容如表 2-15 所示。

表 2-15　烷基化工艺一览表

项目	内容
反应类型	放热反应
重点监控单元	烷基化反应釜
工艺简介	把烷基引入有机化合物分子中的碳、氮、氧等原子上的反应称为烷基化反应。涉及烷基化反应的工艺过程为烷基化工艺,可分为 C–烷基化反应、N–烷基化反应、O–烷基化反应等

（续表）

项目	内容
工艺危险特点	(1)反应介质具有燃爆危险性 (2)烷基化催化剂具有自燃危险性,遇水剧烈反应,放出大量热量,容易引起火灾甚至爆炸 (3)烷基化反应都是在加热条件下进行,原料、催化剂、烷基化剂等加料次序颠倒、加料速度过快或者搅拌中断停止等异常现象容易引起局部剧烈反应,造成跑料,引发火灾或爆炸事故
典型工艺	(1)C-烷基化反应:乙烯、丙烯以及长链α-烯烃,制备乙苯、异丙苯和高级烷基苯;苯系物与氯代高级烷烃在催化剂作用下制备高级烷基苯;用脂肪醛和芳烃衍生物制备对称的二芳基甲烷衍生物;苯酚与丙酮在酸催化下制备2,2-对(对羟基苯基)丙烷(俗称双酚A);乙烯与苯发生烷基化反应生产乙苯等 (2)N-烷基化反应:苯胺和甲醚烷基化生产苯甲胺;苯胺与氯乙酸生产苯基氨基乙酸;苯胺和甲醇制备N,N-二甲基苯胺;苯胺和氯乙烷制备N,N-二烷基芳胺;对甲苯胺与硫酸二甲酯制备N,N-二甲基对甲苯胺;环氧乙烷与苯胺制备N-(β-羟乙基)苯胺;氨或脂肪胺和环氧乙烷制备乙醇胺类化合物;苯胺与丙烯腈反应制备N-(β-氰乙基)苯胺等 (3)O-烷基化反应:对苯二酚、氢氧化钠水溶液和氯甲烷制备对苯二甲醚;硫酸二甲酯与苯酚制备苯甲醚;高级脂肪醇或烷基酚与环氧乙烷加成生成聚醚类产物等
重点监控工艺参数	烷基化反应釜内温度和压力;烷基化反应釜内搅拌速率;反应物料的流量及配比等
安全控制的基本要求	反应物料的紧急切断系统;紧急冷却系统;安全泄放系统;可燃和有毒气体检测报警装置等
宜采用的控制方式	将烷基化反应釜内温度和压力与釜内搅拌、烷基化物料流量、烷基化反应釜夹套冷却水进水阀形成联锁关系,当烷基化反应釜内温度超标或搅拌系统发生故障时自动停止加料并紧急停车。安全设施包括安全阀、爆破片、紧急放空阀、单向阀及紧急切断装置等

第三节　化工企业特种设备安全管理

一、化工过程特种设备分类

化工过程特种设备大类主要有锅炉、压力容器、压力管道、起重机械、场(厂)内专用机动车辆、电梯和安全附件。

(一)锅炉

锅炉是指利用各种燃料、电或者其他能源,将所盛装的液体加热到一定的参数,并通过对外输出介质的形式提供热能的设备,其范围规定为设计正常水位容积大于或者等于30 L,且额定蒸汽压力大于或者等于0.1 MPa(表压)的承压蒸汽锅炉;出口水压大于或者等于0.1 MPa(表压),且额定功率大于或者等于0.1 MW的承压热水锅炉;额定功率大于或者等于0.1 MW的有机热载体锅炉。

（二）压力容器

压力容器是指盛装气体或者液体，承载一定压力的密闭设备，其范围规定为最高工作压力大于或者等于0.1 MPa（表压）的气体、液化气体和最高工作温度高于或者等于标准沸点的液体、容积大于或者等于30 L且内直径（非圆形截面指截面内边界最大几何尺寸）大于或者等于150 mm的固定式容器和移动式容器；盛装公称工作压力大于或者等于0.2 MPa（表压），且压力与容积的乘积大于或者等于1.0 MPa·L的气体、液化气体和标准沸点等于或者低于60 ℃液体的气瓶；氧舱。

（三）压力管道

压力管道是指利用一定的压力，用于输送气体或者液体的管状设备，其范围规定为最高工作压力大于或者等于0.1 MPa（表压），介质为气体、液化气体、蒸汽或者可燃、易爆、有毒、有腐蚀性、最高工作温度高于或者等于标准沸点的液体，且公称直径大于或者等于50 mm的管道。公称直径小于150 mm，且其最高工作压力小于1.6 MPa（表压）的输送无毒、不可燃、无腐蚀性气体的管道和设备本体所属管道除外。其中，石油天然气管道的安全监督管理还应按照《安全生产法》《石油天然气管道保护法》等法律法规实施。

（四）起重机械

起重机械是指用于垂直升降或者垂直升降并水平移动重物的机电设备，其范围规定为额定起重量大于或者等于0.5 t的升降机；额定起重量大于或者等于3 t（或额定起重力矩大于或者等于40 t·m的塔式起重机，或生产率大于或者等于300 t/h的装卸桥），且提升高度大于或者等于2 m的起重机；层数大于或者等于2层的机械式停车设备。

（五）场（厂）内专用机动车辆

场（厂）内专用机动车辆是指除道路交通、农用车辆以外仅在工厂厂区、旅游景区、游乐场所等特定区域使用的专用机动车辆。

（六）电梯

电梯，是指动力驱动，利用沿刚性导轨运行的箱体或者沿固定线路运行的梯级（踏步），进行升降或者平行运送人、货物的机电设备，包括载人（货）电梯、自动扶梯、自动人行道等。非公共场所安装且仅供单一家庭使用的电梯除外。

防爆电梯、载货电梯、杂物电梯、消防员电梯、乘客电梯等。

（七）安全附件

安全附件是指安全阀、爆破片装置、紧急切断阀、气瓶阀门等。

二、锅炉

（一）锅炉设备级别

根据《锅炉安全技术监察规程》，锅炉设备可以分为四级：A级、B级、C级、D级。详细分级标准见规程。

（二）锅炉运行维护

1. 安全运行要求

（1）锅炉运行操作人员在锅炉运行前应当做好各种检查，应当按照规定的程序启动和运行,不得任意提高运行参数,压火后应当保证锅水温度、压力不回升和锅炉不缺水。

(2)当锅炉运行中发生受压元件泄漏、炉膛严重结焦、液态排渣锅炉无法排渣、锅炉尾部烟道严重堵灰、炉墙烧红、受热面金属严重超温、汽水质量严重恶化等情况时,应当停止运行。

2. 蒸汽锅炉(电站锅炉除外)需要立即停止运行的情况

蒸汽锅炉(电站锅炉除外)运行中遇有下列情况之一时,应当立即停炉:

(1)锅炉水位低于水位表最低可见边缘时。

(2)不断加大给水及采取其他措施但是水位仍然继续下降时。

(3)锅炉满水,水位超过最高可见水位,经过放水仍然不能见到水位时。

(4)给水泵失效或者给水系统故障,不能向锅炉给水时。

(5)水位表、安全阀或者装设在汽空间的压力表全部失效时。

(6)锅炉元(部)件受损坏,危及锅炉运行操作人员安全时。

(7)燃烧设备损坏、炉墙倒塌或者锅炉构架被烧红等,严重威胁锅炉安全运行时。

(8)其他危及锅炉安全运行的异常情况时。

3. 燃烧器使用与维护

燃烧器使用单位应当对燃烧器实施年度检查,检查内容至少包括燃烧器管路(含阀门)是否密封、安全与控制装置是否齐全和完好、安全与控制功能是否缺失或者失效、燃烧器运行是否正常。

(三)检验

1. 基本要求

(1)设计文件审查。锅炉设计文件审查,是在锅炉制造单位设计完成的基础上,对锅炉设计文件是否满足规程要求进行的符合性审查。锅炉设计文件审查,可以由设计审查机构进行,也可以由制造监督检验机构进行。

(2)型式试验。燃油(气)燃烧器和有机热载体应当经型式试验合格后才能使用。型式试验应当由具有相应资质的型式试验机构进行。

(3)监督检验。监督检验(包括制造、安装、改造、重大修理和化学清洗监督检验),是监督检验机构(以下简称监检机构)在制造、安装、改造、重大修理和化学清洗单位(以下统称受检单位)自检合格的基础上,按照规程要求,对制造、安装、改造、重大修理和化学清洗过程进行的符合性监督抽查。经监督检验合格后,监检机构应当出具监督检验证书(化学清洗出具监督检验报告)。

(4)锅炉定期检验。锅炉定期检验,是对在用锅炉当前安全状况是否满足本规程要求进行的符合性检查,包括运行状态下进行的外部检验、停炉状态下进行的内部检验和水(耐)压试验。

2. 设计文件审查

(1)设计文件审查报告。经过锅炉设计文件审查,审查项目符合规程要求的,审查机构或者制造监督检验机构应当在主要设计文件上加盖锅炉设计文件审查专用章,并出具锅炉设计文件审查报告。

（2）设计文件审查特殊情况。锅炉主要受压元件设计图纸修改后，应当对锅炉设计文件重新进行审查。

（3）锅炉设计文件审查内容。设计依据；锅炉本体受压元件材料和承载构件材料及其焊接材料的选用；受压元件的结构形式和尺寸、主要受压元件的连接、管孔布置、焊缝布置、门孔布置等；锅炉设计中的主要技术要求，包括焊接、无损检测、热处理、水（耐）压试验等；受压元件强度计算书（铸铁锅炉除外）、安全阀排放量计算书、热力计算书、水循环计算书、烟风阻力计算书或者汇总表；安全附件和仪表的设置、选用以及安全保护装置的装设等；锅炉本体受压元件的支承、吊挂、膨胀等结构设计；锅炉设计说明书以及安装使用说明书；对于有机热载体锅炉，还应当包括有机热载体介质的选择和使用条件、最高液膜温度计算书和最小限制流速计算书或者汇总表；对于铸铁锅炉，还应当现场监督锅片或者锅炉的冷态爆破试验以及审查整体验证性水压试验报告。

（四）燃油（气）燃烧器型式试验

1. 型式试验要求

具有下列情况之一的燃烧器，应当进行型式试验：新设计的燃烧器；燃烧器使用燃料类别或者燃烧器结构及程序控制方式发生变化时；燃烧器型式试验超过 4 年的。

2. 型式试验内容

燃烧器的型式试验的内容包括安全技术规范符合性检查、安全性能试验和运行性能试验，其主要项目如下：

（1）基本安全要求检查，包括结构与设计检查、安全与控制装置检查和技术文件与铭牌检查。

（2）安全性能试验，包括气密性（对燃气燃烧器）、安全时间（点火安全时间和熄火安全时间）、前吹扫时间与风量、点火热功率、火焰稳定性、电压改变、耐热性能、部件表面温度等项目的试验、测试和测量。

（3）运行性能试验，包括燃烧器输出热功率范围测试以及运行状态下的燃烧产物排放、噪声测试，工作曲线的测试。

3. 型式试验报告和证书

型式试验结束后，型式试验机构应当出具试验报告。试验合格的燃烧器还应当出具型式试验证书。燃烧器供应商应提供有效的燃烧器型式试验证书。

（五）有机热载体型式试验

1. 型式试验要求

具有下列情况之一的有机热载体，应当进行型式试验：

（1）新研制的产品投入市场前。

（2）原材料和生产工艺发生变化时。

（3）出厂批次检验或周期检验结果与上次型式检验结果有较大差异时。

（4）正常生产时间达 4 年时。

（5）停产 1 年以上，恢复生产时。

（6）国家质量监督机构提出型式检验要求时。

2. 型式试验内容

有机热载体型式试验包括 L – QB、L – QC 和 L – QD 类用于间接式传热系统的有机热载体。有机热载体的型式试验的内容包括安全性能试验、腐蚀性能试验和物性试验,其主要试验内容如下:

(1)安全性能试验,包括热稳定性、热氧化安定性、自燃点、闪点、馏程、沸程(气相)。

(2)腐蚀性能试验,包括硫含量、氯含量、酸值、铜片腐蚀、水分含量、水溶性酸碱。

(3)物性试验,包括密度、运动粘度。

3. 型式试验报告

型式试验结束后,型式试验机构应当及时出具试验报告。有机热载体的生产商或者供应商应提供有效的有机热载体的型式试验报告。

(六)监督检验

1. 监督检验申请

锅炉产品(包括试制产品)制造、安装、改造、重大修理和化学清洗施工前,受检单位应当向具有相应监督检验资质的监检机构申请实施监督检验,监检机构接受约请后,应当及时开展监督检验。

2. 监督检验要求

检验人员应当对锅炉逐台(对于 D 级锅炉制造,可以按生产批号)进行监督检验;发现一般问题时,应当及时向受检单位发出特种设备监督检验联络单;发现受检单位质量保证体系实施或者锅炉安全性能存在严重问题时,监检机构应当签发特种设备监督检验意见通知书,并且抄报当地质监部门(受检单位为境外企业时,抄报国家质检总局)。

3. 监督检验项目

锅炉产品制造、安装、改造、重大修理监督检验项目分为 A 类、B 类和 C 类。

(1)A 类,是对锅炉安全性能有重大影响的关键项目,检验人员应当确认符合要求后,受检单位方可继续施工。

(2)B 类,是对锅炉安全性能有较大影响的重点项目,检验人员应当对该项施工的结果进行现场检查确认。

(3)C 类,是对锅炉安全性能有影响的监督检验项目,检验人员应当对受检单位相关的自检报告、记录等资料审查确认,必要时进行现场监督、实物检查。

4. 制造监督检验内容

制造监督检验内容,应当包括对锅炉制造单位质量保证体系运转情况和锅炉制造过程中涉及安全性能的项目的监督抽查。监检机构应根据受检锅炉的制造过程,确定相应的检验方案。

制造单位资源条件及质量保证体系运转情况的抽查:受检单位资源条件,包括相应的制造许可证、相关责任人员配置以及受压元件焊接人员和无损检测人员的持证情况、合格分包方和供方名单以及与锅炉产品制造相关的其他资源条件;每年至少对受检单位的质量保证体系运转情况和资源条件变化情况进行一次检查。

设计文件、工艺文件的审查:审查设计文件审查资料以及相关设计变更资料、制造工艺文件、检验检测工艺文件、水(耐)压试验方案等。

锅炉产品制造过程监督检验。在审查受检单位自检记录的基础上,对锅炉产品制造过程监督抽查。监检机构根据受检锅炉的实际情况,可以适当进行调整,并且结合抽查项目,检查针对受检锅炉制造过程的受检单位质量保证体系运转情况:

(1)主要受压元件材料及其焊接材料的质量证明、验收资料、材料代用资料以及材料管理情况。

(2)受压元件相关制造工艺的执行情况、记录和质量。

(3)焊接试件的加工情况、试验记录或者报告。

(4)受压元件热处理、无损检测以及成型质量的检测情况、记录和质量。

(5)水(耐)压试验。

(6)安全附件和仪表。

(7)锅炉出厂资料、燃油(气)燃烧器型式试验证书以及产品铭牌。

5.安装监督检验内容

锅炉安装监督检验内容,应当包括对受检单位质量保证体系运转情况和锅炉安装过程中涉及安全性能的项目的监督抽查。监检机构应当根据具体的安装过程,确定相应的监督检验方案。

安装现场资源条件的抽查:

(1)受检单位资源条件,包括锅炉安装许可证、相关责任人员配置以及受压元件焊接人员和无损检测人员的持证情况、合格分包方和供方名单以及与锅炉安装相关的其他资源条件。

(2)锅炉出厂资料、制造监督检验证书、安全附件和仪表质量证明文件、燃油(气)燃烧器型式试验合格证书、有机热载体型式试验报告、锅炉定型产品能效测试报告等。

设计文件、工艺文件的审查:审查相关设计变更资料、安装工艺文件、检验检测工艺文件、水(耐)压试验方案等。

产品实物的抽查:根据锅炉产品出厂资料,对锅炉产品实物进行抽查。对有机热载体锅炉,还应当进行有机热载体验证检验。

安装过程监督检验。在审查受检单位自检记录的基础上,对锅炉安装过程监督抽查。监检机构根据受检锅炉的实际情况,可以适当进行调整,并且结合抽查项目,检查针对受检锅炉安装过程的受检单位质量保证体系运转情况。组装锅炉安装过程监督检验应当在整装锅炉安装过程监督检验项目的基础上,参照散装锅炉安装过程监督检验项目,增加相应项目。监督检验项目主要包括:锅炉基础验收资料;锅炉钢结构质量证明以及锅炉钢结构安装工艺的执行情况、记录和质量;主要受压元件材料及其焊接材料的质量证明、验收资料、材料代用资料以及材料管理情况;受压元件及其附件以及相关的支吊、膨胀装置等安装工艺的执行情况、记录和质量;受压元件热处理、无损检测、理化检测以及成型质量的检测情况、记录和质量;炉膛门、孔、密封部件以及防爆门的安装记录和质量;水(耐)压试验;炉墙、保温以及防腐施工记录及质量;安全附件和仪表的检定、校准证书以及保护装置的功能试验记录;锅炉水处理设备安装调试记录、锅炉化学清洗监督检验报告以及水汽质量化验记录(超高压及以下锅炉还应当抽样检测水汽质量);调试情况,包括锅炉整套启动调试报告,烘炉记录,验收报告和质量,管道的冲洗和吹洗记录,安全阀整定报告,整套启动试运行阶段锅炉相关验收签证等;参照本规程定期检验中外部检验的要求对锅炉进行检查;锅炉安装竣工资料。

6. 改造和重大修理监督检验内容

（1）审核锅炉改造方案和重大修理技术要求是否满足规程要求。

（2）监督检验内容参照本章安装监督检验相关要求执行。

7. 化学清洗监督检验内容

化学清洗监督检验内容,应当包括对化学清洗单位质量保证体系运转情况和化学清洗过程中涉及安全性能的项目的监督抽查,主要包括以下方面:

（1）化学清洗方案、缓蚀剂性能测试报告、垢样分析及溶垢试验报告、腐蚀指示片测量数据和悬挂位置、监视管的安装、清洗循环系统及节流装置等。

（2）化学清洗参数控制以及化验记录、加温方式和温度控制等。

（3）锅炉清洗除垢率、腐蚀速度及腐蚀总量、钝化效果、金属表面状况（是否有点蚀、镀铜、过洗）及脱落垢渣清除情况等。

（4）对于有机热载体锅炉,还应包括残余的油泥、结焦物和垢渣等杂质的清除情况。

（七）定期检验

锅炉定期检验,包括外部检验、内部检验和水（耐）压试验。

1. 定期检验申请

锅炉使用单位应当安排锅炉的定期检验工作,并且在检验前1个月向检验机构提出定期检验申请,检验机构接受申请后,应当及时开展检验。

2. 定期检验周期

（1）外部检验,每年进行一次。

（2）内部检验,一般每2年进行一次,成套装置中的锅炉结合成套装置的大修周期进行,A级高压及以上电站锅炉结合锅炉检修同期进行,一般每3～6年进行一次;首次内部检验在锅炉投入运行后一年进行,成套装置中的锅炉和A级高压及以上电站锅炉可以结合第一次检修进行。

（3）水（耐）压试验,检验人员或者使用单位对设备安全状况有怀疑时,应当进行水（耐）压试验;因结构原因无法进行内部检验时,应当每3年进行一次水（耐）压试验。

（4）检验单位或者使用单位对锅炉安全状况有怀疑时,可以缩短检验周期。

（5）成套装置中的锅炉和A级高压及以上电站锅炉由于检修周期等原因不能按期进行内部检验时,使用单位在确保锅炉安全运行（或者停用）的前提下,经过使用单位主要负责人审批后,可以适当延期安排内部检验,一般不应当超过1年并且不得连续延期,不能按期安排内部检验的使用单位应当向锅炉使用登记机关备案,注明采取的措施以及下次内部检验的期限。

3. 定期检验特殊情况

除正常的定期检验以外,锅炉有下列情况之一时,也应当进行内部检验:

（1）移装锅炉投运前。

（2）锅炉停止运行1年以上需要恢复运行前。

4.定期检验项目的顺序

外部检验、内部检验和水(耐)压试验在同一年进行时,一般首先进行内部检验,然后再进行水(耐)压试验,外部检验。

5.定期检验前的准备工作

(1)应当审查锅炉的安全技术档案以及相关技术资料。

(2)检验机构应当编制检验方案,对于A级高压及以上电站锅炉,还应当根据受检锅炉的实际情况逐台编制专用检验方案。

(3)进入锅炉内进行检验工作前,检验人员应当通知锅炉使用单位做好检验前的准备工作,准备工作应当满足规程及其相应标准的要求。

(4)锅炉使用单位应当根据检验工作的需要进行相应的配合工作。

6.锅炉外部检验时机

锅炉外部检验可能影响锅炉正常运行,检验机构应当事先同使用单位协商检验时间,在使用单位的运行操作配合下进行,并且不应当危及锅炉安全运行。

7.缺陷处理基本原则

对于检验过程中发现的缺陷,应当按照合于使用的原则进行处理:

(1)对缺陷进行分析,明确缺陷的性质,存在的位置以及对锅炉安全经济运行的危害程度,以确定是否需要对缺陷进行消除处理。

(2)对于重大缺陷的处理,使用单位应当采用组织进行安全评定或者论证等方式确定缺陷的处理方式;如果需要进行改造和重大修理,应当按照规程有关规定进行。

8.外部、内部检验检验结论

现场检验工作完成后,检验机构应当根据检验情况,结合使用单位对发现问题的处理或者整改情况,做出以下检验结论,并出具报告:

(1)符合要求,未发现影响锅炉安全运行的问题或者对发现的问题整改合格。

(2)基本符合要求,发现存在影响锅炉安全运行的问题,采取了降低参数运行、缩短检验周期或者对主要问题加强监控等有效措施。

(3)不符合要求,发现存在影响锅炉安全运行的问题,未对发现的问题整改合格或者未采取有效措施。

9.水压试验结论

只有合格或不合格的结论。

10.锅炉内部检验内容

锅炉内部检验应当根据锅炉主要部件所处的位置和工作状况及其可能产生的缺陷,采用相应的检查方法,如宏观检查、厚度测量、无损检测、金相检测、硬度检测、割管力学性能试验、内窥镜检测、强度校核、腐蚀产物及垢样分析等。检验内容一般应当包括:检查上次检验发现问题的整改情况以及留存缺陷的状况;抽查受压元件及其内部装置的外观质量,结焦、腐蚀、磨损、变形、超温、膨胀情况以及内部堵塞、有机热载体的积碳和结焦情况等;抽查燃烧室、燃烧设备、吹灰器、烟道等附属设备外观质量、阻流情况、积灰情况、壁厚减薄情况、变形情况以及泄漏情况等;抽查主要承载、支吊、固定件的外观质量、受力情况、变形情况以及锅炉的膨胀情况；抽查炉墙、保温、密封结构以及内部耐火层的外观质量。

首次内部检验时，还应当对以下情况进行检查：锅炉各部件、各部位的应力释放情况、膨胀协调情况；制造、安装过程中遗留缺陷的变化情况；当运行与设计存在差异时，锅炉的实际运行状况。

对于启停频繁的电站锅炉以及运行时间超过10万小时的电站锅炉，应当根据实际工况和主要失效模式适当增加检验项目及检验内容。

11. 锅炉外部检验内容

（1）检查上次检验发现问题的整改情况。

（2）检查锅炉使用登记及其作业人员资格。

（3）抽查锅炉使用管理制度及其执行见证资料。

（4）抽查锅炉本体、锅炉范围内管道可见部位安全状况及附属设备运转情况。

（5）抽查锅炉安全附件和仪表、安全保护装置的运行情况，并且进行功能试验。

（6）抽查水处理设备（系统）运行记录、水汽质量化验记录及水（介）质检验检测报告（A级超高压及以下锅炉还应当抽样检测水汽质量或有机热载体质量）。

（7）抽查锅炉操作空间安全状况，主要包括安全通道、巡回检查通道、照明设施、事故控制电源和事故照明电源、承重结构等。

（8）审查锅炉事故应急专项预案及其演练记录。

12. 水（耐）压试验检验内容

当实际使用的最高工作压力低于锅炉额定工作压力时，可以按照锅炉使用单位提供的最高工作压力确定试验压力；当锅炉使用单位需要提高锅炉使用压力（但不应当超过额定工作压力）时，应当按照提高后的工作压力重新确定试验压力进行水（耐）压试验。

水（耐）压试验检验内容：检查水（耐）压试验设备的压力测量装置的量程、精度及校验情况；检查水（耐）压试验条件，安全防护情况，审查试验用水（介）质情况；现场监督水（耐）压试验，检查升（降）压速度、试验压力、保压时间，在工作压力下检查受压元件有无变形及泄漏情况。

三、压力容器

（一）固定式压力容器安全技术监察

固定式压力容器：是指安装在固定位置使用的压力容器。对于为了某一特定用途、仅在装置或者场区内部搬动、使用的压力容器，以及可移动式空气压缩机的储气罐等按照固定式压力容器进行监督管理；过程装置中作为工艺设备的按压力容器设计制造的余热锅炉依据规程进行监督管理。

根据危险程度，固定式压力容器划分为I，II，III类，本I，II，III类压力容器分别等同于特种设备目录中的第一、二、三类压力容器，本分类将超高压容器划分为第III类压力容器。

压力容器监督检验（以下简称监检）的一般程序：受检单位约请监检机构并且签署监检工作协议，明确双方的权力、责任和义务；监检员确定监检项目；监检员对制造、施工过程进行监检,填写监检记录等工作见证;制造(含现场制造、现场组焊、现场粘结)监检合格后,监检员打监检钢印;监检机构出具监检证书。

压力容器操作规程至少包括以下内容:操作工艺参数(含工作压力、最高或最低工作温度);岗位操作方法(含开、停车的操作程序和注意事项);运行中重点检查的项目和部位,运行中可能出现的异常现象和防止措施,以及紧急情况的处置和报告程序。

压力容器发生下列异常情况之一的,操作人员应当立即采取应急专项措施,并且按照规定的程序,及时向本单位有关部门和人员报告:工作压力、工作温度超过规定值,采取措施仍不能得到有效控制的;受压元件发生裂缝、异常变形、泄露、衬里层失效等危及安全的;安全附件失灵、损坏等不能起到安全保护作用的;垫片、紧固件损坏,难以保证安全运行的;发生火灾等直接威胁到压力容器安全运行的;液位异常,采取措施仍不能得到有效控制的;压力容器与管道发生严重振动,危及安全运行的;与压力容器相连的管道出现泄漏,危及安全运行的;真空绝热压力容器外壁局部存在严重结冰、工作压力明显上升的;其他异常情况的。

安全阀检查至少包括以下内容和要求:选型是否正确;是否在校验有效期内使用;杠杆式安全阀的防止重锤自由移动和杠杆越出的装置是否完好,弹簧式安全阀的调整螺钉的铅封装置是否完好,静重式安全阀的防止重片飞脱的装置是否完好;如果安全阀和排放口之间装设了截止阀,截止阀是否处于全开位置及铅封是否完好;安全阀是否有泄漏;放空管是否通畅,防雨帽是否完好。

安全联锁装置检查:快开门式压力容器的安全联锁装置是否完好,功能是否符合要求。

压力表的检查至少包括以下内容:压力表的选型是否符合要求;压力表的氢气检修维护、检定有效期及其封签是否符合要求;压力表外观、精度等级、量程是否符合要求;在压力表和压力容器之间装设三通旋塞或者针型阀时,其位置、开启标记及其锁紧装置是否符合规定;同一系统上各压力表的度数是否一致。

(二)移动式压力容器安全技术监察

移动式压力容器是指由罐体或者大容积钢质无缝气瓶与走行装置或者框架采用永久性连接组成的运输装备,包括铁路罐车、汽车罐车、长管拖车、罐式集装箱和管束式集装箱等。

移动式压力容器罐体改作固定式压力容器使用时,应当满足以下要求:由具有固定式压力容器设计资质的设计单位出具设计文件;由具有固定式压力容器制造资质的制造单位按照设计文件进行改造;改造后的固定式压力容器应当满足安全使用要求;改造施工过程应当经过具有相应资质的检验机构进行监督检验;注销原移动式压力容器《使用登记证》,重新办理使用登记;禁止使用期限到期后进行改造。

移动式压力容器临时作为固定式压力容器使用,应当满足以下要求:在定期检验有效期内;在满足消防防火间距等规定的区域内使用,并且有专人操作;制定专门的操作规程和应急预案,配备必要的应急救援装备。

定期检验:是指移动式压力容器停运时由检验机构进行的检验和安全状况等级评定,其中,汽车罐车、铁路罐车和罐式集装箱的定期检验分为年度检验和全面检验。

年度检查：使用单位每年对所使用的长管拖车、管束式集装箱至少进行 1 次年度检查。当年度进行定期检验的，可不再进行年度检查，年度检查工作完成后，应当进行使用安全状况分析，并且对年度检查中发现的隐患及时消除。年度检查工作可以由压力容器使用单位进行，也可以委托具有移动式压力容器定期检验资质的特种设备检验检测机构进行。汽车罐车、铁路罐车和罐式集装箱等按照《压力容器定期检验规则》（TSG R7001）的有关规定进行年度检验的，不再单独进行年度检查。

安全附件和装卸附件的保护：罐体和管路上所有装卸阀门、安全泄放装置、紧急切断装置、仪表和其他附件应当设置适当的、具有一定强度的保护装置，如保护罩、防护罩等，用于在意外事故中保护安全附件和装卸附件不被损坏。

设置紧急切断装置的长管拖车、管束式集装箱，应当进行以下检查：紧急切断装置的设置是否符合标准和设计图样的规定；外观质量是否良好；解体检查阀体、先导杆、弹簧、密封面、凸轮等有无损伤变形、腐蚀生锈、裂纹等缺陷；性能校验是否合格；远控系统动作是否灵敏可靠。

（三）压力容器定期检验

压力容器定期检验是指特种设备检验机构按照一定的时间周期，在压力容器停机时，根据规定对在用压力容器的安全状况所进行的符合性验证活动。

定期检验工作的一般程序，包括检验方案制定、检验前的准备、检验实施、缺陷及问题的处理、检验结果汇总、出具检验报告等。

压力容器的安全状况分为 1 级到 5 级，对在用压力容器，应当根据检验情况，根据规则进行评级。

压力容器于投用后 3 年内进行首次定期检验，以后的检验周期由检验机构根据压力容器的安全状况分级，按照以下要求确定：安全状况等级为 1、2 级的，一般每 6 年检验一次；安全状况等级为 3 级的，一般每 3 年至 6 年检验一次；安全状况等级为 4 级的，监控使用，其检验周期由检验机构确定，累计监控使用时间不得超过 3 年，在监控使用期间，使用单位应当采取有效的监控措施；安全状况等级为 5 级的，应当对缺陷进行处理，否则不得继续使用。

有下列情况之一的压力容器，定期检验周期可以适当缩短：介质对压力容器材料的腐蚀情况不明或者腐蚀情况异常的；具有环境开裂倾向或者产生机械损伤现象，并且已经发现开裂的；改变使用介质并且可能造成腐蚀现象恶化的；材质劣化现象比较明显的；使用单位没有按照规定进行年度检查的；检验中对其他影响安全的因素有怀疑的。

采用"亚铵法"造纸工艺，并且无有效防腐措施的蒸球，每年至少进行一次定期检验。使用标准抗拉强度下限值大于或者等于 540 MPa 低合金钢制造的球形储罐，投用 1 年后应当开罐检验。

压力容器定期检验项目，以宏观检验、壁厚测定、表面缺陷检测、安全附件检验为主，必要时增加埋藏缺陷检测、材料分析、密封紧固件检验、强度校核、耐压试验、泄露试验等项目。设计文件对压力容器定期检验项目、方法和要求有专门规定的，还应当从其规定。宏观检验主要是结构检验、几何尺寸检验和壳体外观检验。

安全附件检验主要有：安全阀，检验是否在校验有效期内；爆破片装置，检验是否按期更换；压力表，检验是否在检定有效期内（适用于有检定要求的压力表）。

压力容器定期检验结论报告应当有编制、审核、批准三级人员签字，批准人员为检验机构的主要负责人或者授权的技术负责人。

（四）压力容器监督检验

压力容器的监检应当在压力容器制造、安装、改造与重大修理过程中进行。监检是在压力容器制造、安装、改造、修理单位的质量检验、检查与试验合格的基础上进行的过程监督和满足基本安全要求的符合性验证。监检工作不能代替受检单位的自检。

压力容器监检包括：通过相关技术材料和影响基本安全要求工序的审查、检查及见证，对受检单位进行的压力容器制造、安装、改造与重大修理过程及其结果是否满足安全技术规范要求进行符合性验证；对受检单位的质量保证体系实施状况检查与评价。

压力容器监检的一般程序如下：受检单位提出监检申请并且与监检机构签署工作协议，明确双方的权利、责任和义务；监检员审查相关技术文件后，确定监检项目；监检员根据确定的监检项目，对制造、施工过程进行监检，填写监检记录等工作见证；制造监检合格后，打监检钢印；出具《监检证书》。

压力容器工艺文件审查。审查相关工艺文件是否符合受检单位质量保证体系的批准程序，以下内容是否符合安全技术规范、产品标准和设计总图的规定：是否依据相应的焊接工艺评定编制焊接工艺规程（WPS）或者焊接作业指导书（WWI）；当压力容器需要进行焊后热处理时，其要求是否与相应的焊接工艺评定或者焊接工艺规程（WPS）中的焊后热处理要求相符；当采用安全技术规范及产品标准中没有规定的无损检测方法、消除焊接残余应力方法、改善材料性能方法、泄露试验方法等新工艺时，新工艺是否进行了安全技术规范要求的技术评审及履行了相应的批准手续。

压力管道安装、改造与重大修理施工监检。监检至少包括以下内容：审查受检单位向质监部门办理告知情况，审查受检单位的安装改造修理许可资质；审查施工方案和质量计划；检查受检单位施工的现场条件和质量保证体系的实施情况；根据所确定的监检项目对施工过程进行监检；审查安装、改造与重大修理的竣工资料。

四、压力管道

（一）压力管道安装监检

压力管道安装监检，是在受检单位自检合格基础上，由承担安装监督检验工作的检验机构（简称监检机构）依据规则对压力管道安装过程实施的监督验证和满足基本安全要求的符合性验证。监检不能代替受检单位的自检。

未经监检或者监检不合格的压力管道不得交付使用。

将压力管道安装监检项目分为 A 类、B 类和 C 类，要求如下：

（1）A 类，是指对压力管道安全性能有重大影响的关键项目，当压力管道安装过程到达该类项目点时，受检单位应当提前通知监检人员到现场，经监检人员确认该项目的实施符合要求后，受检单位方可继续施工。

(2)B类,是指对压力管道安全性能有较大影响的重点项目,监检人员一般在现场监督、实物检查,如不能及时到达现场,受检单位在自检合格后可以继续进行该项目的施工,监检人员随后对该项施工结果进行现场检查,确认是否符合要求。

(3)C类,是指对压力管道安全性能有影响的检验项目,监检人员通过审查受检单位相关的自检报告、记录等施工技术质量资料资料,确认是否符合要求。

压力管道安装完成后,监检机构应当及时将监检资料分类、标识、编目,建立档案,监检资料保存期限不得少于10年。监检一般采用资料审查、现场监督和实物检查等方法进行。

(二)工业管道

压力管道按其危险程度和安全等级划分为 GC1、GC2、GC3 三级。

符合下列条件之一的压力管道应划分为 GC1 级:

(1)输送下列有毒介质的压力管道:极度危害介质;高度危害气体介质;工作温度高于标准沸点的高度危害液体介质。

(2)输送下列可燃、易爆介质且涉及压力等于或等于 4.0 MPa 的压力管道:甲、乙类可燃气体;液化烃;$甲_B$ 类可燃液体。

(3)涉及压力大于或等于 10.0 MPa 的压力管道和设计压力大于或等于 4.0 MPa 且设计温度大于或等于 400 ℃ 的压力管道。

符合下列条件的压力管道应划分为 GC2 级:除了 GC3 级管道外,介质毒性程度、火灾危险性(可燃性)、设计压力和设计温度低于 GC1 级的压力管道。

符合下列条件的压力管道应划分为 GC3 级:输送无毒、非可燃液体介质,设计压力小于或等于 1.0 MPa 且设计温度大于 -20 ℃ 但不大于 185 ℃ 的压力管道。

【注:当输送毒性或可燃性不同的混合介质时,应按其危害程度及其含量,由业主或设计者确定压力管道等级。】

管道定期检验的安全状况分为 1 级、2 级、3 级、4 级,共 4 个级别。检验机构应当根据定期检验情况评定管道安全状况等级。

定期检验项目应当以宏观检验、壁厚测定和安全附件的检验为主,必要时应当增加表面缺陷检测、埋藏缺陷检测、材质分析、耐压强度校核、应力分析、耐压试验和泄露试验等项目。

(三)高压管道

化工高压管道是指由管道组成件装配而成,包括管子、管件、法兰、垫片、紧固件、法兰盖等,它与管路其他元件,如阀门、膨胀节、耐压软管、过滤器、仪表等共同组成流体输送的管路系统,通常高压管道的压力等级大于 Class900(*PN*150)及 *PN*160。

1. 检验及验收

检验范围应为管道、管件、法兰、紧固件及垫片等。

检验等级应符合现行《压力管道规范 工业管道 第 5 部分:检验与试验》(GB/T 20801.5)的有关规定,检验等级应为 Ⅰ 级。

验收应符合下列规定:管子、管件、法兰、紧固件及垫片等的验收应符合有关技术要求,经逐件检查合格后应按规定做好标志标记;检验不合格的不得入库和出厂,应做好不合格标志和隔离;每个和每批合格的产品,应附有产品质量证明文件,且随产品交订货单位;订货单位有权对交货单位的产品进行抽查,其批量的大小及抽查数量应在订货协议中规定。

紧固件的检验应符合下列规定:全螺纹螺柱、拧入用螺柱、管道用螺柱应按《承压设备无损检测》(NB/T 47013)系列标准的有关规定逐根进行磁粉或渗透检测,并应符合Ⅰ级要求;全螺纹的螺柱的毛坯应按批进行力学性能试验,专用螺母毛坯应按批进行硬度试验;紧固件的硬度检验应符合现行《压力管道规范 工业管道 第4部分:制作与安装》的有关规定;紧固件的化学成分、热处理及力学性能应符合规定,力学性能试样应在热处理后的毛坯上沿轧制方向切取,当毛坯直径大于或等于40 mm时,应在中心位置取样,当毛坯直径大于40 mm时,在直径1/4处取样;专用紧固件的交货检验应以批为单位,螺柱的最大批件为3 000件,螺母的最大批件为5 000件;紧固件的尺寸、外观、性能检验和包装行符合《紧固件 验收检查》的有关的规定。

法兰、法兰盖检验应符合下列规定:机加工表面不得有毛刺、划痕等缺陷;环连接面法兰密封面应逐个检查,且不得有裂纹、划痕或撞伤等缺陷。

2. 管道组件的检验

高压管道工程使用的管道元件,应符合设计文件规定及下列规定:

(1)管道组成件应具有质量证明文件。实行监督检验的管道元件,还应有特种设备检验检测机构出具的监督检验证书。质量证明文件应包括产品合格证和质量证明书。产品合格证应包括产品名称、编号、规格型号、执行标准等。质量证明书应包括下列内容:材料化学成分;材料及焊接接头力学性能;热处理状态;无损检测结果;耐压试验结果;产品标准或合同规定的其他检验项目;外协的半成品或成品的质量证明;管子的质量证明书还应包括牌号、炉号、批号、交货状态等。

(2)管道元件在使用前应进行外观检查,其表面质量应符合国家现行有关标准的规定。

(3)铬钼合金钢、不锈钢管道元件应采用光谱分析或其他方法对材质进行复验,并应做好标志。

(4)检查不合格的管道元件不得使用,并应做好标志和隔离。

管子检验应符合下列规定:

(1)管子使用前应按设计文件要求核对管子的规格、数量和标志。

(2)当到货管子的牌号、炉号、批号、交货状态与质量证明文件不符或标志不清,该批产品不得使用。

(3)有耐晶间腐蚀要求的材料,产品质量证明文件应注明晶间腐蚀试验结果,且试验结果不得低于设计文件的规定。

(4)管子的质量证明文件中应有超声波检测结果。

(5)钢管的表面外观质量应符合下列要求:钢管内、外表面不得有裂纹、折叠、发纹、轧折、离层、结疤等缺陷;钢管表面的锈蚀、凹陷、划痕及其他机械损伤的深度,不应超过产品标准允许的壁厚负偏差;有符合产品标准规定的标志。

(6)管子外表面应按下列方法逐根进行无损检测,检测方法和缺陷评定应符合现行《承压设备无损检测》(NB/T 47013)系列标准的有关规定,检测结果应为Ⅰ级:外径大于25 mm的导磁性钢管应采用磁粉检测;非导磁性钢管应采用渗透检测。

（7）管子经无损检测发现的表面缺陷可进行修磨，修磨后的实际壁厚不得小于管子公称壁厚的90%，且不应小于设计文件规定的最小壁厚。

阀门检验应符合现行《工业金属管道工程施工规范》（GB 50235）和《工业金属管道工程施工质量验收规范》（GB 50184）的有关规定。

其他管道元件检验应符合《化工高压管道通用技术规范》（HG/T 20256—2016）的规定。

五、场（厂）内专用机动车辆

（一）检验

1. 项目和主要内容

场车型式试验、定期（含首次）检验的基本项目，见《场（厂）内专用机动车辆安全技术监察规程》（TSG N0001—2017）中《叉车检验项目表》和《非公路用旅游观光车辆检验项目表》。

（1）叉车，应检验的主要内容有：

①设计文件审查（设计任务书、设计计算书、主要设计图样、使用维护保养说明等）、资料核查（制造许可证、型式试验合格证、产品质量合格证明、使用维护保养说明等）。

②结构型式检查、整车外观检查、主要受力结构件检查、主要零部件检查、铭牌和安全警示标志检查。

③主要参数测量，包括额定起重量、起升高度、长度、宽度、高度及轴距、轮距、前悬距等。

④车辆自重测定。

⑤动力系统、传动系统、行驶系统、转向与操纵系统、液压系统、制动系统、电气和控制系统、工作装置检查。

⑥安全保护和防护装置检查。

⑦作业环境检查。

⑧性能试验，包括装卸性能、转向性能、运行性能、动力性能、制动性能、稳定性试验、防爆性能试验、电气安全试验（蓄电池叉车）。

⑨噪声试验。

⑩安全保护和防护装置试验。

⑪主要受力结构件强度试验。

⑫强化试验，额定起重量小于或者等于10 t的内燃叉车不少于400 h，蓄电池叉车不少于200 h；额定起重量大于10 t且不大于25 t的叉车不少于100 h；额定起重量大于25 t的叉车不少于60 h。

（2）观光车辆，应检验的主要内容有：

①设计文件审查（设计任务书、设计计算书、主要设计图样、使用维护保养说明等）、资料核查（制造许可证、型式试验合格证、产品质量合格证明、使用维护保养说明等）。

②结构型式检查、整车外观检查、主要受力结构件检查、主要零部件检查、铭牌和安全警示标志检查、观光列车牵引连接及二次保护装置检查。

③主要参数测量，包括额定载客人数、最大运行速度、H点高度、轮距（前轮、后轮）、长度、宽度（不包括后视镜）、高度、最小离地间隙、轴距、乘客座椅面到顶棚之间的距离、同方

向乘客座椅间距、面对面乘客座椅间距、座椅宽度、座椅靠背高度、坐垫至前靠背距离、观光列车的车厢数、观光列车每节车厢的座位数等。

④车辆自重测定。

⑤动力系统、传动系统、行驶系统、转向与操纵系统、制动系统、电气和控制系统检查。

⑥安全保护和防护装置检查、观光列车视频监控装置检查。

⑦作业环境检查和行驶路线最大坡度检测。

⑧性能试验,包括转向性能、动力性能、制动性能、制动距离、静态横向稳定性、电气安全试验(蓄电池观光车辆)、跟踪能力测定(适用于观光列车)。

⑨噪声试验。

⑩结构强度试验。

⑪最大坡度下坡制停试验。

⑫强化试验。

结构强度试验,是指在车架和车身金属结构上加载相当于该车100%整备质量的均布静载荷,以验证车架和车身金属结构的承受荷载能力。其试验方法及要求,进行加载试验,加载至最大静载荷后保持载荷不少于 5 min,试验后,进行检查,车身金属结构与车架不能分离,每一座垫上方有大于或者等于 900 mm 的净高度。净高度,是指从没有下陷座垫的最高点所在平面向上至顶棚的最短距离。观光列车按照每节车厢分别进行结构强度试验,其整备质量为各自的质量。

型式试验中,最大坡度下坡制停试验应当选择在满足试验条件的试验坡道上进行。试验时,观光车辆在额定载荷状态、最大运行速度、最大设计爬坡度条件下,在坡道的下坡方向进行制动试验,观光车辆应当能平稳制停。

定期(首次)检验中,最大坡度下坡制停试验应当在使用现场行驶路线中最大行驶坡度的下坡方向进行,在观光车辆额定载荷状态下,采用最大运行速度制动,观光车辆应当能平稳制停。

2. 型式试验

场车型式试验,是指在制造单位完成产品全面试验验证合格的基础上,型式试验机构对场车产品是否满足安全技术规范要求而进行的技术审查、样机检查、样机试验等,以验证其安全可靠性所进行的活动。

制造单位首次制造的、境外制造在境内首次投入使用的、安全技术规范提出新的技术要求的,应当进行型式试验。

型式试验机构应当按照场车的品种、型号和规格进行试验。同一品种不同型号的产品应当分别进行型式试验,同一品种同一型号的产品其主参数由高向低覆盖。

机动工业车辆的型号,是指动力方式、传动方式相同的一种机型的代号。其代号一般由产品品种名称、动力方式、传动方式组合而成,并且以字母或者字母与数字组合的形式表示。

观光车辆的型号,是指动力方式、车架结构形式相同的一种机型的代号。其代号一般由产品品种名称、动力方式、车架结构形式组合而成,并且以字母或者字母与数字组合的形式表示。

机动工业车辆的规格(主参数)是指额定起重量;观光车辆的规格(主参数)是指座位数和最大运行速度。

型式试验机构应当根据相关规定的项目和内容,出具《特种设备型式试验报告》和《特种设备型式试验合格证》。

型式试验报告至少包括如下内容:型式试验结论、样机主要参数、样机主要结构型式及整机照片、型式检验、型式试验等。

3. 定期(含首次)检验

首次检验,是指在场车使用单位进行自行检查合格的基础上,由特种设备检验机构在场车首次投入使用前或者改造后进行的检验。

定期检验,是指在场车使用单位进行经常性维护保养和自行检查合格的基础上,特种设备检验机构对纳入使用登记的在用场车按照规定周期(每年1次)进行的检验。

特种设备检验机构应当根据《场(厂)内专用机动车辆安全技术监察规程》(TSG N0001—2017)规定的项目和内容,出具《场(厂)内专用机动车辆定期(首次)检验报告》。

(二)使用管理

1. 基本要求

(1)使用单位的基本要求。使用单位应当遵守《特种设备使用管理规则》(TSG 08—2017)的规定,同时还应当符合以下要求:

①取得营业执照。

②对其区域内使用场车的安全负责。

③根据场车的用途、使用环境,选择适应使用条件要求的场车,并且对所购买场车的选型负责。

④购置观光车辆时,保证观光车辆的设计爬坡度能够满足使用单位行驶线路中的最大坡度的要求,并且在销售合同中明确。

⑤场车首次投入使用前,向产权单位所在地的特种设备检验机构申请首次检验。

⑥检验有效期届满的1个月以前,向特种设备检验机构提出定期检验申请,接受检验,并且做好定期检验相关的配合工作。

⑦流动作业的场车使用期间,在使用所在地或者使用登记所在地进行定期检验。

⑧制定安全操作规程,至少包括系安全带、转弯减速、下坡减速和超高限速等要求。

⑨场车驾驶人员取得相应的《特种设备作业人员证》,持证上岗。

⑩按照本规程要求,进行场车的日常维护保养、自行检查和全面检查。

⑪叉车使用中,如果将货叉更换为其他属具,该设备的使用安全由使用单位负责。

⑫在观光车辆上配备灭火器。

⑬履行法律、法规规定的其他义务。

(2)作业环境的相关要求,如下:

①场车的使用单位应当根据本单位场车工作区域的路况,规范本单位场车作业环境。

②观光车行驶的路线中,最大坡度不得大于10%(坡长小于20 m的短坡除外),观光列车的行驶路线中,最大坡度不得大于4%(坡长小于20 m的短坡除外)。

③场车如果在《道路交通安全法》规定的道路上行驶,应当遵守公安交通管理部门的相关规定。

④因气候变化原因,使用单位可以采取遮风、挡雨等措施,但是不得改变观光车辆非封闭的要求。

(3)观光车辆的行驶线路图。使用单位对观光车辆行驶线路的安全负责。使用单位应当制定车辆运营时的行驶线路图,并且按照线路图在行驶路线上设置醒目的行驶线路标志,明确行驶速度等安全要求。观光车辆的行驶路线图,应当在乘客固定的上下车位置明确标识。

2. 日常维护保养和检查

(1)一般要求:

①使用单位应当对在用场车至少每月进行一次日常维护保养和自行检查,每年进行一次全面检查,保持场车的正常使用状态;日常维护保养和自行检查、全面检查应当按照有关安全技术规范和产品使用维护保养说明的要求进行,发现异常情况,应当及时处理,并且记录,记录存入安全技术档案;日常维护保养、自行检查和全面检查记录至少保存5年。

②场车在每日投入使用前,使用单位应当按照使用维护保养说明的要求进行试运行检查,并且记录;在使用过程中,使用单位应当加强对车的巡检,并且记录。

③场车出现故障或者发生异常情况,使用单位应当停止使用,对其进行全面检查,消除事故隐患,并且记录,记录存入安全技术档案。

④场车的日常维护保养、自行检查由使用单位的场车作业人员实施,全面检查由使用单位的场车安全管理人员负责组织实施,或者委托其他专业机构实施;如果委托其他专业机构进行,应当签订相应合同,明确责任。

(2)日常维护保养、自行检查和全面检查。使用单位应当根据叉车和观光车辆具体型式,按照有关安全技术规范及相关标准、使用维护保养的要求,选择日常维护保养、自行检查、全面检查的项目。使用单位可以根据场车的使用繁重程度、环境条件状况,确定高于《场(厂)内专用机动车辆安全技术监察规程》(TSG N0001—2017)规定的日常维护保养、自行检查和全面检查的周期和内容。有关项目和内容的基本要求如下:

①在用场车的日常维护保养,至少包括主要受力结构件、安全保护装置、工作机构、操纵机构、电气(液压、气动)控制系统等的清洁、润滑、检查、调整、更换易损件和失效的零部件。

②在用场车的自行检查,至少包括整车工作性能、动力系统、转向系统、起升系统、液压系统、制动功能、安全保护和防护装置、防止货叉脱出的限位装置(如定位锁)、载荷搬运装置、车轮紧固件、充气轮胎的气压、警示装置、灯光、仪表显示等,以及定期(首次)检验的项目。

③在用场车的全面检查,除包括前项要求的自行检查的内容外,还应当包括主要受力结构件的变形、裂纹、腐蚀,以及其焊缝、铆钉、螺栓等的连接,主要零部件的变形、裂纹、磨损,指示装置的可靠性和精度,电气和控制系统功能的检查,必要时还需要进行相关的载荷试验。

六、安全附件——爆破片装置

爆破片装置是由爆破片(或爆破片组件)和夹持器(或支承圈)等零部件组成的非重闭式压力泄放装置。在设定的爆破温度下,爆破片两侧压力差达到预定值时,爆破片即刻动作(爆裂或脱落),泄放介质。

爆破片装置类别分为正拱形、反拱形、平板形和石墨形。爆破片装置型式分为正拱普通型、正拱开缝型、正拱带槽型、反拱开缝型、反拱带槽型、反拱脱落型、反拱刀架型、反拱鳄齿型、平板普通型、平板开缝型、平板带槽型、石墨可更换型和石墨不可更换型等。

爆破片装置制造单位应当取得相应的《特种设备制造许可证》和《特种设备型式试验证书》。国家质量监督检验检疫总局(具体为其特种设备安全监察局)负责境内、外爆破片装置制造许可的受理和审批。

《特种设备制造许可证》有效期为4年。爆破片装置制造单位应当采用适当方式在产品上标注:"TS"许可标志、《特种设备制造许可证》编号和许可级别。

爆破片装置制造许可分为A,B两级,A级爆破片装置制造单位制造的产品应用不做限制,B级爆破片装置制造单位的产品限用于第Ⅰ类、第Ⅱ类固定式压力容器,气瓶及气瓶阀门,GC2、GC3级压力管道。

爆破片装置制造许可程序包括申请、受理、产品试制、型式试验、鉴定评审、审批、发证等,具体许可程序按照相关规定进行。

爆破片装置的制造单位应当按照批准的许可范围进行产品制造,并且接受特种设备型式试验机构对爆破片装置安全质量的抽查检验。

使用单位应当对爆破片装置进行日常检查、定期检查以及定期更换,并且保留爆破片装置使用技术档案。

特种设备型式试验机构应当合理安排抽查检验,督促爆破片装置制造单位在持证期间的产品安全质量持续保持一致,抽查检验的范围在4年内应当覆盖制造许可的产品形式,检验的项目和合格指标不低于型式试验的项目和合格指标。

【注:本节内容可结合《特种设备使用管理规则》《特种设备目录》《锅炉安全技术监察规程》《固定式压力容器安全技术监察规程》《压力管道安全技术监察规程》等进行学习。】

第四节 化工企业电气安全管理

一、化工电气事故

(一)化工电气事故类型划分

化工电气事故按照灾害形式可以分为人身事故、设备事故、火灾、爆炸等;按照能量形式和来源可分为触电事故、静电事故、雷电灾害、射频危害、电路故障等;按照电路状况可分为短路事故、断路事故、漏电事故等。

(二)化工电气事故的防范

化工电气事故的防范主要包括防触电设计(如保护绝缘、安全间距、安全电压、自动断电、安全联锁装置)、防雷设计(如避雷针、避雷线、避雷网、避雷带、避雷器)、接地设计、防静电设计、防电磁设计(如屏蔽装置)及加强安全教育等。

二、化工电气的工作环境及预防措施

(一)潮湿环境

大多化工电气的工作环境属于阴湿甚至非常潮湿的环境。化工企业应做好湿度控制工作。潮湿环境内的高低压配电室及计算机机房等,应安装温湿度仪和空调,实时进行室内温湿度监测,并加强巡检力度,及时开启空调调温除湿。

(二)高温环境

化工电气一般存在许多热辐射,如配备了干燥炉、烘箱、焙烧炉与锅炉的车间厂房。对高温环境化工企业应做好防护工作。在高温场所内的电气设备应提高防护等级,加强高温安全防护措施。高温场所内的电气设备应实行日检查制,确保设备的散热效果良好。

(三)爆炸性危险环境

大部分化工生产所需的原料都是可燃性物质,如煤、甲苯、氢气等。在大气条件下,可燃性物质与空气的混合物被点燃爆炸后,燃烧将传至全部未燃混合物的环境中,形成爆炸性危险环境。爆炸性危险环境内的电气设备如果选型不当或得不到较好的管理,容易引发火灾甚至爆炸事故。

化工企业应做好防止爆炸的安全措施。爆炸性危险环境内使用的电气设备应选用防爆电气设备。防爆电气设备根据环境及介质的不同分为Ⅰ类、Ⅱ类、Ⅲ类;根据结构的不同型式分为隔爆型、增安型等。当电气设备内产生电火花及危险高温,引燃壳内的爆炸性气体混合物时,隔爆型电气设备的隔爆外壳应能承受内部的爆炸压力而不破损;同时隔爆外壳的接合面应能将向壳外传播的爆炸火焰减弱至不能点燃周围的爆炸性气体混合物。增安型电气设备是对正常条件下不会产生电弧或电火花的电气设备,采取进一步的安全措施,提高其安全程度,防止电气设备内部产生电弧、电火花及危险高温。

在爆炸性气体环境中,应采取以下防止爆炸的措施:

(1)产生爆炸的条件同时出现的可能性应减到最低程度。

(2)工艺设计中应采取可以消除或减少可燃物质的释放及积聚的措施。工艺流程中宜采取较低的压力和温度,将可燃物质限制在密闭容器内;工艺布置应限制和缩小爆炸危险区域的范围,并宜将不同等级的爆炸危险区或爆炸危险区与非爆炸危险区分隔在各自的厂房或界区内;在设备内可采用以氮气或其他惰性气体覆盖的措施;宜采取安全连锁或发生事故时加入聚合反应阻聚剂等化学药品的措施。

(3)防止爆炸性气体混合物的形成或缩短爆炸性气体混合物的滞留时间可采取下列措施:工艺装置宜采取露天或开敞式布置;设置机械通风装置;在爆炸危险环境内设置正压室;对区域内易形成和积聚爆炸性气体混合物的地点应设置自动测量仪器装置,当气体或蒸气浓度接近爆炸下限值的50%时,应能可靠地发出信号或切断电源。

(4)在区域内应采取消除或控制设备线路产生火花、电弧或高温的措施。

在爆炸性粉尘环境中应采取下列防止爆炸的措施:

(1)防止产生爆炸的基本措施,应是使产生爆炸的条件同时出现的可能性减小到最低程度。

(2)防止爆炸危险,应按照爆炸性粉尘混合物的特征采取相应的措施。

(3)在工程设计中应先采取消除或减少爆炸性粉尘混合物产生和积聚的措施。工艺设备宜将危险物料密封在防止粉尘泄漏的容器内;宜采用露天或开敞式布置,或采用机械除尘措施;宜限制和缩小爆炸危险区域的范围,并将可能释放爆炸性粉尘的设备单独集中布置;提高自动化水平,可采用必要的安全联锁;爆炸危险区域应设有两个以上出入口,其中至少有一个通向非爆炸危险区域,其出入口的门应向爆炸危险性较小的区域侧开启;应对沉积的粉尘进行有效的清除;应限制产生危险温度及火花,特别是由电气设备或线路产生的过热及火;应防止粉尘进入产生电火花或高温部件的外壳内。应选用粉尘防爆类型的电气设备及线路;可适当增加物料的湿度,降低空气中粉尘的悬浮量。

(四)多尘环境

在实际化工生产中,产生粉尘如果足够多,就会堆积在线路桥架上或积淀于电气设备上。根据粉尘是否导电,可以将多尘环境分为成导电粉尘环境与非导电粉尘环境。

化工企业应做好降低粉尘危害工作。可以通过密闭设备来生产,这样可以防止粉尘四处扩散。无法充分密闭的车间,可在不影响生产的前提下,利用半封闭罩、隔离室等办法将粉尘与电气设备隔离,把粉尘控制于局部范围中,防止粉尘的四散。

(五)腐蚀环境

化工生产中的大多原材料都具有腐蚀性,这些材料会腐蚀电气设备的架构,破坏电气设备的绝缘。根据腐蚀性的高低可以分成弱腐蚀环境、中等腐蚀环境与强腐蚀环境三种。

化工企业应做好预防腐蚀工作。环境中的化学腐蚀介质包括氯气、氯化氢、腐蚀粉尘等。化工电器防腐蚀主要通过采用密封式或封闭式结构来提高其防腐蚀性能。电器具有可靠的进出导线密封装置。外露部件在设计和工艺上均应采取防腐蚀措施。

(六)导电设备

在金属制造的设备比较集中的环境中,操作人员和设备的金属接触时,很难做到和设备的金属完全绝缘,发生漏电事故时会对人身造成伤害,如在锅炉的炉壁内实施检查清洁等。

化工企业应做好设备的避雷与接地。化工企业内须建立安全可靠的接地网。避雷是在建筑物或设备顶部安装避雷带或避雷针,通过安全可靠的避雷引下线与地下的接地网相连,将雷电流引入大地。消除静电是将可能产生静电的设备通过接地引线把产生的静电导入大地。化工企业内所有不带电的导电设备和带电设备的不带电金属外壳都须通过接地引线与地下的接地网可靠相连,当有意外漏电事故发生时,接地引线能够将漏电电流导入大地,保障人员安全。

【注:本节内容可结合《化工电气安全工作规程》进行学习。】

第五节　化工企业防火防爆安全管理

一、燃烧

燃烧是指可燃物质(气体、液体或固体)与助燃物(氧或氧化剂)发生的伴有放热和发光的一种激烈的化学反应。

燃烧具有发光、发热、生成新物质三个特征。燃烧必须同时具备三个条件：可燃物、助燃物、点火源。

专家解读　燃烧的三要素：可燃物、助燃物、点火源。缺少任何一项燃烧都不会发生。同时具备上述三个条件，燃烧也不一定发生；因还受到温度、压力、浓度等因素的影响。对正在进行的燃烧，缺少燃烧三要素中的任何一项，燃烧便会熄灭。

按燃烧的起因分为三种：闪燃、自燃、着火。

二、爆炸

爆炸是指物质发生一种急剧的物理或化学变化，能在瞬间释放出大量能量，同时产生巨大声响的现象。按爆炸原因分为物理爆炸和化学爆炸。

化学爆炸是指由于物质发生激烈的化学反应，产生高温、高压而引起的爆炸。

导致可燃性气体或蒸气与空气组成的混合物会发生爆炸的浓度极限值称为爆炸极限。混合物中可燃物浓度低于下限或高于上限都不会发生爆炸。爆炸极限不是固定不变的，影响爆炸极限的因素有原始温度、原始压力、惰性介质及杂质、容器、点火源、其他因素。

三、火灾爆炸的危险性分析

按物质状态进行火灾危险性的评定有下列三方面：

(1)对于气体而言，爆炸极限和自燃点是评定气体火灾爆炸危险性的主要指标。

(2)对于液体而言，评定液体火灾爆炸危险性的主要指标是闪点和爆炸温度极限。闪点越低，越易起火燃烧；爆炸温度极限越低，危险性也越大。

(3)对于固体而言，固体物质的火灾危险性主要取决于其熔点、燃点、自燃点、比表面积及热分解性等。

四、化工生产中火灾爆炸危险性分析

化工生产中的火灾爆炸危险性分析主要从物质的火灾爆炸危险性和工艺过程的火灾爆炸危险性两方面进行。

对于同一个生产过程来说，生产装置的规模越大或工艺条件越苛刻(如高温高压)，火灾的危险性就越大。

五、点火源控制

化工生产中引起火灾爆炸的点火源包括明火、高热物及高温表面、电气火花、静电火花、冲击与摩擦、反应热光线及辐射线等。

因此，在化工生产中应采取措施、严格控制点火源，防止发生火灾爆炸事故。化工生产中，加热装置、高温物料输送管线及机泵等，表面温度都比较高，要防止易燃易爆物料与其接触而发生火灾爆炸。在生产场所应将油抹布、油棉纱头等放入有盖的桶内，放置在安全地点，并及时进行处理。对在易燃易爆场所使用的电气设备应采取防火防爆措施，即必须采用防爆电气设备。

六、火灾爆炸危险物质的处理措施

火灾爆炸危险物质的处理措施包括:进行工艺改进,用危险性小的物料代替火灾爆炸危险性较大的物料;用不燃或难燃物料代替易燃可燃物料;根据物质特性分别采取措施;根据化工生产具体情况采取密闭与通风措施;采用惰性介质稀释爆炸混合物的浓度;处理危险物质。

七、化工生产工艺参数的安全控制

工艺参数主要有温度、压力、流量、物料配比等。根据工艺要求将工艺参数严格控制在安全限度以内,是实现安全生产的基本保障。

生产过程中,因物料的气泡、设备的损坏、管道的破裂、人为的误操作、反应失控等,都可能出现"跑、冒、滴、漏"现象。如果所用物料为可燃物,则很容易导致火灾爆炸事故的发生。所以生产中必须避免或最大限度地避免"跑、冒、滴、漏"现象的出现。

压力是化工生产中主要的控制参数之一,在生产中,要根据设备、管道的耐压情况,密切注意压力的变化。

八、限制火灾爆炸的扩散与蔓延

限制火灾爆炸的扩散与蔓延是防火防爆的主要原则之一。其主要措施有控制易燃物存放数量、设置安全阻火装置、防火隔离、露天布置、远距离布置、远距离操控、安全卸压、防止泄漏、紧急切断等。

九、化工火灾扑救

灭火的方法有:隔离与火源相近的可燃物,即隔离灭火法;降低燃烧物的温度,即冷却灭火法;降低可燃物或助燃物的浓度,即稀释灭火法;消除燃烧中的游离基(自由基),即抑制灭火法;减少空气中的氧气含量,即窒息灭火法。

【注:关于化工企业的防火安全管理可参考《石油化工企业设计防火标准(2018 年版)》进行详细了解。】

第六节　化工过程的故障模式影响及危害性分析

故障模式影响及危害性分析(FMECA)是故障模式影响分析(FMEA)和危害性分析(CA)的组合分析方法。

一、故障模式影响分析

故障模式影响分析(FMEA)是一种系统化的故障预想技术,它是运用归纳的方法系统地分析产品设计可能存在的每一种故障模式及其产生的后果和危害程度。通过全面分析找出设计薄弱环节,实施重点改进和控制。实践表明,对系统功能可靠性要求的制定及可靠性分配的相对结果是可靠性分配与指标调整的基础。

故障模式影响分析包括故障模式分析、故障原因分析和故障影响分析。FMEA 的实施一般通过填写 FMEA 表格进行。

二、危害性分析

危害性分析(CA)的目的是按每一故障模式的严重程度及该故障模式发生的概率所发生的综合影响对系统中的产品划等分类,以便全面评价系统中各种可能出现的产品故障的影响。CA 是 FMEA 的补充或扩展,只有在进行 FMEA 的基础上才能进行 CA。CA 常用的方法有两种,即风险优先数法和危害矩阵法。风险优先数法主要用于汽车等民用工业领域,危害矩阵法主要用于航空、航天等军用领域。

第七节 化工过程的危害类型及防护措施

一、粉尘危害

在化工生产过程中,许多工艺流程都会接触到粉尘。粉尘包括无机粉尘、有机粉尘、混合粉尘,它对人体的危害也是多种多样的。工人长期作业于粉尘环境中并吸入一定量的粉尘后,可以得尘肺病。

化工生产过程中应做好防尘工作:在生产间设有喷水雾除粉尘装置;栈桥的转运处、破碎楼、筒仓等处设有高效袋式除尘器;各扬尘点采用排风罩收集粉尘,通过风管连接至袋式除尘器过滤后排风;对于皮带机向料仓或筒仓的卸料点的扬尘控制,采用排风罩与仓体连接,除尘排风使仓斗内负压,造成卸料口负压,防止粉尘飞扬;粉尘等生产装置应设置密闭粉尘收集系统;含粉尘物质的输送装卸应设通风除尘系统。

二、有毒物质危害

酸、碱工业生产过程会产生大量有毒气体,且在化工生产中有很多物质都有毒,工人在操作过程中若防护不好,就会引起中毒。

化工生产过程中应做好防毒工作。在生产场地设有毒气报警监测装置,巡检工人配备个人毒气报警仪。在有可能泄漏毒气的合成装置与低温洗装置处和可能泄漏毒气的储罐等处设置事故洗眼淋浴器。

三、噪声危害

在生产过程中,由于机器转动、气体排放、工件撞击、机械摩擦等产生的噪声称为工业噪声。工业噪声一般分为空气动力噪声、机械噪声、电磁噪声三类。而工人长期工作在噪声很大的环境中,听力会快速下降,并会引发多种疾病,如职业性耳聋。

化工生产过程中应做好防噪声工作。针对各噪声源的处置,主要采取集中控制及隔音、消音措施。噪声装置控制室应设在离噪声源远的地方,采用双层玻璃窗隔声。各装置排气口应安装消音器、隔声罩、设备外壳隔音层等措施;送风机入口应装设消音器。

第三章 化工过程控制系统及检测相关要求

第一节 化工自动控制系统

现代工业生产随着生产规模的不断扩大,生产过程的强化,对产品质量的严格要求,以及各公司间的激烈竞争,人工操作和一般的控制系统远远不能满足现代化生产的要求,工业过程控制系统已成为工业生产过程必不可少的设备,它是保证现代企业安全、优化、低耗和高效生产的主要技术手段。

20世纪90年代以来,计算机技术得到了突飞猛进的发展,并以计算机为工具产生了信息技术和网络技术。它在自动化技术领域中具有极大的影响和推动作用,自动化技术发展很快,并获得了惊人的成就,逐步形成了以网络集成化系统为基础的企业信息控制管理系统。

自动化技术已在工业生产、科学技术和日常生活等各个领域中起到了关键性的作用,已成为我国高科技的重要组成部分,在工业生产和国民经济各行业发挥着重要作用。自动化水平已成为衡量各行各业现代化水平高低的一个重要标志。

过程控制涉及工业生产的各个领域,不同的工艺过程控制有不同的要求。但总的来说,可以归纳为安全性要求、经济性要求及稳定性要求三类。

化工生产控制分为人工控制和自动控制。人工控制是指在人的直接参与下,使被控量等于给定值。人工控制虽然反应不及时,但可以处理复杂问题。自动控制是指在没有人的直接参与下,利用控制装置操纵受控对象,使被控量等于给定值。自动控制反应快,按设定的程序控制,但必须有模型(如图3-1所示)。

图3-1 自动控制示例图

一、自动控制系统的概述

生产过程中各种工艺条件不可能一成不变,特别是化工生产,大多数是连续性生产,各设备相互关联,当其中某一设备工艺条件发生变化时,都可能引起其他设备中某些参数的波动,偏离正常工艺条件。为此,需要用自动控制装置对生产中某些关键性参数进行自动控制,使它们在受到外界干扰的影响偏离正常状态时,能自动地调回到规定的数值范围内。

在化工等连续性生产设备上配备一些自动化装置代替操作人员的部分直接劳动,使生产在不同程度上自动地进行,称为化工自动化。如今,自动化的实现工具由集散控制系统(DCS)发展到了现场总线控制系统(FCS)。保证系统可用性一般有冗余、容错、故障自诊断、隔离等手段及措施。

二、自动控制的基本方式

自动控制方式的分类多种多样,最常见的分类是简单自动控制和复杂自动控制。自动控制系统按被控制量分为温度、压力、流量、液位成分、粘度、湿度以及 pH 值等控制系统。按系统的结构特点分为反馈控制系统、前馈控制系统、前馈 - 反馈控制系统。按给定值信号的特点分为定值控制系统(将被控制量保持在某一定值或很小的范围中的控制系统)、随动控制系统(被控量的给定值随时间任意地发生变化的控制系统)、程序控制系统(被控量的给定值按预定的时间程序而变化的控制系数)。按调节规律区分为 P、PI、PD、PID、预估控制等。按被控变量对操作变量的影响分为闭环控制系统、开环控制系统。

(一)开环控制系统

开环控制之一:按给定值操纵,其操纵变量与设定值保持一定的函数关系,当设定值变化时,操纵变量随之变化,如图 3-2 所示。

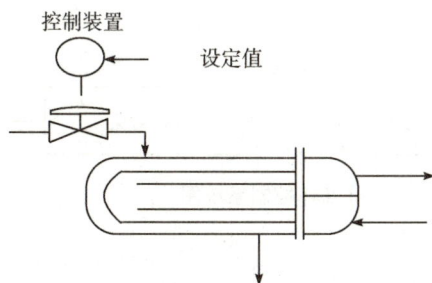

图 3-2　按设定值控制的开环系统图

开环控制之二:按扰动量进行控制,即前馈控制,如图 3-3 所示:在蒸汽加热器中,若负荷为主要干扰,如果使蒸汽流量与冷流体流量保持一定关系,当扰动出现时,操纵变量随之变化。

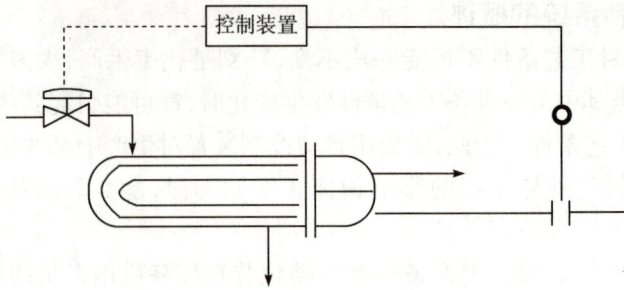

图 3-3　按扰动量控制的开环系统图

(二)闭环控制系统

闭环控制系统是指系统的输出(被控变量)通过测量、变送环节,又返回到系统的输入端,与给定信号比较,以偏差的形式进入控制器,对系统起到控制作用,整个系统构成一个封闭的反馈回路的自动控制系统,又称为反馈控制系统,如图 3-4 所示。

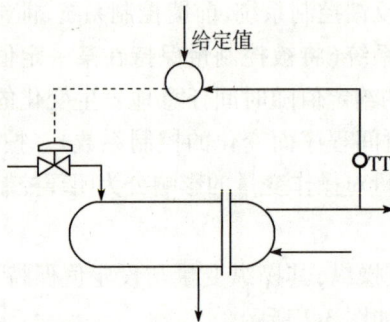

图 3-4　闭环控制系统图

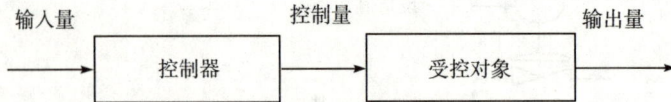

(a)开环控制系统图

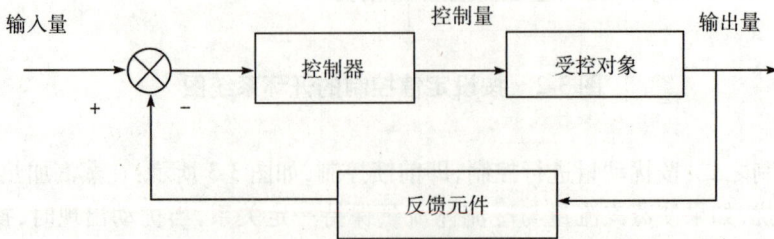

(b)闭环控制系统图

图 3-5　控制系统图

专家解读 开环控制系统是最简单的控制方式,如图 3-5 所示。优点有:输出量不能对控制量产生影响;信号传递没有形成闭合回路;系统结构简单、维护容易、成本低、不存在稳定性问题。缺点有:对元器件的要求比较高;系统抗干扰能力差;控制精度不高。

　　为了便于对系统分析研究,自动控制系统一般都用方块图来表示控制系统的组成。如图 3-6 为液位自动控制系统的方块图,每个环节表示组成系统的一个部分,称为"环节"。两个方块之间用一条带有箭头的线条表示其信号的相互关系,箭头指向方块表示为这个环节的输入,箭头离开方块表示为这个环节的输出。线旁的字母表示相互间的作用信号。

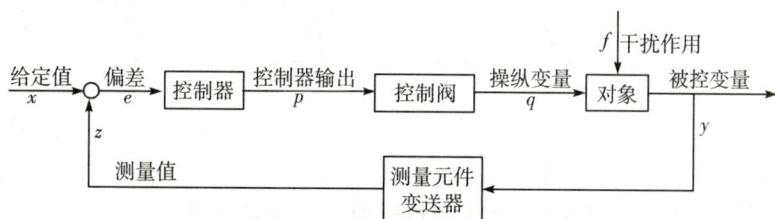

图 3-6　自动控制系统组成方块图

　　方块图中,x 指设定值;z 指输出信号;e 指偏差信号;p 指发出信号;q 指出料流量信号;y 指被控变量;f 指扰动作用。当 x 取正值,z 取负值,$e = x - z$,负反馈;当 x 取正值,z 取正值,$e = x + z$,正反馈。

三、自控系统的组成

　　过程控制是指应用于石油、化工、冶金、机械、电力、轻工、纺织、建材、原子能等工业部门的自动化控制。

　　过程控制系统是指自动控制系统的按被控制量分为温度、压力、流量、液位成分、粘度、湿度以及 pH 值等组成部分的控制系统。

(一)液位控制系统

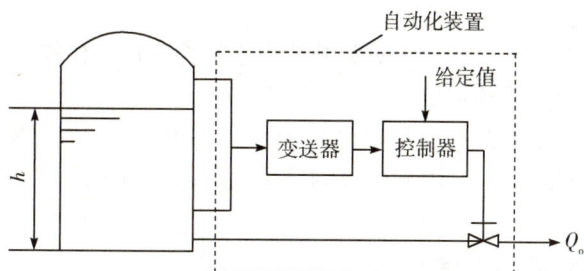

图 3-7　液位自动控制系统图

　　如图 3-7 所示,检测变送器检测到水位高低,当水位高度与正常给定水位之间出现偏差时,调节器就会立刻根据偏差的大小去控制出水阀,使水位回到给定值上,从而实现水位的自动控制。

（二）温度控制系统

它由蒸汽加热器、温度变送器、调节器和蒸汽流量阀组成。控制目标是保持出口温度恒定。当进料流量或温度等因素的变化引起出口物料的温度变化时,通过温度仪表测得的变化,并将其信号送至调节器与给定值进行比较,调节器根据其偏差信号进行运算后将控制命令送至调节阀,改变蒸汽量维持出口温度。如图3-8所示。

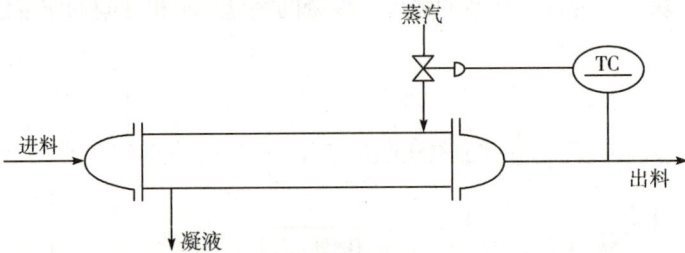

图3-8　蒸汽加热器温度控制系统图

（三）流量控制系统

由管路、孔板和差压变送器、流量调节器和流量调节阀组成。控制目标是保持流量恒定。当管道其他部分阻力发生变化或有其他扰动时,流量将偏离设定值。利用孔板作为检测元件,把孔板上、下游的差压引至差压变送器,将流量差压值转换成电流信号;该信号送至调节器与给定值进行比较,流量控制器根据偏差信号进行运算后将控制信号送至调节阀,改变阀门开度,就改变了流量,使流量维持在设定值上。

四、常用术语

被控对象是指自动控制系统中,工艺参数需要控制的生产过程、设备或机器。如储液罐、换热器、管道。

被控变量是指被控对象内要求保持设定数值的工艺参数。比如液位、温度、流量。

操纵变量是指受控制器操纵,用以克服干扰的影响,使被控变量保持设定值的物料量或能量。如蒸汽、液体等。

干扰是指除操纵变量以外作用于对象并能引起被控变量变化的因素。

设定值是指被控变量的预定值。

偏差在理论上应该是指被控变量的设定值与实际值之差,但是能够直接获取的是被控变量的测量值,而不是实际值,因此也称为给定值与测量值之差。

五、过渡过程及其品质指标

（一）系统的静态和动态

静态是指输入不变,调节系统在调节器的自动调节作用下,被调量不再随时间变化的平衡状态。

动态是指被调量随时间变化,系统处于不平衡状态。

一个运行的系统,时时刻刻都有扰动作用于对象,使被调量偏离设定值。

（二）过渡过程基本形式

过渡过程的基本形式，如图 3-9 所示。

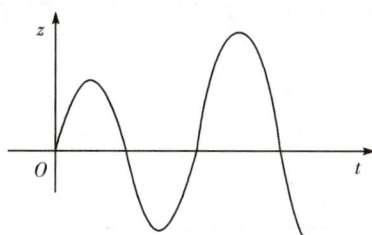

（a）发散振荡过程

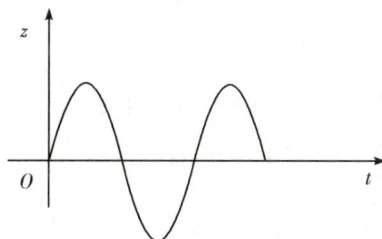

（b）等幅振荡过程

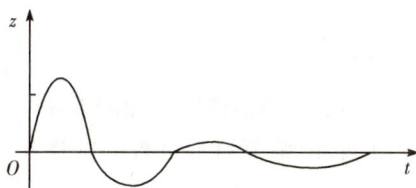

（c）衰减振荡过程

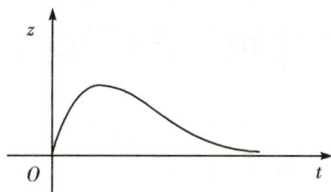

（d）非周期衰减过程

图 3-9 过渡过程的基本形式

（三）品质指标

余差（e）是指系统过渡过程终了时，给定值与被控参数所达到的新的稳定值之差。

最大偏差（A）是指过渡过程中被控变量偏离设定值的最大数值。

衰减比（n）是指过渡过程曲线上同方向的第一个波的峰值与第二个波的峰值之比（如图 3-10 所示）。

过渡过程时间（t_s）是指系统过渡过程曲线进入新的稳定值的 5% 或 2% 范围内所需的时间。

峰值时间（t_p）是指系统过渡过程曲线到达第一个峰值所需的时间，该值能反映系统响应的灵敏程度。

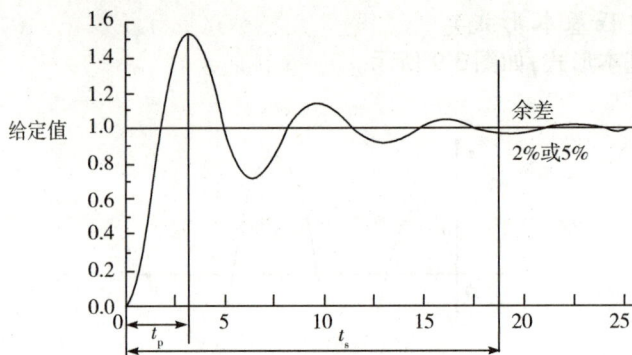

图 3-10　衰减振荡图

(四)对控制系统的性能要求

稳,即指动态过程的振荡倾向和系统重新恢复平衡工作状态的能力。

准,即指系统过渡到新的平衡工作状态后或系统受到扰动后重新恢复平衡后,最终保持的精度,反映了动态后期的性能。

快,即指动态过程进行的时间长短。过程时间持续很长,将使系统长时间出现大偏差,同时也说明系统响应很迟钝,难以复现快速变化的信号。

六、单回路控制系统整定

调节器参数的整定,就是在一个已经调校好的控制系统中,去选择和设置合适的调节器的比例度、积分时间和微分时间,使调节器与过程的特性相适应,来改善系统的静态和动态特性,获取最佳控制效果。

第二节　安全仪表系统(SIS)和紧急停车系统(ESD)

一、安全仪表系统(SIS)

(一)SIS 的定义

安全仪表系统实现仪表安全功能要达到或保持这一过程的安全状态,这样有助于实现必要风险的减少以达到可承受的风险。

安全仪表系统包括仪表安全功能中从传感器到最后部分的所有组件和必要的子系统。该子系统包括逻辑运算器、软件、硬件、硬件电气或电子系统、机械、液压或气动系统等。仪表系统中的安全组件可以使用一个以上的安全仪表系统。

当操作者的行为是安全仪表系统中的一部分时,操作者行为的可用性和可靠性必须显示安全要求规范和包括对安全仪表系统的性能计算。采取限制人为因素的信用,像如何迅速采取需要的行动和所涉及的任务复杂性。安全仪表系统系统承担的安全功能包括传感器探测危险的情况、报警提示、人为反应和操作人员使用终止任何危险的设备。索赔问题需要仔细考虑人为因素后制定,应该支持任何减少风险的警报的索赔,且获得必要的警报说明,操作者应有足够的时间采取纠正措施,并保证操作员进行培训以采取预防措施。

SIS 由检测单元(如各类开关、变送器等)、控制单元和执行单元(如电磁阀、电动门等)组成,其核心部分是控制单元。SIS 包括安全联锁系统、紧急停车系统和有毒有害、可燃气体及火灾检测保护系统等。涉及毒性气体、液化气体、剧毒液体的一级或者二级重大危险源的,应配备独立的 SIS。

(二)安全仪表功能定义

安全仪表功能是指为了达到功能安全所必需的具有特定安全完整性水平的安全功能,由一个特别的安全仪表系统开展。

安全功能应防止指定的危险事件。例如,防止压力容器 D4711 超过 100 bar。

安全功能应实现:一个单一的安全仪表系统;一个或多个安全仪表系统或者其他保护层。仪表安全功能是安全功能的派生。

(三)安全完整性等级

安全完整性等级即安全仪表系统的要求。

安全完整性是一种安全仪表系统在一定条件下、在规定的时间内圆满履行必要的安全仪表功能的平均概率。安全完整性水平越高,则实现符合规定的安全仪表功能的概率越高。有 4 级安全仪表功能的安全完整性水平,安全完整性等级 4 是具有最高水平的安全完整性;安全完整性等级 1 是最低水平的安全完整性。当安全完整性水平(1~4)上升时,安全相关系统的可用性要求也应增加。

可以使用多种低水平的安全完整性来满足更高水平的安全功能要求。这样就必须认为每个独立的安全仪表系统能够完成安全功能并且在所有安全仪表系统中具有足够的独立性。同时,多个安全仪表系统的使用应该考虑到安全仪表系统整体的失败。

安全完整性等级水平是指安全仪表系统无法获得的价值和事故概率的需求范围(PFD)。安全等级水平和事故概率之间的关系如下。另外可参照表 3-1 中的相关数据。

安全等级水平是事故概率的负对数。

例:$PFD = 0.1 = 1 \times E - 1$;

$SIL = -\log(PFD) = -\log(0.1) = -(-1) = 1$;

$PFD = 1 -$ 可用度(例如 99% 的可用性导致的事故概率 $= 1 - 0.99 = 0.01 = 10^{-2}$,安全等级 1)。

表 3-1　安全等级水平和事故概率的对照表

安全等级水平	事故概率
1	0.01~0.1
2	0.001~0.01
3	0.000 1~0.001
4	0.000 01~0.000 1

(四)其他术语和定义

1.传感器

传感器是指衡量工艺条件的设备和设备组合,例如,变送器、传感器、过程开关和位置开关。

2. 最终元件

最终元件是安全仪表系统中实现安全状态的物理过程部分。例如阀门、开关装置、马达及其辅助部分,以及安全仪表功能所涉及的电磁阀和执行器。

3. 共因故障

共因故障是一个或多个事件的结果,在多通道系统中导致两个或多个通道出现事故,导致系统故障。

保护层之间、基本过程控制中常见故障的原因系统必须考虑到:堵塞仪器连接和脉冲连线;腐蚀和侵蚀;由于环境原因导致硬件故障;软件错误;电源供应和电源;人为错误。

在最初的危险和风险发生阶段可能无法识别常见的原因,因为保护制度在早期阶段的设计中不一定已经完成。在这种情况下,一旦安全检测系统和其他层保护设计完成,就有必要重新考虑安全完整性和安全检测功能的要求。

如果常见的事故发生,将采取下面的措施:

(1)通过改变安全仪表系统和基本过程控制系统的设计来降低常见事故的发生。设计的多样性和物理分离是减少常见事故的两种有效的方法。这通常是首选方法。

(2)在确定总的风险是否减少时应考虑常见的事件,这可能需要一个树形的分析,包括需求的原因以及保护制度的失效。

保护层之间的多样性和基本过程控制系统是不可行的。例如要求在基本过程控制系统压力回路出现问题时提供压力保护,基本过程控制系统和安全仪表系统都需要压力测量。由于设备的限制,多样性可以采用不同厂商的设备,但是如果安全仪表系统和基本过程控制系统传感器使用同一类型的接口连接到该过程,因此该多样性的价值可能是有限的。

由于物理原因保护层的物理分离将减少常见事故的发生,基本过程控制系统和仪表安全系统的监测点应该分开。

4. 测试证明

测试证明在一个安全测试系统中测试显示没有问题,如果需要,系统可以恢复到其他设计功能。

定期检测的证据应该采用书面程序,当时安全仪表系统操作的安全要求规范没有表现出来的事故。在一定周期内(取决于用户),测试频率应该基于各种因素包括历史测试数据、工厂经验、硬件老化和软件的可靠性。

整个安全仪表系统应检验传感器、逻辑运算和最终结果(例如关闭的阀门和电机)。

安全仪表系统中不同的部分要求不同的测试周期,例如逻辑运算的测试周期可能要求与传感器和最终结果的测试周期不同。

设计应考虑到安全仪表系统的测试端口连接的问题,预计停车的时间大于测试证明的时间,要求在线测试设施。所需的测试设备必须由相关部门调解仪表和电气,并提供操作和安全系统供核查。

测试证明期间对安全要求的规格要达到平均事故概率的可能。

这些应用程序执行部分的最终元素可能不切合实际,这些程序应该写入的要求包括:测试最终元素在单元停车期间;测试安全仪表系统采用在线分析使输出数据尽量接近实际;最终元素测试期间的限制应该考虑到安全仪表功能的平均事故概率的计算。

5.伪造事故

伪造事故有两种,一种是没有对安全仪表系统存在潜在威胁或危害的事故,另一种是妨害事故和安全事故。

6.诊断范围

发现事故在总事故中的比率或者诊断测试发现子系统事故的比率,诊断范围不包括任何证明测试方面的检测错误。

诊断范围是应用于安全检测系统中的组件或子系统,该诊断范围通常由传感器的安全和危险程度来决定最终元素和逻辑运算。

改进安全仪表系统的诊断范围可以协助满足安全完整性的要求。

7.需求的操作模式

指定的措施(例如关闭阀门)在反应的过程条件或其他要求下被执行。在安全测试功能危险事故中,潜在的危险事故应在安全测试基本过程控制系统中考虑。出现事故的概率在表3-1中可以见到,安全仪表系统需在要求模式下操作。

8.连续操作模式

除非采取措施防止一个潜在的安全测试功能中的危险事故将不会导致更严重的事故,否则,在极少数情况下,一个安全测试功能在连续操作时的危险事故发生的频率按照相关规定执行安全测试功能。连续模式保护安全测试功能是实施连续控制维持其具有的安全功能。需求的操作模式在使用的频繁时,会适当地采用连续模式标准。

涉及毒性气体、液化气体、剧毒液体的一级或者二级重大危险源,须配备独立的安全仪表系统(SIS)。

(五)SIL 等级

安全仪表系统(SIS)按照 SIL 等级的要求分为 1,2,3,4 级,如表 3-2 所示。SIL 等级越高,安全仪表系统实现安全功能越强。

表 3-2　安全等级与危险概率对应表

安全等级	每小时危险故障概率
SIL4	$10^{-9} < 10^{-8}$
SIL3	$10^{-8} < 10^{-7}$
SIL2	$10^{-7} < 10^{-6}$
SIL1	$10^{-6} < 10^{-5}$

不少厂家的 SIS 系统部件不冗余,也具有一定的 SIL 等级认证,冗余虽不能提高 SIS 系统的 SIL 等级,但可以大大增加系统的可用性。考虑到油气田及管道工程的重要性及连续不间断的运行需求,SIS 系统控制器、通信网络及供电电源等宜按冗余设计。

安全仪表系统的内部通信网络是指以下两类:SIS 控制器和 I/O 模板之间的通信网络;SIS 控制器与 SIS 控制器间的通信网络。

安全仪表逻辑动作,如停车执行后,不应自动重启,应先复位,复位方式有如下三种:

1.自动逻辑复位

非主流程上的单元级停车,如容器液位低低停车,在液位恢复后,可自动逻辑复位。

2.手动逻辑复位

除自动逻辑复位外,必须先在 HMI 和(或)硬手操盘上手动复位,安全逻辑才能重启。

3.就地手动复位

紧急泄放阀、重要流程上的切断阀、转动设备、现场锁定手动按钮(如 ESD 按钮)应就地手动复位。

二、紧急停车系统（ESD）

（一）ESD 紧急停车控制系统(以下简称 ESD)的定义和构成

1.定义

ESD 是 Emergency Shutdown Device 的简称,中文的意思是紧急停车控制系统,也可以称为安全仪表系统(Safety Instrument System——SIS)、安全联锁系统(Safety Interlock System——SIS)、安全关联系统(Safety Related System——SRS)、仪表保护系统(Instrument Protective System——IPS)等。

重大危险源的化工生产装置,装备满足安全生产要求的自动化控制系统;一级或者二级重大危险源,装备紧急停车系统。

ESD 是一种经专门机构认证、具有一定安全度等级、用于降低生产过程风险的安全保护系统。它不仅能响应生产过程因超出安全极限而带来的危险,而且能检测和处理自身的故障,从而按预定的条件或程序使生产过程处于安全状态,以确保人员、设备及工厂周边环境的安全。

2.构成

随着计算机技术、控制技术、通信技术的发展,ESD 紧急停车控制系统的设备配置也不断更新换代,由简单到复杂,由低级到高级。但不管怎么变化其基本组成大致均可按如图 3-11 所示概括。

检测单元 → 输入模块 → 控制模块 → 输出模块 → 执行单元

图 3-11　ESD 系统结构简图

ESD 由检测单元(如各类开关、变送器等)、控制单元和执行单元(如电磁阀、电动门等)组成,其核心部分是控制单元。具体如下:

(1)检测单元采用多台仪表或系统,将控制功能与安全联锁功能隔离,即检测单元分开独立配置的原则,做到 ESD 仪表系统与过程控制系统的实体分离。

(2)执行单元是 ESD 仪表系统中危险性最高的设备。由于 ESD 仪表系统在正常工况时是静态的,如果 ESD 控制系统输出不变,则执行单元一直保持在原有的状态,很难确认执行单元是否有危险故障,所以执行单元仪表的安全度等级的选择十分重要。

(3)逻辑运算单元包括输入模块、控制模块、诊断回路、输出模块这 4 部分,依据逻辑运算单元自动进行周期性故障诊断。基于自诊断测试的 ESD 仪表系统,具有特殊的硬件设计,借助于安全性诊断测试技术保证安全性。

从 ESD 的发展过程看,其控制单元部分经历了电气继电器(Electrical)、电子固态电路(Electronic)和可编程电子系统(Programmable Electronic System),即 E、E、PES 三个阶段。

3. ESD 和 DCS 的比较

具体见表 3-3 所示内容。

表 3-3 DCS 与由 PES 构成的 ESD 的主要区别

项目	DCS	ESD
构成	不含检测、执行	含检测、执行单元
作用(功能)	使生产过程在正常工况乃至最佳工况下运行	超限安全停车
工作	动态、连续	静态、间断
安全级别	低、不需认证	高、需认证

(二)ESD 的配置方案

1. ESD 设计应遵循的原则

(1)原则上应独立设置(含检测和执行单元)。

(2)中间环节最少。

(3)应为故障安全型。

(4)采用冗余容错结构。

2. ESD 的故障安全原则

故障安全原则是指当外部或内部原因使 ESD 紧急停车控制系统失效时,被保护的对象应按预定的顺序安全停车,自动转入安全状态。具体内容如下:

(1)现场开关仪表选用常闭触点。工艺生产正常时,触点闭合,达到报警或联锁极限时触点断开,触发联锁或报警动作。为了提高安全性可以采用"二选一""二选二""三选二"配置。

(2)电磁阀采用正常励磁。报警或联锁没有动作时,电磁阀线圈带电,触点闭合;报警或联锁动作时,电磁阀线圈失电,触点断开。

(3)送往电气配电室的开关触点应用中间继电器隔离,其励磁电路应为故障安全型。

(4)所谓控制装置的故障安全是指当其自身出现故障而不是工艺或设备超过极限指标时,控制装置应该联锁动作同时按照预定的顺序安全停车,从而确保设备和人身的安全。

(三)ESD 的冗余和容错

冗余是指为实现同一功能,使多个相同功能的模块或部件并联。它可以自动地检测故障,并切换到后备设备上。

容错是指功能模块在出现故障或错误时,可以继续执行特定功能的能力。进一步讲是指对失效的控制系统元件进行识别和补偿,并能够在继续完成指定的任务、不中断过程控制的情况下进行修复的能力。容错是通过冗余和故障屏蔽(旁路)的结合来实现的。容错系统一定是冗余系统,冗余系统不一定是容错系统。容错系统的冗余形式有多种,如图3-12,图 3-13,图 3-14 所示。

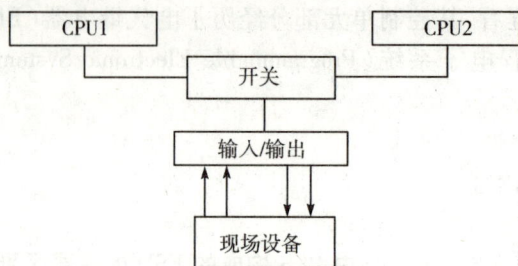

图 3-12　CPU 冗余图

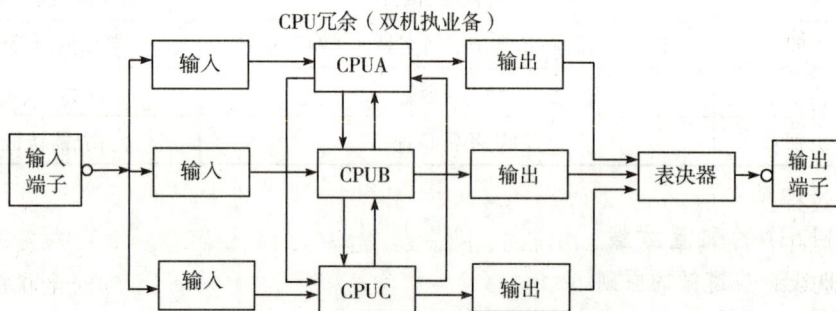

图 3-13　三重模块冗余容错系统图

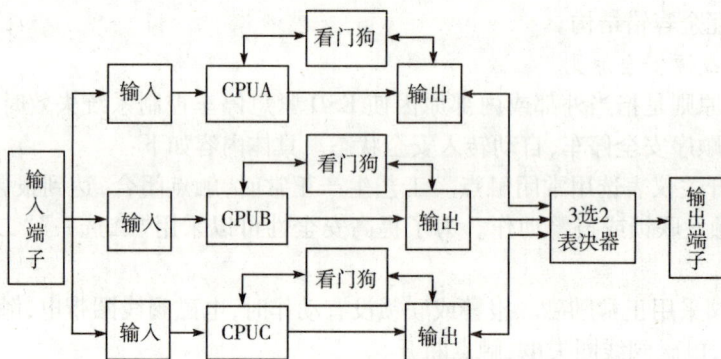

图 3-14　三重信号冗余容错系统图

（四）ESD 紧急停车控制系统和 DCS 控制系统的区别

ESD 与 DCS 系统在石油、石化生产过程中分别起着不同的作用。在过程控制系统中，要设置一套安全仪表系统，对过程进行监测和保护，把发生恶性事故的可能性降到最低，最大限度地保护生产装置和人身安全，避免恶性事故的发生，构成了生产装置最稳固、最关键的最后一道防线。因此，控制系统与安全仪表系统在生产过程中所起的作用是截然不同的。DCS 和 ESD 是两种功能不同的系统。

DCS 用于过程连续测量、常规控制、操作控制管理，保证生产装置平稳运行。ESD 用于监视生产装置的运行状况，对出现异常工况迅速进行处理，使故障发生的可能性降到最低，使人和装置处于安全状态。

DCS 是"动态"系统,它始终对过程变量连续进行检测、运算和控制,对生产过程动态控制,确保产品质量和产量。ESD 是静态系统,在正常工况下,它始终监视装置的运行,系统输出不变,对生产过程不产生影响,在异常工况下,它将按着预先设计的策略进行逻辑运算,使生产装置安全停车。

DCS 可进行故障自动显示,ESD 必须测试潜在故障。

DCS 对维修时间的长短要求不算苛刻,ESD 维修时间非常关键,否则会造成装置全线停车。

DCS 可进行自动/手动切换,ESD 永远不允许离线运行,否则生产装置将失去安全保护屏障。

DCS 系统只做一般联锁、泵的开停、顺序等控制,安全级别没有 ESD 高;ESD 与 DCS 相比,在可靠性、可用性上要求更严格,原则上二者的硬件独立设置。

ESD 紧急停车系统按照安全独立原则要求,独立于 DCS 集散控制系统,其安全级别高于 DCS。在正常情况下,ESD 系统是处于静态的,不需要人为干预,作为安全保护系统,凌驾于生产过程控制之上,实时在线监测装置的安全性。

只有当生产装置出现紧急情况时,不需要经过 DCS 系统,而直接由 ESD 发出保护联锁信号,对现场设备进行安全保护,避免危险扩散造成巨大损失。一般的安全联锁保护功能也可由 DCS 来实现。

但是,对于较大规模的紧急停车系统应按照安全独立原则与 DCS 分开设置,其有以下几方面原因:

(1)降低控制功能和安全功能同时失效的概率,当维护 DCS 部分故障时也不会危及安全保护系统。

(2)对于大型装置或旋转机械设备而言,紧急停车系统响应速度越快越好。这有利于保护设备,避免事故扩大;并有利于分辨事故原因及做记录。而 DCS 处理大量过程监测信息,因此其响应速度难以作得很快。

(3)DCS 系统是过程控制系统,是动态的,需要人工频繁的干预,这有可能引起人为误动作;而 ESD 是静态的,不需要人为干预,这样设置 ESD 可以避免人为误动作。

(五)隐故障与显故障

隐故障(Covert Fault)是指不对危险产生报警,允许危险发展的故障,是危险故障。

显故障(Overt Fault)是指能显示出故障自身存在的故障,是安全故障。

(六)安全性及响应失效率

当工艺条件达到或超过安全极限值时,ESD 本应引导工艺过程停车,但由于其自身存在隐故障(危险故障)而不能响应此要求,即该停车而拒停,降低了安全性。

衡量安全性的指标为响应失效率或称要求的故障率(PFD:Probability of Failure on Demand)。它是安全联锁系统按要求执行指定功能的故障概率,是度量安全联锁系统按要求模式工作故障率的目标值。

不同的工业过程(如生产规模、原料和产品的种类、工艺和设备的复杂程度等)对安全的要求是不同的。上述的国际标准将其划分为若干安全度等级(SIL:Safety Integrity Level)。具体参见表 3-4 所示内容。

表 3-4　SIL 和 PFD 的对应关系

ISA – S84.01	IEC 61508	DIN V 19520(TüV)	PFD
SIL.1	SIL.1	AK1	
SIL.1	SIL.1	AK2	$10^{-1} \sim 10^{-2}$
SIL.1	SIL.1	AK3	
SIL.2	SIL.2	AK4	$10^{-2} \sim 10^{-3}$
SIL.3	SIL.3	AK5	$10^{-3} \sim 10^{-4}$
SIL.3	SIL.3	AK6	—
—	SIL.4	AK7	$10^{-4} \sim 10^{-5}$
—	SIL.4	AK8	—

(七)可用性及可用度

工艺条件并未达到安全极限值,ESD 不应引导工艺过程停车,但由于其自身存在显故障(安全故障)而导致工艺过程停车,即不该停车而误停,降低了可用性。

可用度(A:Availability)是指系统可使用工作时间的概率,用百分数计算:

$$A = \frac{MTBF}{MTBF + MDT}$$

式中:

$MTBF$——平均故障间隔时间(Mean Time Between Failures)。

MDT——平均停车时间(Mean Downtime)。

(八)冗余逻辑的表决方法及其与安全性、可用性的关系

具体内容如表 3-5 所示。

表 3-5　冗余逻辑的表决方法及其与安全性、可用性的关系

表决方法	隐故障概率(拒动)	显故障概率(误动)	允许	不允许	安全性	可用性
一选一　1oo1	0.02(短路的概率)	0.04(开路的概率)	—	存在隐故障和显故障	差	差
二选一　1oo2	0.0004(两个均短路的概率)	0.08(只要有一个开路的概率)	其中之一存在隐故障(仍可安全停车)	其中之一存在显故障(将误停车)	最好	最差

（续表）

表决方法	隐故障概率（拒动）	显故障概率（误动）	允许	不允许	安全性	可用性
二选二　2oo2	0.04（只要有一个短路的概率）	0.001 6（两个均开路的概率）	其中之一存在显故障（不会误停车）	其中之一存在隐故障（该停拒停）	最差	最好
三选二　2oo3	0.001 2（三个中两个均短路的概率）	0.004 8（三个中两个均开路的概率）	其中之一存在隐故障或显故障	其中两个存在隐故障或显故障	较好	较好

由以上陈述可知：

（1）隐故障（危险故障）使 ESD 该动而拒动，隐故障概率越高，安全性越差。

（2）显故障（安全故障）使 ESD 不该动而误动，显故障概率越高，可用性越差。

（3）1oo2（二选一）安全性最好，但可用性最差；2oo2（二选二）可用性最好，但安全性最差；2oo3（三选二）可兼顾安全性和可用性，但结构复杂，成本高。

（九）普通 PLC 和安全 PLC 的区别

普通 PLC 和可以作为 ESD 控制部分的安全 PLC 的主要区别是：普通 PLC 不是按故障安全型设计的，当系统内部元件出现短路故障时，它并不能检测到，因此其输出状态不能保证系统回到预定的安全状态。这种 PLC 只能用于安全度等级要求低的场合。现以输出电路为例予以说明，如图 3-15 所示。

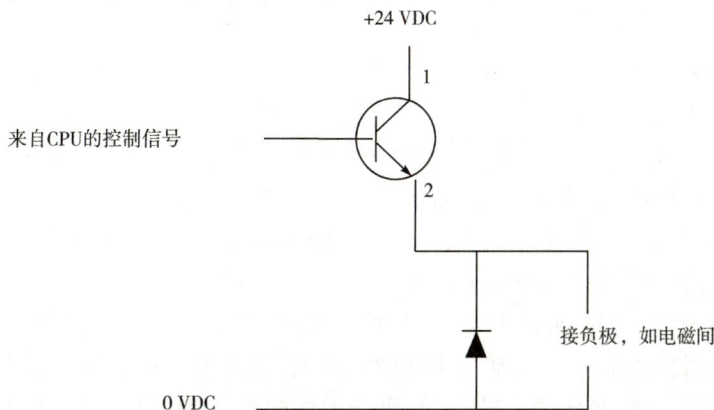

图 3-15　普通 PLC DO 卡示意图

当1,2两点短路时,来自PLC的控制信号将不起作用(失效),电磁阀将一直处于带电(励磁)状态,即需要联锁动作(电磁阀释电停车)时,由于此故障的存在而拒动,其输出不能保证处于安全停车状态。这就是违背了故障安全(Fault to Safety)的原则。

当1,2两点开路时,将导致误动作而停车,同样会带来损失。可见,这种普通PLC的DO卡输出电路的安全性和可用性都是不高的。

图3-16所示为一种带有安全性单容错的DO卡示意图(它是Honeywell SMS FSC-101型输出示意图)。

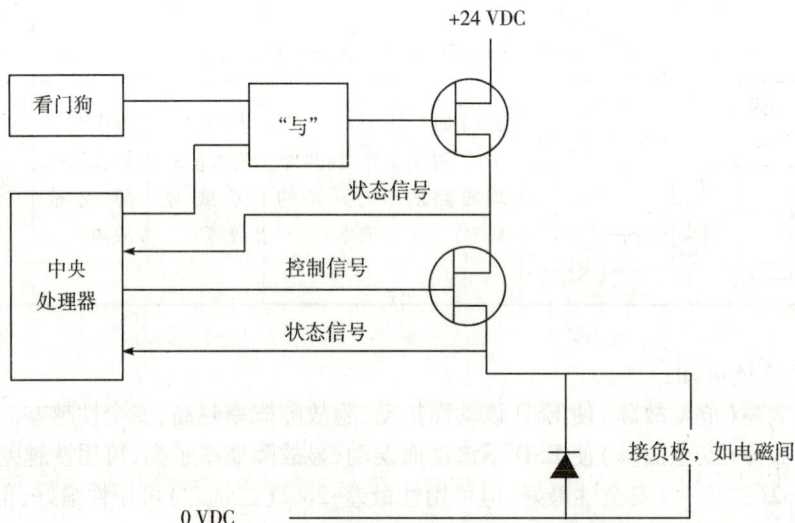

图 3-16 安全性单容错 DO 卡示意图

这里,中央处理器不仅向串联的场效应管(FET)发出控制信号,而且还接受来自场效应管的状态反馈信号,以便对其输出进行全面测试。当测得某管输出发生短路时,中央处理器即启动纠错动作,隔离相关的故障。看门狗(Watch Dog)是个多通道的计时器电路,它由中央处理器和内存等周期性地触发,如果两个触发之间的时间小于某设定值或者大于某最大值,则看门狗的输出将失效。同时,看门狗还能监视内部工作电压,使之在正常的电压范围内。

以上仅是DO卡上的差别。作为安全PLC,至少应具备以下几点:

(1)满足相关安全标准规范要求,且经过权威机构认证,取得了相应安全等级证书。

(2)在硬件和软件上采用冗余、容错措施,具有完善的测试手段,当检测到系统故障,特别是危险故障时能使系统回到安全状态。

(3)能进行系统故障报警,指示故障原因、故障位置,便于在线维护。

(4)能与DCS或其他设备进行通信联络。

（十）工艺过程风险的评估及安全度等级的评定

不同的工艺过程(如生产规模、原料和产品的种类、工艺和设备的复杂程度等)对安全的要求是不同的。一个具体的工艺过程,是否需要配置ESD、配置何种等级的ESD,其前提应该是对此具体的工艺过程进行风险的评估及安全度等级(SIL)的评定。在确定了某个具体工艺过程的安全度等级(SIL)之后,再配置与之相适应的 ESD。应该注意的是不同安全级别的 ESD,只能确保响应失效率(PFD)在一定的范围内,安全级别越高的 ESD,其 PFD 越小,即发生事故的可能性越小,但它不能改变事故造成的后果。因此,工艺过程安全度等级的评定是一项十分重要的工作。但目前我国尚无如何评定安全度等级的标准和规范。下面介绍的风险矩阵(RISK MATRIX)评估方法可供参考。

这种方法以工艺过程事故出现的频率(可能性)及其危害程度(严重性)为风险评估的指标,并对频率和危害程度人为量化为若干级,作出矩阵表(如表 3-6 所示)。以此确定工艺过程度安全度等级。

表 3-6 事故频率及危害程度矩阵表

危害程度＼频率	很低 (20 年以上)	低 (4～20 年)	中 (0.5～4 年)	高 (0～0.5 年)
轻微	—	DCS 报警	DCS 联锁	DCS 联锁
轻	DCS 报警	DCS 联锁	SIL1	SIL2
中	DCS 联锁	SIL1	SIL2	SIL3
大	SIL1	SIL2	SIL3	SIL4
重大	SIL2	SIL3	SIL4	SIL4

表 3-6 中频率分级的年限(多少年出现一次)考虑了采用 DCS 进行监视、控制以及正常操作规程等对于降低事故出现频率的贡献,但不考虑 ESD 的存在。

矩阵表中危害程度从经济损失(以美元为例)、人身伤害和环境危害三个方面予以量化。如表3-7 所示。

表 3-7 事故危害程度量化表

危害程度	经济损失/美元	人身伤害	环境危害
轻微	<2 500	无	无
轻	2 500～10 万	轻伤,仅需就地急救治疗	可立即控制
中	10 万～50 万	多人重伤,需医学治疗,一人死亡	无法立即控制
大	50 万～150 万	造成伤残、死亡	仅限于事故现场
重大	>150 万	造成多人伤残、死亡	波及周边

第三节 石油化工可燃气体和有毒气体检测报警设计

本部分可参考《油气田及管道工程计算机控制系统设计规范》(GB/T 50823)、《石油化工安全仪表系统设计规范》(GB/T 50770)、《石油化工可燃气体和有毒气体检测报警设计标准》(GB/T 50493—2019)等相关内容。

一、主要术语

可燃气体是指甲类可燃气体或甲、乙_A类可燃液体气化后形成的可燃气体。

有毒气体是指在职业活动过程中通过机体接触可引起急性或慢性有害健康的气体。常见的有二氧化氮、硫化氢、苯、氰化氢、氨、氯气、一氧化碳、丙烯腈、氯乙烯、光气（碳酰氯）等。

释放源是指可释放能形成爆炸性气体混合物或有毒气体的位置或地点。

现场警报器是指安装在现场，通过声、光或旋光向现场或接近现场人员发出警示的电子设备。常见的有：探测器自带的一体化的声、光警报器，按区域设置的现场区域警报器。

报警控制单元是指接收探测器的输出信号、显示和记录被检测气体的浓度、发出声光报警信号，并能向消防控制室图形显示装置等设备发送气体浓度报警信号和报警控制单元故障信息的电子设备。

响应时间是指在试验条件下，从探测器接触被测气体至达到稳定指示值的时间。通常达到稳定指示值90%的时间为响应时间，恢复到稳定指示值10%的时间为恢复时间。

爆炸下限是指可燃气体发生爆炸时的下限浓度（V%）值。爆炸上限是指可燃气体发生爆炸时的上限浓度（V%）值。

最高容许浓度（MAC）是指工作地点在一个工作日内、任何时间有毒化学物质均不应超过的浓度。

短时间接触容许浓度是指在遵守时间加权平均容许浓度前提下容许短时间（15 min）接触的浓度。

直接致害浓度是指在工作地点，环境中空气污染物浓度达到某种危险水平，如可致命或永久损害健康，或使人立即丧失逃生能力。

二、一般规定

在生产或使用可燃气体及有毒气体的生产设施及储运设施的区域内，泄漏气体中可燃气体浓度可能达到报警设定值时，应设置可燃气体探测器；泄漏气体中有毒气体浓度可能达到报警设定值时，应设置有毒气体探测器；既属于可燃气体又属于有毒气体的单组分气体介质，应设有毒气体探测器；可燃气体与有毒气体同时存在的多组分混合气体，泄漏时可燃气体浓度和有毒气体浓度有可能同时达到报警设定值，应分别设置可燃气体探测器和有毒气体探测器。

可燃气体和有毒气体的检测报警应采用两级报警。同级别的有毒气体和可燃气体同时报警时，有毒气体的报警级别应优先。

可燃气体和有毒气体检测报警信号应送至有人值守的现场控制室、中心控制室等进行显示报警；可燃气体二级报警信号、可燃气体和有毒气体检测报警系统报警控制单元的故障信号应送至消防控制室。控制室操作区应设置可燃气体和有毒气体声、光报警；现场区域警报器宜根据装置占地的面积、设备及建构筑物的布置、释放源的理化性质和现场空气流动特点进行设置. 现场区域警报器应有声、光报警功能。

可燃气体探测器必须取得国家指定机构或其授权检验单位的计量器具型式批准证

书、防爆合格证和消防产品型式检验报告;参与消防联动的报警控制单元应采用按专用可燃气体报警控制器产品标准制造并取得检测报告的专用可燃气体报警控制器;国家法规有要求的有毒气体探测器必须取得国家指定机构或其授权检验单位的计量器具型式批准证书。安装在爆炸危险场所的有毒气体探测器还应取得国家指定机构或其授权检验单位的防爆合格证。

需要设置可燃气体、有毒气体探测器的场所,宜采用固定式探测器;需要临时检测可燃气体、有毒气体的场所,宜配备移动式气体探测器。可燃气体和有毒气体检测报警系统应独立于其他系统单独设置。

进入爆炸性气体环境或有毒气体环境的现场工作人员,应配备便携式可燃气体和(或)有毒气体探测器。进入的环境同时存在爆炸性气体和有毒气体时,便携式可燃气体和有毒气体探测器可采用多传感器类型。

可燃气体和有毒气体检测报警系统的气体探测器、报警控制单元、现场警报器等的供电负荷,应按一级用电负荷中特别重要的负荷考虑,宜采用 UPS 电源装置供电。

确定有毒气体的职业接触限值时,应按最高容许浓度、时间加权平均容许浓度、短时间接触容许浓度的优先次序选用。

三、检(探)测点的确定

(一)一般原则

可燃气体和有毒气体探测器的检测点,应根据气体的理化性质、释放源的特性、生产场地布置、地理条件、环境气候、探测器的特点、检测报警可靠性要求、操作巡检路线等因素进行综合分析。选择可燃气体及有毒气体容易积聚、便于采样检测和仪表维护之处布置。

下列可燃气体和(或)有毒气体释放源周围应布置检测点:气体压缩机和液体泵的动密封;液体采样口和气体采样口;液体(气体)排液(水)口和放空口;经常拆卸的法兰和经常操作的阀门组。

检测可燃气体和有毒气体时,探测器探头应靠近释放源,且在气体、蒸气易于聚集的地点。

专家解读　可燃气体释放源根据《爆炸危险环境电力装置设计规范》(GB 50058—2014)规定,释放源应按可燃物质的释放频繁程度和持续时间长短分级。其分为连续释放源、第一级释放源、第二级释放源。

第一级释放源是指在正常运转时周期性或偶然性释放的释放源。下列情况可划为第一级释放源:

(1)在正常运行时,会释放可燃物质的泵、压缩机和阀门等的密封处。

(2)在正常运行时,会向空间释放可燃物质的泄压阀、排气口和其他孔口。

(3)在正常运行时,会向空间释放可燃物质的取样点。

(4)储存可燃液体的容器上的排水口处,在正常运行中,当水排掉时,该处可能会向空间释放可燃物质。

第二级释放源是指在正常情况下预计不会释放,即使释放也仅是偶尔短时地释放的释放源。下列情况可划为第二级释放源:

(1)在正常运行时不可能出现释放可燃物质的泵、压缩机和阀门的密封处。

(2)在正常运行时不能释放可燃物质的法兰等连接件。

(3)在正常运行时不能向空间释放可燃物质的安全阀、排气孔和其他孔口处。

(4)在正常运行时不能向空间释放可燃物质的取样点。

可燃气体检(探)测器所检测的主要对象是属于第二级释放源的设备或场所。

(二)生产设施

释放源处于露天或敞开式厂房布置的设备区域内,可燃气体探测器距其所覆盖范围内的任一释放源的水平距离不宜大于 10 m,有毒气体探测器距其所覆盖范围内的任一释放源的水平距离不宜大于 4 m。

释放源处于封闭式厂房或局部通风不良的半敞开厂房内。

可燃气体探测器距其所覆盖范围内的任一释放源的水平距离不宜大于 5 m;有毒气体探测器距其所覆盖范围内的任一释放源的水平距离不宜大于 2 m。

比空气轻的可燃气体或有毒气体释放源处于封闭或局部通风不良的半敞开厂房内,除应在释放源上方设置探测器外,还应在厂房内最高点气体易于积聚处设置可燃气体或有毒气体探测器。

(三)储运设施

液化烃、甲$_B$、乙$_A$类液体等产生可燃气体的液体储罐的防火堤内,应设探测器。可燃气体探测器距其所覆盖范围内的任一释放源的水平距离不宜大于 10 m,有毒气体探测器距其所覆盖范围内的任一释放源的水平距离不宜大于 4 m。

专家解读 液化烃、甲$_B$、乙$_A$类液体等产生可燃或有毒气体的液体储罐常以罐组形式布置在防火堤内,当防火堤内有隔堤且隔堤高度高于检(探)测器的安装高度时,隔堤分隔的区域内应设检(探)测器。

液化烃、甲$_B$、乙$_A$类液体的装卸设施.探测器的设置应符合下列规定:铁路装卸栈台,在地面上每一个车位宜设一台探测器,且探测器与装卸车口的水平距离不应大于 10 m;汽车装卸站的装卸车鹤位与探测器的水平距离不应大于 10 m。

装卸设施的泵或压缩机区的探测器设置,应符合相关规定。

液化烃灌装站的探测器设置,应符合下列规定:封闭或半敞开的灌瓶间,灌装口与探测器的水平距离宜为 5～7.5 m;封闭或半敞开式储瓶库,应符合相关规定;敞开式储瓶库房沿四周每隔 15～20 m 应设一台探测器,当四周边长总和小于 15 m 时,应设一台探测器;缓冲罐排水口或阀组与探测器的水平距离宜为 5～7.5 m。

封闭或半敞开氢气灌瓶间,应在灌装口上方的室内最高点易于滞留气体处设检(探)测器。

可能散发可燃气体的装卸码头,距输油臂水平平面 10 m 范围内,应设一台检(探)测器。

(四)其他有可燃气体、有毒气体扩散与积聚的场所

明火加热炉与可燃气体释放源之间应设可燃气体探测器,探测器距加热炉炉边的水平距离宜为 5～10 m。当明火加热炉与可燃气体释放源之间设有不燃烧材料实体墙时,实

体墙靠近释放源的一侧应设探测器。

设在爆炸危险区域 2 区范围内的在线分析仪表间,应设可燃气体和(或)有毒气体探测器,并同时设置氧气探测器。

控制室、机柜间的空调新风引风口等可燃气体和有毒气体有可能进入建筑物的地方,应设置可燃气体和(或)有毒气体探测器。

有人进入巡检操作且可能积聚比空气重的可燃气体或有毒气体的工艺阀井、管沟等场所,应设可燃气体和(或)有毒气体探测器。

专家解读 装置发生泄漏时,比空气重的可燃气体和/或有毒气体,可能积聚在通风不良的工艺阀井、地坑及排污沟等场所,形成局部 0 区,危及生产操作安全和环境安全。

四、可燃气体和有毒气体检测报警系统

(一)一般规定

可燃气体和有毒气体检测报警系统应由可燃气体或有毒气体探测器、现场警报器、报警控制单元等组成。

可燃气体的第二级报警信号和报警控制单元的故障信号,应送至消防控制室进行图形显示和报警。可燃气体探测器不能直接接入火灾报警控制器的输入回路。

可燃气体或有毒气体检测信号作为安全仪表系统的输入时,探测器宜独立设置,探测器输出信号应送至相应的安全仪表系统。

(二)探测器的选用

可燃气体及有毒气体探测器的选用,应根据探测器的技术性能、被测气体的理化性质、被测介质的组分种类和检测精度要求、探测器材质与现场环境的相容性、生产环境特点等确定。

常用探测器的采样方式应根据使用场所按下列规定确定:可燃气体和有毒气体的检测宜采用扩散式探测器;受安装条件和介质扩散特性的限制,不便使用扩散式探测器的场所,可采用吸入式探测器;当探测器配备采样系统时,采样系统的滞后时间不宜大于 30 s。

(三)现场警报器的选用

可燃气体和有毒气体检测报警系统应按照生产设施及储运设施的装置或单元进行报警分区.各报警分区应分别设置现场区域警报器。区域警报器的启动信号应采用第二级报警设定值信号。区域警报器的数量宜使在该区域内任何地点的现场人员都能感知到报警。

区域警报器的报警信号声级应高于 110 dBA,且距警报器 1 m 处总声压值不得高于 120 dBA。

(四)报警控制单元的选用

报警控制单元应采用独立设置的以微处理器为基础的电子产品,并应具备下列基本功能:

(1)能为可燃气体探测器、有毒气体探测器及其附件供电。

(2)能接收气体探测器的输出信号,显示气体浓度并发出声、光报警。

(3)能手动消除声、光报警信号,再次有报警信号输入时仍能发出报警。

(4)具有相对独立、互不影响的报警功能,能区分和识别报警场所位号。

(5)在下列情况下,报警控制单元应能发出与可燃气体和有毒气体浓度报警信号有明

显区别的声、光故障报警信号:报警控制单元与探测器之间连线断路或短路。报警控制单元主电源欠压。报警控制单元与电源之间的连线断路或短路。

(6)具有以下记录、存储、显示功能:能记录可燃气体和有毒气体的报警时间,且日计时误差不应超过30 s;能显示当前报警部位的总数;能区分最先报警部位.后续报警点按报警时间顺序连续显示;具有历史事件记录功能。

控制室内可燃气体和有毒气体声、光警报器的声压等级应满足设备前方1 m处不小于75 dBA,声、光警报器的启动信号应采用第二级报警设定值信号。

(五)设备安装

1.探测器安装

探测器应安装在无冲击、无振动、无强电磁场干扰、易于检修的场所,探测器安装地点与周边工艺管道或设备之间的净空不应小于0.5 m。

检测比空气重的可燃气体或有毒气体时.探测器的安装高度宜距地坪(或楼地板)0.3~0.6 m;检测比空气轻的可燃气体或有毒气体时,探测器的安装高度宜在释放源上方2.0 m内。检测比空气略重的可燃气体或有毒气体时,探测器的安装高度宜在释放源下方0.5~1.0 m;检测比空气略轻的可燃气体或有毒气体时,探测器的安装高度宜高出释放源0.5~1.0 m。

环境氧气探测器的安装高度宜距地坪或楼地板1.5~2.0 m。

线型可燃气体探测器宜安装于大空间开放环境,其检测区域长度不宜大于100 m。

2.报警控制单元及现场区域警报器安装

可燃气体和有毒气体检测报警系统人机界面应安装在操作人员常驻的控制室等建筑物内。

现场区域警报器应就近安装在探测器所在的报警区域。

现场区域警报器的安装高度应高于现场区域地面或楼地板2.2 m,且位于工作人员易察觉的地点。

现场区域警报器应安装在无振动、无强电磁场干扰、易于检修的场所。

【注:本节内容可参考《石油化工可燃气体和有毒气体检测报警设计标准》(GB/T 50493—2019)进行全面学习。】

第四节 化工过程故障诊断和无损检测技术

一、故障诊断

(一)故障诊断的概述

故障诊断可以在设备运行中或在基本不拆卸的情况下,通过各种手段,掌握设备运行状态,判定产生故障的部位和原因,并预测、预报设备未来的状态。

(二)故障诊断的方法

常见的故障诊断方法包括:振动诊断技术、无损诊断技术、温度诊断技术、润滑油诊断技术、人工智能诊断技术。

监测和诊断的各种手段如下所述:

(1)振动,适用于旋转机械、往复机械、轴承、齿轮等。

（2）温度（红外），适用于工业炉窑、热力机械、电机、电器等。

（3）声发射，适用于压力容器、往复机械、轴承、齿轮等。

（4）油液（铁谱分析），适用于齿轮箱、设备润滑系统、电力变压器等。

（5）无损检测，采用物理化学方法，用于关键零部件的故障检测。

（6）压力，适用于液压系统、流体机械、内燃机和液力耦合器等。

（7）强度，适用于工程结构、起重机械、锻压机械等。

（8）表面，适用于设备关键零部件表面检查和管道内孔检查等。

（9）工况参数，适用于流程工业和生产线上的主要设备等。

（10）电气，适用于电机、电器、输变电设备、电工仪表等。

精密诊断的方法包括：频谱分析法；趋势分析法；时域分析法（波形分析、相关函数分析）；倒频谱分析法；模态分析法；随机减量法；冲击脉冲法（SPM）。

（三）监测和诊断仪器选用

1. 仪器分类

监测和诊断仪器分为离线测量仪表（又分为便携式测振表及数据采集器）和在线测量系统（分为表盘式的仪器和计算机化仪器）。具体如图3-17所示。

2. 仪器选用

仪器选用原则：应当符合被监测对象在生产中的地位、生产的规模和产量、预计的投资及设备管理人员的水平和素质要求。

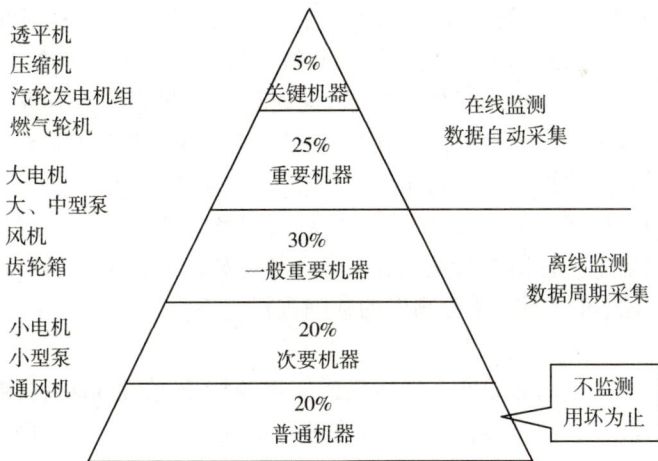

图 3-17　监测和诊断仪器选用图

二、无损检测

（一）概述

无损检测是指在不破坏材料的前提下，对材料内部的组织、性能、缺陷等进行检测的方法，也称无损探伤、非破坏性检测。

化工设备的无损检测主要应用于设备制造时、设备使用后和改进生产工艺时的检测，常用的方法有射线检测、超声波检测、磁粉检测、渗透检测、涡流检测等。

（二）无损检测的目的

1. 保证产品质量

检查缺陷，鉴定质量。借助仪器和器材，可以发现目视检查无法发现的内外部宏观缺陷。无损检测不需破坏试件就能完成检测过程，可以对产品进行100%检验和逐件检验，为产品质量提供有效保证。

2. 保障使用安全

定期检验在用设备、防止失效。可以对在用设备和部件进行定期检验，保障使用安全。

3. 改进制造工艺

对试验工艺进行检验确定最佳的制造工艺。在产品工艺试验中，对工艺试样进行无损检验，并根据检测结果改进制造工艺，确定理想的制造工艺。

4. 降低生产成本

制造过程在中间环节检测可防止以后工序返修浪费。在产品制造过程中的适当环节正确地进行无损检测，防止以后的工序浪费，减少返工，降低废品率，从而降低制造成本。

（三）无损检测技术

1. 射线检测（照相）

射线检测主要是利用X射线和γ射线穿透材料后发生的变化来反映材料内部组织的缺陷，射线穿过材料后，通过荧光作用、照相作用的原理将这些变化反应在一张特制的底片上，便可以清楚地观察到材料内部存在的缺陷。因此，射线检测也称射线照相。

射线检测通常可分为A，AB，B三个等级，B级为最高。射线检测技术等级选择应符合相关法规、规范、标准和设计技术文件的要求，同时还应满足合同双方商定的其他技术要求。承压设备焊接接头的射线检测，一般应采用AB级射线检测技术进行检测。对重要设备、结构、特殊材料和特殊焊接工艺制作的焊接接头，可采用B级技术进行检测。

射线检测检测体积型缺陷成功率较高，但对面积型缺陷不敏感，容易漏检，需要利用特殊角度才能检测出来。且射线检测成本较高，射线对人体有害，比较费时，一般不作为首选的无损检测方法，可对超声波检测出的缺陷进行复检。

2. 超声波检测

超声波具有遇到一定的介质便会发生反射作用的特质，在遇到材料内部缺陷的时候，会反射一部分超声波，通过对反射回的超声波进行接收和分析，可以精确地得到缺陷的大小、位置等。

超声波检测能检测出材料中存在的缺陷；面状缺陷检出率较高；超声波穿透能力强，可用于大厚度（100 mm以上）原材料和焊接接头的检测；能确定缺陷的位置和相对尺寸。但缺陷位置、取向和形状对超声波检测的检测结果有一定的影响，较难确定体积状缺陷或面状缺陷的具体性质。

因此，超声波检测多用于材料厚度较大的情形。

3. 渗透检测

渗透检测是通过毛细管作用，将渗透液渗透到材料内部，去除表面残留的渗透液后等待一段时间，再次利用毛细管作用将渗透液吸出，在显像剂的作用下在缺陷位置显出一定的颜色,可以清楚地显示缺陷的位置及大小。渗透检测能检测出金属材料中的表面开口缺陷,如气孔、夹渣、裂纹、疏松等缺陷。

渗透检测剂包括渗透剂、乳化剂、清洗剂和显像剂。

渗透检测操作方便,成本较低,检测结果直观,多用于检测有多个方位检测需要的设备。但无法检测埋藏缺陷和开口闭合的缺陷,不能用于检测疏松多孔的材料。

4. 磁粉检测

材料在磁化后,在缺陷处会吸引磁粉,通过撒落在材料表面的磁粉的分布情况,可以清晰地观测到缺陷存在的位置。

磁粉检测具有成本低、灵敏度高、速度快等特点,常用于对近表面缺陷的检测。但有一定的局限性,只适用于铁磁性材料,工件的形状和尺寸也会对检测结果有影响,难以检测形状复杂的工件的缺陷。

5. 涡流检测

涡流检测是以交流电磁线圈在金属构件表面感应产生涡流的无损探伤技术,适用于导电材料,包括铁磁性和非铁磁性金属材料构件的缺陷检测。

涡流检测能检测出金属材料对接接头和母材表面、近表面存在的缺陷,能检测出带非金属涂层的金属材料表面、近表面存在的缺陷;能确定缺陷的位置,并给出表面开口缺陷或近表面缺陷埋深的参考值。

但涡流检测较难检测出金属材料埋藏缺陷,较难检测出涂层厚度超过 3 mm 的金属材料表面、近表面的缺陷,较难检测出焊缝表面存在的微细裂纹,较难检测出缺陷自身宽度和准确深度。

第五节　化工振动、噪声、气体、粉尘、温度、火灾等检测技术

一、振动检测技术

振动分析的基本原理:所有机器都振动;振动随机器状态的变化而变化;人能听到的仅是整个图像的一部分;振动分析可帮助检测各种故障状态。

许多故障因振动引起,可根据已知的输出和系统参数(如刚度、质量、阻尼等)确定输入,判断环境特性,寻找振源所在。

振动测量分析系统由 4 部分组成:传感器、测量仪器、记录仪器、分析仪器。

振动测量的方法按照信号转化方式的不同,可分为机械法、光学法和电测法。其简单原理和优缺点如表 3-9 所示。

表 3-9　振动测量方法的原理和优缺点

名称	原理	优缺点及用途
机械法	利用杠杆传动或惯性原理进行振动测量	使用简单,抗干扰能力强,频率范围和动态线性范围窄,测试时会给工件加上一定的负荷,以影响测试结果。主要用于低频大振幅振动及扭振的测量

（续表）

名称	原理	优缺点及用途
光学法	利用光杠杆原理、读数显微镜、光波干涉原理、激光多普勒效应等进行测量	不受电磁声干扰,测量精确度高。适用于对质量小及不易安装传感器的试件做非接触测量,在精密测量和传感、测振仪标定中用得多
电测法	将被测试件的振动量转换成电量,然后用电量测试仪器进行测量	灵敏度高,频率范围及线性范围宽,便于分析和遥测,但易受电磁声干扰。这是目前广泛采用的方法

振动检测系统的建立步骤包括:确定机器、确定测点、确定参数（D/V/A,包络,波形,相位）、频率范围、报警（总值,频带）、现场检测、故障识别、维修建议、跟踪。

二、噪声检测技术

噪声按随时间的变化,可分成稳态噪声和非稳态噪声;按噪声产生的机理,可分为机械性噪声、空气动力性噪声和电磁性噪声三大类;按噪声的来源,可分为工厂生产噪声、交通噪声、施工噪声和社会噪声。

常用的噪声测量仪器包括声级计、声级频谱仪、记录仪、实时分析仪等。

三、气体检测技术

爆炸性气体环境应根据爆炸性气体混合物出现的频繁程度和持续时间,按下列规定进行分区:

（1）0区应为连续出现或长期出现爆炸性气体混合物的环境。

（2）1区应为在正常运行时可能出现爆炸性气体混合物的环境。

（3）2区应为在正常运行时不可能出现爆炸性气体混合物的环境,或即使出现也仅是短时存在的爆炸性气体混合物的环境。

气体检测传感器包括催化燃烧传感器、电化学传感器、半导体传感器、离子化检测器、固态传感器。

有毒气体检测报警装置用于检测和（或）报警工作场所空气中有毒气体的装置和仪器,由探测器和报警控制器组成,具有有毒气体自动检测与报警功能,常用的有固定式、移动式和便携式检测报警仪。

气体报警仪应由检测器和报警器两部分组成;气体检测报警仪应由检测器、指示器和报警器三部分组成。

四、粉尘检测技术

粉尘是指悬浮于作业场所空气中的固体微粒。粉尘浓度的测定方法有总粉尘浓度测定方法、呼吸性粉尘浓度测定方法、个体粉尘采样测定方法、石棉纤维计数浓度测定方法等。

五、温度检测技术

测温仪表按测量方式分为接触式与非接触式。常用的接触式测温仪表有玻璃液体温度计、双金属温度计、压力式温度计、电阻温度计、热电偶温度计。热电偶温度计是以热电效应为基础的测温仪表。热电偶温度计由热电偶、测量仪表、连接热电偶和测量仪表的导线三部分组成。热电阻温度计利用热电阻的电阻值随温度变化而变化的特性来进行温度测量。

接触式测温是通过测温元件与被测物体的接触而感知物体的温度。非接触式测温是通过接受被测物体发出的热辐射热来感知温度。

六、火灾检测技术

火灾自动报警系统中,对现场进行探查,发现火灾的设备是火灾探测器。火灾探测器属于火灾报警系统的重要组件,其作用是将火灾信息转换为电信号,向火灾报警控制器传输。其类型分为感烟、感温、感光型。

第四章 化工项目安全设计及施工安全技术措施

第一节 化工建设项目安全管理

一、化工建设项目安全综述

国家对危险化学品的生产、储存实行统筹规划、合理布局。国务院工业和信息化主管部门及国务院其他有关部门依据各自职责,负责危险化学品生产、储存的行业规划和布局。地方人民政府组织编制城乡规划时,应当根据本地区的实际情况,遵循确保安全的原则,规划适当区域专门用于危险化学品的生产、储存。

新建、改建、扩建生产、储存危险化学品的建设项目(简称建设项目),应当由应急管理部门进行安全条件审查。建设单位应当对建设项目进行安全条件论证,委托具备国家规定的资质条件的机构对建设项目进行安全评价,并将安全条件论证和安全评价的情况报告报建设项目所在地设区的市级以上人民政府应急管理部门;应急管理部门应当自收到报告之日起45日内作出审查决定,并书面通知建设单位。具体办法由国务院应急管理部门制定。新建、改建、扩建储存、装卸危险化学品的港口建设项目,由港口行政管理部门按照国务院交通运输主管部门的规定进行安全条件审查。

化工建设项目安全设计应通过全面系统的过程危险源分析、科学缜密的安全设计和审查、合理有效的安全对策措施,将化工建设项目可能产生的风险在法律和合同规定的范围内减小到当今社会可接受的水平,以达到化工建设项目安全设计的目标。化工建设项目安全设计应当遵循本质安全设计原则,采用削减、缓解、替代、简化等手段,通过局部改用没有危险或危险性较小的物料或过程,从设计源头上消除或削减危险源。化工建设项目安全设计应遵循合理降低风险原则,在技术可行、经济合理的前提下,采用适宜、可靠的安全对策措施,将化工建设项目预期寿命周期内的风险尽可能降到合理、可行的最低程度。

化工建设项目安全设计(简称项目安全设计)的范围包括业主委托的设计前期、基础工程设计和详细工程设计三个阶段。

二、化工建设项目安全术语和定义

危险化学品是指具有易燃、易爆、毒害、腐蚀等危险特性的化学品,在生产、储存、运输、使用和废弃物处置等过程中容易造成人身伤亡、财产毁损、污染环境的均属危险化学品。

本质安全设计是指在设计过程中,采用削减、缓解、替代、简化等手段,使工艺过程及其装备具有内在的,能够从根本上防止事故发生的功能。

过程安全是指防止对安全、环境或企业造成严重影响的危险物质或能量的意外释放。

安全完整性是指安全仪表系统在规定时段内、在所有规定条件下满足执行要求的仪表安全功能的平均概率。

三、化工建设项目安全"三同时"管理

(一)建设项目安全设施总述

建设项目安全设施是指生产经营单位在生产经营活动中用于预防安全生产事故的设备、设施、装置、建(构)筑物和其他技术措施的总称。

生产经营单位是建设项目安全设施建设的责任主体,建设项目安全设施必须与主体工程同时设计、同时施工、同时投入生产和使用(简称"三同时"),并且安全设施投资应当纳入建设项目概算。

应急管理部对全国建设项目安全设施"三同时"实施综合监督管理,并在国务院规定的职责范围内承担有关建设项目安全设施"三同时"的监督管理。县级以上地方各级应急管理部门对本行政区域内的建设项目安全设施"三同时"实施综合监督管理,并在本级人民政府规定的职责范围内承担本级人民政府及其有关主管部门审批、核准或备案的建设项目安全设施"三同时"的监督管理。

应急管理部门应当加强建设项目安全设施建设的日常安全监管,落实有关行政许可及其监管责任,督促生产经营单位落实安全设施建设责任。

(二)建设项目安全预评价

下列建设项目在进行可行性研究时,生产经营单位应当根据国家规定,进行安全预评价:

(1)非煤矿矿山建设项目。

(2)生产、储存危险化学品(包括使用长输管道输送危险化学品)的建设项目。

(3)生产、储存烟花爆竹的建设项目。

(4)金属冶炼建设项目。

(5)使用危险化学品从事生产并且使用量达到规定数量的化工建设项目(属于危险化学品生产的除外,以下简称"化工建设项目")。

(6)法律、行政法规和国务院规定的其他建设项目。

对于以上所列之外的其他建设项目,生产经营单位应当对其安全生产条件和设施进行综合分析,形成书面报告备查。

生产经营单位应委托具有相应资质的安全评价机构,对建设项目进行安全预评价,并编制安全预评价报告。建设项目安全预评价报告应当符合国家标准或者行业标准的规定。生产、储存危险化学品的建设项目和化工建设项目安全预评价报告还应当符合有关危险化学品建设项目的相关规定。

(三)建设项目安全设施施工和竣工验收

建设项目安全设施的施工应由取得相应资质的施工单位进行,并与建设项目主体工程同时施工。施工单位应当在施工组织设计中编制安全技术措施和施工现场临时用电方案,同时对危险性较大的分部分项工程依法编制专项施工方案,并附具安全验算结果,经施工单位技术负责人、总监理工程师签字后方可实施。施工单位应严格按照安全设施设计和相关施工技术标准、规范施工,并对安全设施的工程质量负责。

　　施工单位发现安全设施设计文件有错漏的,应及时向生产经营单位、设计单位提出。生产经营单位、设计单位应当及时处理。施工单位若发现安全设施存在重大事故隐患时,应当立即停止施工并报告生产经营单位进行整改,整改合格后,方可恢复施工。

　　工程监理单位应当审查施工组织设计中的安全技术措施或者专项施工方案是否符合工程建设强制性标准。工程监理单位在实施监理过程中,发现存在事故隐患的,应当要求施工单位进行整改;情况严重的,应当要求施工单位暂停施工,并及时报告生产经营单位。施工单位拒不整改或者不暂停施工的,工程监理单位应及时向有关主管部门报告。工程监理单位、监理人员应当按照法律、法规和工程建设强制性标准实施监理,并对安全设施工程的工程质量承担监理责任。

　　建设项目安全设施建成后,生产经营单位应对安全设施进行检查,对发现的问题及时整改。

　　建设项目竣工后,根据规定,建设项目需要试运行(包括生产、使用,下同)的,应当在正式投入生产或者使用前进行试运行。试运行时间应不少于 30 日,且最长不得超过180 日,但国家有关部门有规定或者特殊要求的行业除外。生产、储存危险化学品的建设项目和化工建设项目,应当在建设项目试运行前将试运行方案报负责建设项目安全许可的应急管理部门备案。

　　建设项目的安全设施有下列情形之一的,建设单位不得通过竣工验收,并不得投入生产或者使用:

　　(1)未选择具备相应资质的施工单位施工的。

　　(2)未按照建设项目安全设施设计文件施工或者施工质量未达到建设项目安全设施设计文件要求的。

　　(3)建设项目安全设施的施工不符合国家有关施工技术标准的。

　　(4)未选择具备相应资质的安全评价机构进行安全验收评价或者安全验收评价不合格的。

　　(5)安全设施和安全生产条件不符合有关安全生产法律、法规、规章和国家标准或者行业标准、技术规范规定的。

　　(6)发现建设项目试运行期间存在事故隐患未整改的。

　　(7)未依法设置安全生产管理机构或者未配备安全生产管理人员的。

　　(8)从业人员未经过安全生产教育和培训或不具备相应资格的。

　　(9)不符合法律、行政法规规定的其他条件的。

　　生产经营单位应按照档案管理的规定,建立建设项目安全设施"三同时"文件资料档案,并妥善保存。

　　建设项目安全设施未与主体工程同时设计、同时施工或同时投入使用的,应急管理部门对与此有关的行政许可一律不予审批,同时责令生产经营单位立即停止施工、限期改正违法行为,并对有关生产经营单位和人员依法给予行政处罚。

(四)法律责任

　　建设项目安全设施"三同时"违反相关的规定,但应急管理部门及其工作人员给予审批通过或者颁发有关许可证的,依法给予行政处分。

生产经营单位对相关规定建设项目有下列情形之一的,责令停止建设或者停产停业整顿,并限期改正;逾期未改正的,处 50 万元以上 100 万元以下的罚款;对其直接负责的主管人员和其他直接责任人员处 2 万元以上 5 万元以下的罚款;构成犯罪的,依照《刑法》有关规定追究刑事责任:

(1)未按照规定对建设项目进行安全评价的。

(2)没有安全设施设计或者安全设施设计未按照规定报经应急管理部门审查同意,擅自开工的。

(3)施工单位未按照批准的安全设施设计施工的。

(4)投入生产或者使用前,安全设施未经验收合格的。

已批准的建设项目安全设施设计发生重大变更,生产经营单位未报原批准部门审查同意擅自开工建设的,责令限期改正,可以并处 1 万元以上 3 万元以下的罚款。

生产经营单位对相关规定的建设项目有下列情形之一的,对有关生产经营单位责令限期改正,可以并处 5 000 元以上 3 万元以下的罚款:

(1)无安全设施设计的。

(2)安全设施设计未组织审查,并形成书面审查报告的。

(3)施工单位未按照安全设施设计施工的。

(4)投入生产或者使用前,安全设施未经竣工验收合格,并形成书面报告的。

担任建设项目安全评价的机构弄虚作假、出具虚假报告,尚未构成犯罪的,没收违法所得,违法所得在 10 万元以上的,并处违法所得 2 倍以上 5 倍以下的罚款;没有违法所得或者违法所得不足 10 万元的,单处或者并处 10 万元以上 20 万元以下的罚款,对其直接负责的主管人员和其他直接责任人员处 2 万元以上 5 万元以下的罚款;给他人造成损害的,与生产经营单位承担连带赔偿责任。

上述规定的行政处罚由应急管理部门决定。法律、行政法规对行政处罚的种类、幅度和决定机关另有规定的,依照其规定执行。应急管理部门对应当由其他有关部门进行处理的"三同时"问题,应当及时移送有关部门并形成记录备查。

第二节　化工建设项目安全设计过程危险源分析方法

一、过程危险源分析的基本要求

过程危险源分析是辨识过程危险源并对其产生的原因及其后果进行分析的一种有组织的、系统的安全设计审查。审查结果将作为设计人员纠正或完善项目安全设计、提高建设项目安全设计水平的决策依据。

过程危险源分析应依据具体项目的规模、性质以及合同规定的要求在项目安全设计计划中予以规定。

过程危险源分析开始前应进行准备和策划。设计单位应依据化工建设项目的设计范围、风险大小、设计阶段、安全信息收集的完备性及合同规定的要求,确定分析对象、目标和内容,选择适宜的方法,组建审查小组,制定审查进度计划。

过程危险源分析应由一个具有不同专业背景的人员(必要时还应聘请具有操作经验

的人员)组成的小组来执行,至少小组主持人应全面掌握所采用的审查方法。设计单位应有计划地对审查组长和审查人员进行培训。

过程危险源分析时应注意以下问题:辨识导致火灾、爆炸、毒气释放或者易燃化学品和危险化学品重大泄漏的潜在危险源;辨识在同类装置中曾经发生过可能导致工作场所潜在灾难性后果的事件;辨识设备、仪表、公用工程、人员活动以及来自过程以外的各种危险因素,其中,人员活动包括常规活动和非常规活动;辨识和评价设计中已经采取的安全对策措施的充分性和可靠性;辨识和评价控制事故后果的技术和管理措施;评价事故控制措施失效后对现场操作人员安全和健康的影响。

过程危险源分析应形成记录,审查输出应建立跟踪程序,确保审查提出的问题和建议都能按要求执行并记录存档。

二、过程危险源分析的基本程序

过程危险源分析的基本程序一般包括:规定过程危险源分析的依据、对象、范围和目标;收集过程危险源分析所需的数据和相关信息;辨识过程危险源;确定风险并进行风险评价,具体内容可参考《化工建设项目安全设计管理导则》(AQ/T 3033)附录 A;提出风险控制措施建议;形成分析结果文件;风险控制的跟踪和再评价。

三、过程危险源分析的基本方法

过程危险源分析方法是保证过程危险源辨识及评价质量的重要手段。设计单位应采用下列一种或多种适用于过程危险源分析的方法,用于过程危险源的分析:

(一)预先危险源分析(Preliminary Hazards Analysis)

预先危险源分析主要用于项目开发初期(如概念设计阶段)的物料、装置、工艺过程的主要危险源的辨识和评价,并可以作为方案比选、项目决策的依据。

(二)故障假设分析(What – If)

故障假设分析是针对过程和操作的每一步骤系统地提出故障假设,并组织专家针对故障假设进行集思广益的回答和讨论,辨识和评价物料组分量或质的异常、设备功能故障或程序错误对过程的影响。它主要用于从原料到产品的相对比较简单的过程。该方法的核心是问题的假设要由有经验的专家事先设计好。

(三)安全检查表分析(Checklist)

安全检查表分析是种将一系列对象,如周边环境、总平面布置、工艺、设备、操作、安全设施、应急系统等列出检查表,逐一进行检查和评价的方法。

典型的安全检查表可以参照《化工建设项目安全设计管理导则》(AQ/T 3033)附录 C的内容;对已辨识的危险源应确定危险级别和进行风险评价具体参见附录 A 的内容。安全检查表分析可应用于设计的各个阶段,但应对设计的装置有成熟的经验、了解有关的法律法规、标准规范和规定并事先编制合适的安全检查表。

(四)故障假设/安全检查表分析(What – If/Checklist)

故障假设/安全检查表分析是通过故障假设提出问题,针对问题对照安全检查表进行全面分析的方法。该方法由于吸收了故障假设分析方法的创造性和安全检查表分析的规范性,可以应用于比较复杂的过程危险源分析。

(五)危险与可操作性研究(Hazard and Operability Study:HAZOP)

危险与可操作性研究,简称 HAZOP,是一种进行危险和可操作性研究的重要风险评价工具,每 5 年回顾一次,是由具有不同专业背景的成员组成的小组在组长的主持下以一种结构有序的方式对过程进行系统审查的技术方法。它以工艺仪表流程图(PID)为研究对象,在引导词提示下,对系统中所有重要的过程参数可能由于偏离预期的设计条件所引起的潜在危险和操作性问题、设计中已采取的安全防护措施进行辨识和评价,提出需要设计者进一步甄别的问题和修改设计或操作指令的建议。HAZOP 的应用现已针对不同对象和目标有了多种形式的演变和发展,并已几乎扩展到包括设计在内的装置生命周期的所有阶段。具体如图 4-1 所示。

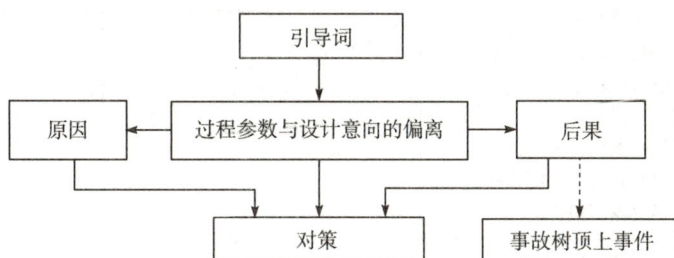

图 4-1 危险与可操作性研究示意图

HAZOP 分析的重要作用在于,通过结构化和系统化的方式,识别潜在的危险与可操作性问题,分析结果有助于确定合适的补救措施。HAZOP 尤其适用于识别系统(现有或拟建)的缺陷,包括物料输送、人员流动或数据传输,按预定工序运行的事件和活动或该工序的控制程序。HAZOP 还是新系统设计和开发所需的重要工具,也可以有效地用于分析一个给定系统在不同运行状态下的危险和潜在问题,如开车、备用、正常运行、正常停车和紧急停车等。HAZOP 不仅能运用到连续过程,也可用于间歇和非稳态过程及工序。HAZOP 可视为价值工程和风险管理整个过程中不可分割的一部分。

HAZOP 分析的主要特征包括:

(1)HAZOP 分析是一个创造性过程。通过应用一系列引导词来系统地辨识各种潜在的偏差,对确认的偏差,激励 HAZOP 小组成员思考该偏差发生的原因以及可能产生的后果。

(2)HAZOP 分析是在一位训练有素、富有经验的分析组长引导下进行的,组长须通过逻辑分析思维确保对系统进行全面的分析。分析组长宜配有一名记录员,记录识别出来的各种危险和(或)操作扰动,以便于进一步评估和决策。

(3)HAZOP 分析小组是由多专业的专家组成的,他们具备合适的技能和经验,有较好的直觉和判断能力。

(4)HAZOP 分析应在积极思考和坦率讨论的氛围中进行。当识别出一个问题时,应做好记录以便后续的评估和决策。

（5）对识别出的问题提出解决方案并不是 HAZOP 分析的主要目标，但是一旦提出解决方案，应做好记录供设计人员参考。

HAZOP 分析包括 4 个基本步骤，如图 4-2 所示。

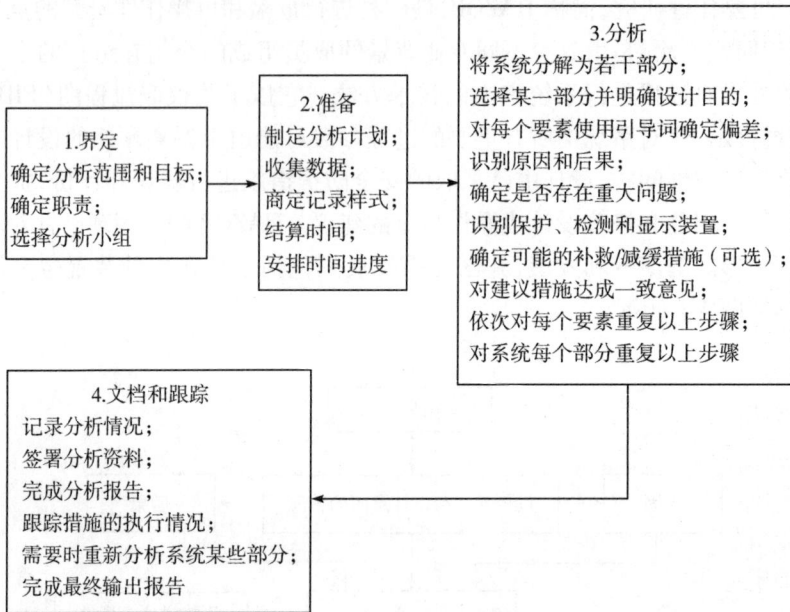

```
┌──────────────────────┐
│ 1.界定               │
│ 确定分析范围和目标； │
│ 确定职责；           │
│ 选择分析小组         │
└──────────────────────┘
           │
           ▼
┌──────────────────────┐
│ 2.准备               │
│ 制定分析计划；       │
│ 收集数据；           │
│ 商定记录样式；       │
│ 结算时间；           │
│ 安排时间进度         │
└──────────────────────┘
           │
           ▼
┌──────────────────────────────────────┐
│ 3.分析                               │
│ 将系统分解为若干部分；               │
│ 选择某一部分并明确设计目的；         │
│ 对每个要素使用引导词确定偏差；       │
│ 识别原因和后果；                     │
│ 确定是否存在重大问题；               │
│ 识别保护、检测和显示装置；           │
│ 确定可能的补救/减缓措施（可选）；    │
│ 对建议措施达成一致意见；             │
│ 依次对每个要素重复以上步骤；         │
│ 对系统每个部分重复以上步骤           │
└──────────────────────────────────────┘
           │
           ▼
┌──────────────────────────────┐
│ 4.文档和跟踪                 │
│ 记录分析情况；               │
│ 签署分析资料；               │
│ 完成分析报告；               │
│ 跟踪措施的执行情况；         │
│ 需要时重新分析系统某些部分； │
│ 完成最终输出报告             │
└──────────────────────────────┘
```

图 4-2　HAZOP 分析图

HAZOP 分析的报告应包括以下内容：识别出的危险与可操作性问题的详情，以及已有的探测和（或）减缓措施的细节；如有必要，对需要采取不同技术进行深入研究的设计问题提出建议；对分析期间发现的不确定情况的处理；基于分析小组具有的系统相关知识，对发现的问题提出分析范围内减缓措施和建议；对操作和维护程序中需要阐述的关键点的提示性记录；参加每次会议的小组成员名单；系统中已做 HAZOP 分析的内容说明及未做 HAZOP 部分的原因；分析小组使用的所有图纸、说明书、数据表和报告等的清单，此外，还应当包括引用的版本号。

使用"问题记录"法时，上述 HAZOP 报告的内容将非常简明地包含于 HAZOP 工作表中。使用完整记录法时，HAZOP 报告的内容需要从整个 HAZOP 分析工作表中"提取"。

尽管已证明 HAZOP 在不同行业都非常有用，但该技术仍存在局限性，在考虑潜在应用时需要注意以下问题：

（1）HAZOP 作为一种危险识别技术，它单独地考虑系统各部分，系统地分析每项偏差对各部分的影响。有时，一种严重危险可能会涉及系统内多个部分之间的相互作用，在这种情况下，需要使用事件树和故障树等分析技术对该危险进行更详细的研究。

（2）与任何识别危险与可操作性问题所用的技术一样，HAZOP 分析也无法保证能识别所有的危险或可操作性问题。因此，对复杂系统的研究不能完全依赖 HAZOP，而应将 HAZOP 与其他合适的技术联合使用。在全面而有效的安全管理系统中，将 HAZOP 与其他相关分析技术进行协调使用是必要的。

（3）很多系统是高度关联的，某一系统产生某个偏差可能由于其他系统。这时，仅在一个系统内采取适当的减缓措施不见得能消除其真正的原因，事故仍会发生。很多事故的发生是因为一个系统内做小的局部修改时未预见到由此可能引发的另一系统的连锁效应。这种问题可通过从系统的一个部分的各种偏差到对另一个部分的潜在影响进行分析得以解决，但实际上很少这样做。

（4）HAZOP 分析的成功很大程度上取决于分析组长的能力和经验，以及小组成员的知识、经验和合作。

（5）HAZOP 仅考虑出现在设计描述的部分，无法考虑设计描述中没有出现的活动和操作。

（六）故障类型和影响分析（Failure Mode and Effects Analysis：FMEA）

故障类型是指设备或子系统功能故障的形式，例如开、关、接通、切断、泄漏、腐蚀、变形、破损、烧坏、脱落等。故障类型和影响分析（EMEA）就是针对上述各种类型的功能故障的研究方法。

故障类型和影响分析主要用于设备功能故障的分析，也可以与 HAZOP 配合使用。

分析的途径一般包括：

（1）辨识潜在的故障类型。

（2）分析故障的后果，如故障对全系统、子系统、人员的影响。

（3）确定危险级别，如高、中、低。

（4）确定故障的概率。

（5）辨识故障的检测方法。

（6）提出改进设计的建议。

（七）故障树分析（Fault Tree Analysis：FTA）

故障树分析是一种采用逻辑符号进行演绎的系统安全分析方法。它从特定事故（顶上事件）开始，像延伸的树枝一样，层层列出可能导致事故的序列事件（故障）及其发生的概率，然后通过概率计算查出事故的基本原因，即故障树的底部事件。该方法主要用于重大灾难性的事故分析，如火灾、爆炸、毒气泄漏等，也特别适用于评价两种可供选择的安全设施对减轻事件出现可能性的效果；该方法既可以用作定性分析也可用作定量分析。

（八）保护层分析（Layer of Protection Analysis：LOPA）

保护层分析（LOPA）是在定性危害分析的基础上，进一步评估保护层的有效性，并进行风险决策的系统方法。其主要目的是确定是否有足够的保护层使风险满足企业的风险标准。

LOPA 主要过程包括如下几方面：

（1）场景识别与筛选。

（2）初始事件（IE）确认。

（3）独立保护层（IPL）评估。

（4）场景频率计算。

（5）风险评估与决策。

（6）后续跟踪与审查。

LOPA 基本流程图如图 4-3 所示，其基本流程包括：

（1）场景识别与筛选。LOPA 一般评估先前危害分析研究中识别的场景。分析人员可采用定性或定量的方法对这些场景后果的严重性进行评估,并根据后果严重性评估结果对场景进行筛选。

(2)初始事件确认。首先,选择一个事故场景,LOPA 一次只能选择一个场景;然后确定场景 IE,IE 包括外部事件、设备故障和人员行为失效。

(3)IPL 评估。评估现有的防护措施是否满足 IPL 的要求,是 LOPA 的核心内容。

(4)场景频率计算。对后果、IE 频率和 IPL 的 PFD 等相关数据进行计算,确定场景风险。

(5)评估风险,作出决策。根据风险评估结果,确定是否采取相应措施降低风险。然后,重复步骤(2)~(5)直到所有的场景分析完毕。

(6)后续跟踪和审查。LOPA 分析完成后,应对提出降低风险措施的落实情况应进行跟踪。对 LOPA 的程序和分析结果进行审查。

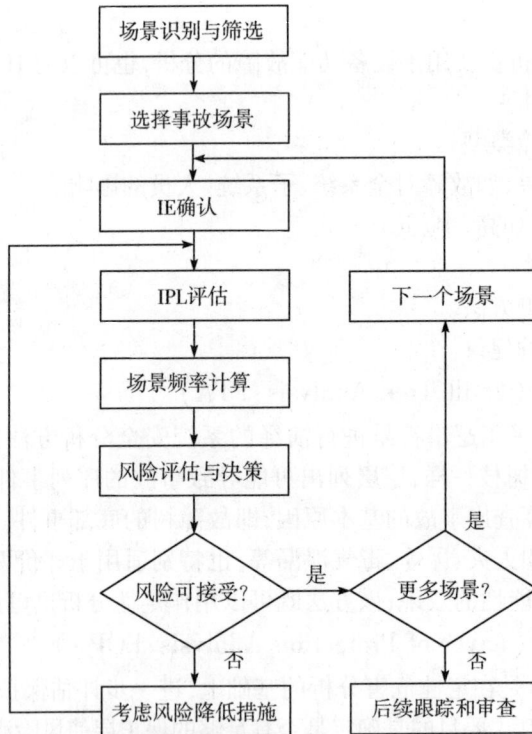

图 4-3　保护层分析的基本程序图

在使用 LOPA 前,应确定分析标准包括:后果度量形式及后果分级方法;后果频率的计算方法;IE 频率的确定方法;IPL 要求时的失效概率(PFD)的确定方法;风险度量形式和风险可接受标准;分析结果与建议的审查及后续跟踪。

在过程危害分析中,可使用 LOPA 的情形包括:事故场景后果严重,需要确定后果的发生频率;确定事故场景的风险等级以及事故场景中各种保护层降低的风险水平;确定安全仪表功能(SIF)的安全完整性等级(SIL);确定过程中的安全关键设备或安全关键活动;其他适用 LOPA 的情形等。

LOPA 的应用具有局限性,包括:

(1)LOPA 不是识别危险场景的工具,LOPA 的正确执行取决于定性危险评价方法所得出的危险场景的准确性,包括初始事件和相关的安全措施是否正确和全面。

(2)当使用 LOPA 时,进行场景风险的对比的条件有:选择失效数据的方法相同;采用相同的风险标准。

(3)LOPA 是一种简化的方法,其计算结果并不是场景风险的精确值。HAZOP 信息与 LOPA 信息的关系如图 4-4 所示。

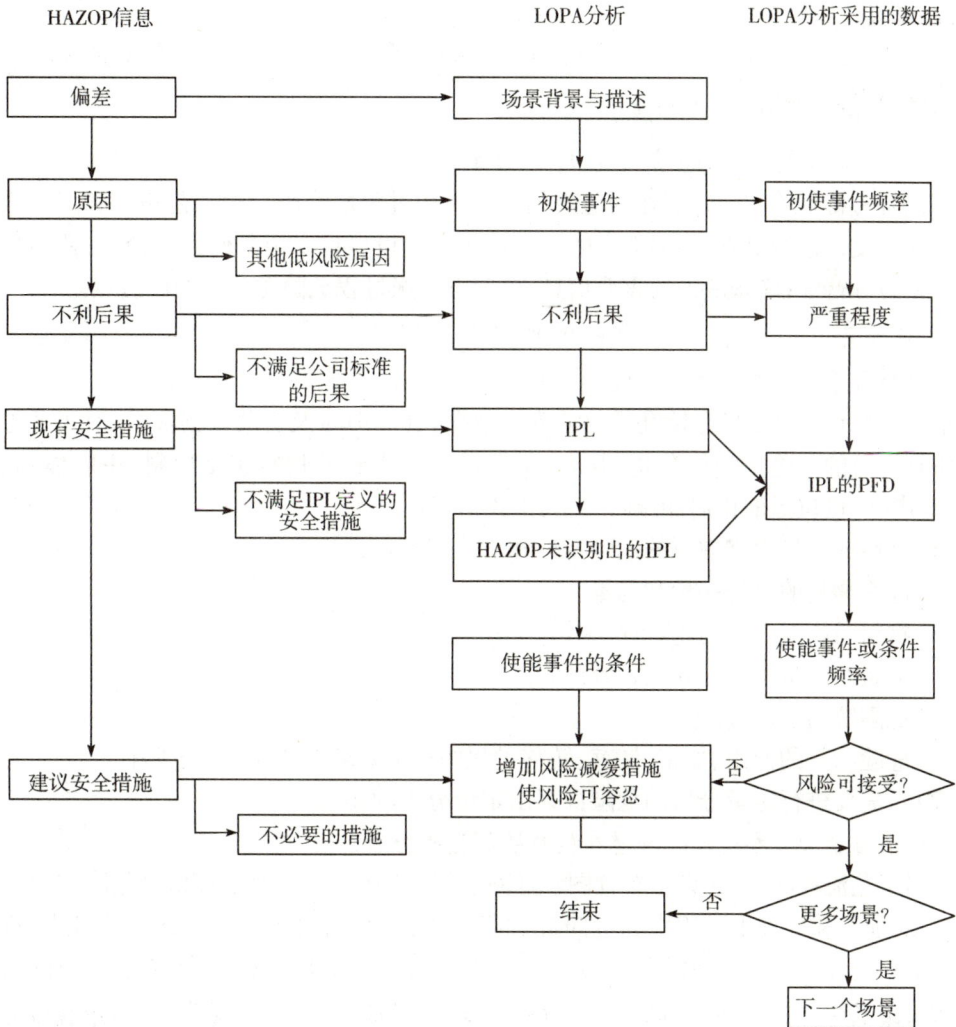

图 4-4　HAZOP 信息与 LOPA 信息的关系

四、过程危险源分析方法选择的因素

不同的过程危险源分析方法都有一定的适用范围和条件。对分析方法的选择,一般应考虑以下因素:

(1)化工建设项目的规模及复杂程度。

(2)已进行的项目初步危险性分析的结果。

(3)已进行的项目立项安全评价和环境影响评价的结果。

(4)新技术采用的深度。

(5)设计所处的阶段。

(6)法律法规的要求。

(7)合同或业主要求。

(8)合同相关方的要求。

(9)其他。

五、前期工作过程危险源分析

(一)前期工作过程危险源分析的目的

辨识需要特别关注的是潜在的危险化学物质和过程危险源。对工艺路线和工艺方案的本质安全设计进行审查;根据业主的要求对化工建设项目安全条件进行论证,评估项目厂址选择的可行性;确认缺失的重要信息,提示下一级过程危险源分析的注意点。

(二)前期工作过程危险源分析的重点

1. 对来自于过程中使用的危险化学物质进行分析

根据经过评审确认的危险化学物质安全数据表(MSDS)及有关数据资料,对工艺过程中的所有物料的危险性进行分析,其中,工艺过程中用到的物料包括原料、中间体、副产品、最终产品,也包括催化剂、溶剂、杂质、排放物等:

(1)定性或定量确定物料的危险特性和危险程度。

(2)危险物料的过程存量和总量。

(3)物料与物料之间的相容性。

(4)物料与设备材料之间的相容性。

(5)危险源的检测方法。

(6)危险物料的使用、加工、储存、转移过程的技术要求以及存在的危险性。

(7)对需要进行定量分析的危险源提出定量分析的要求。

2. 对来自于加工和处理过程潜在的危险源进行分析

依据工艺流程图、单元设备布置图、危险化学品基础安全数据以及物料危险源分析的结果等,对加工和处理中过程中的危险源进行分析:联系物料的加工和处理的过程,辨识设备发生火灾、爆炸、毒气泄漏等危险和危害的可能性及严重程度(定性和定量分析);辨识不同设备之间发生事故的相互影响;辨识各独立装置之间发生事故的相互影响;辨识一种类型的危险源与另一种类型危险源之间的相互影响;辨识装置与周边环境之间的相互影响。对建设项目的可行性进行分析。

3. 对建设项目的可行性进行分析

依据总平面布置方案图、周边设施区域图、建设项目内在危险源分析的结果及搜集、调查和整理建设项目的外部情况,对建设项目的可行性进行分析,并提出项目决策的建议。

（三）前期工作过程危险源分析的结果

前期工作过程危险源分析的结果取决于分析所确定的对象、目标和内容。前期工作过程危险源分析可能获取的结果包括下列全部或部分：

（1）物料危险有害性质的基础数据。

（2）装置各部分危险有害物料总量清单。

（3）对潜在危险源的辨识和评价。

（4）需要特别关注的危险源一览表。

（5）对影响其他装置和周边地区的重大危险源定量评价的建议。

（6）对项目决策的全面评估和建议。

（7）对本质安全对策措施及其他安全对策措施的建议。

（8）对厂址选择、总平面布置的建议。

（9）灾难应急计划的指导原则。

（10）缺失数据一览表。

六、基础工程设计过程危险源分析

（一）基础工程设计过程危险源分析的目的

通过对基础工程设计输出的系统审查，以确保所有潜在的不可接受的危险源得到充分的辨识和评价并采取了可靠的预防控制措施；识别和评价基础工程设计已经采取的安全设施设计的充分性、可靠性和合规性；审查前期工作过程危险源分析的执行结果，对未关闭的问题纳入本级审查；为《建设项目安全设施设计专篇》的编制提供依据。

（二）专业过程危险源分析

设计各相关专业应在前期工作过程危险源分析和《建设项目设立安全评价报告》的基础上，对照采用的法律法规、标准、规范和规定对本专业的基础工程设计进行过程危险源分析。专业过程危险源分析与各专业安全设计审查同时进行。

专业过程危险源分析的形式包括：设计者自查；专家审查；专业组选用相关规定中提供的一种或多种方法进行审查。

专业过程危险源分析包括以下内容：

（1）前期工作过程危险源分析对本专业提出的问题和建议是否已经回答并采取了措施，新措施安全性是否已经评价。

（2）基础工程设计系统危险源分析对本专业提出的问题和建议是否已经回答并采取了措施，新措施安全性是否已经评价。

（3）《建设项目设立安全评价报告》对本专业提出的问题和建议是否已经回答并采取了措施，新措施安全性是否已经评价。

（4）本专业特殊分析的要求。

（三）系统过程危险源分析

系统过程危险源分析是指采用 HAZOP 等分析方法，对选定的某个设计装置单元进行多专业的、系统的、详细的审查，对工厂各部分之间的影响进行评价并提出采取进一步措施的建议。系统过程危险源分析一般应由具有不同专业背景的人员组成的小组在组长的主持下进行。系统过程危险源分析应经过周密的策划，明确分析的目的、对象和范围；做好充分的信息和资料的准备;选择合适的分析方法;确定分析小组成员的构成;制定可行的执行计划。系统过程危险源分析的程序取决于采用的分析方法。

HAZOP方法是系统过程危险源分析使用较多的方法,一般包括以下步骤:

(1)将系统分成若干部分,如反应器、存储设备。

(2)选择一个研究的节点,如管线、容器、泵、操作说明。

(3)解释此节点的设计意图,选择某一过程参数。

(4)选择某一引导词应用于该过程参数以辨识出有意义的偏离。

(5)分析偏离的原因,分析与偏离相关的后果。

(6)辨识已经采取的防护措施。

(7)确定后果严重性等级,确定后果可能性等级,确定风险的等级。

(8)评估风险的可接受性。

(9)提出改进建议。

(10)对其他过程参数重复上述步骤。

HAZOP程序示意图如图4-5所示。

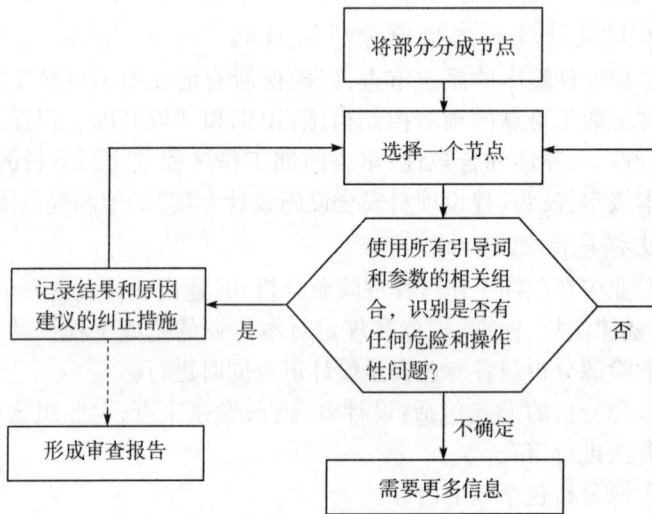

图4-5 HAZOP程序示意图

系统过程危险源分析应形成详细的审查记录和书面的审查报告并跟踪后续措施的落实情况。

系统过程危险源分析应注意以下问题:

(1)审查组应在HAZOP方法的引导下确保审查对象的全覆盖,使所有潜在的不可接受的危险源尽可能得到辨识。

(2)在分析时应注意危险源对全系统的影响及对其他单元的影响;有些装置从过程本身来看似乎没有直接的联系,但是从布置来看却相互毗邻。在分析时应高度关注它们之间的相互影响;在对每一部分进行分析时应考虑装置的操作方式,例如:正常操作;减量操作;正常开车;正常停车;紧急停车;试车;特殊操作方式。应注意对设计中已采用的安全设施,特别是相互关联的一次响应、二次响应及多次响应的设施的识别和评价。

七、详细工程设计过程危险源分析

(一)详细工程设计过程危险源分析的目的

详细工程设计过程危险源分析是在基础工程设计过程危险源分析的基础上进行补充分析,防止遗漏(包括厂商供货的接口)和设计变更带来的新风险。

(二)详细工程设计过程危险源分析的重点

详细工程设计过程危险源分析的重点包括以下内容:

(1)基础工程设计过程危险源分析对详细工程设计的建议。

(2)基础工程设计过程危险源分析的遗留问题。

(3)因设计方案调整、成套设备厂家文件的确定等各种原因而导致的设计变更。

(4)业主或相关监督管理机构要求对项目的某部分或全部实施的 HAZOP 分析。

专家解读 选择恰当的分析方法:根据改进措施的优先等级,评估控制方法的有效性,一般由定性到定量,由简单到复杂,如图 4-6 所示。

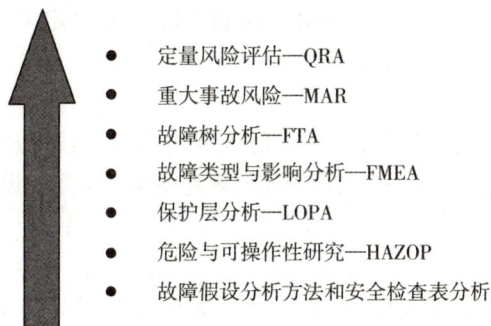

- 定量风险评估—QRA
- 重大事故风险—MAR
- 故障树分析—FTA
- 故障类型与影响分析—FMEA
- 保护层分析—LOPA
- 危险与可操作性研究—HAZOP
- 故障假设分析方法和安全检查表分析

图 4-6　分析方法优先级

第三节　建设项目安全设计

一、项目安全设计程序

项目安全设计程序可以依据各单位的实际情况与本单位的质量管理体系或职业健康、安全与环境管理体系的相关程序进行整合,也可以建立独立的管理程序。

项目安全设计程序一般应包含下列要素:项目安全设计基础资料的收集、评审和确认;项目安全设计应遵守的法规和其他要求;项目安全设计的方针和目标;项目安全设计的策划;过程危险源分析;项目安全对策措施设计;项目安全设计审查;项目安全设计确认;项目安全设计变更。

二、项目安全设计策划

设计单位应根据项目性质、规模、合同要求和设计阶段,事先对项目安全设计进行全面策划,并将策划结果纳入项目实施计划/项目开工报告或编制独立的项目安全设计计划。项目安全设计策划的主要内容包括:明确项目安全设计的方针、目标和要求;确定项目安全设计管理模式、组织机构和职责分工;明确项目安全设计的范围、依据、法律法规、标准规范和有关规定的要求;开展过程危险源分析和项目安全设计审查的时间、方法、内容和要求;制定项目安全设计计划。

三、项目安全设计审查

(一)项目安全设计审查的目的

对项目安全设计进行审查主要是为了达到以下目的:

(1)通过项目安全设计文件的审查,对不同阶段已完成的设计输出(包括设计方案、各版次阶段性文件、中间文件和最终成品等)的安全性提供证实。

(2)通过对过程危险源分析,对过程中潜在的危险源进行辨识和评价,找出设计的不足,为改进设计和提高本质安全设计水平提供依据。

(3)确保项目安全设计产品符合相关法律法规、标准及规定的要求。

(二)项目安全设计审查的形式

项目安全设计审查是一种多层次、多形式的审查,以保证安全设计的质量。设计单位应对下列形式的设计审查进行策划,根据项目的实际情况决定采用的形式和程度。主要的审查形式包括:

1. 设计者自查

设计者是安全设计第一责任者,应对责任范围内的设计输出进行自查,确保设计输出满足以下要求:符合相关法律法规、标准、规范、规定的要求;符合设计输入要求;符合安全评审结论。

2. 专业审查

对本专业的设计输出安排校审;对本专业重大的安全设计方案组织评审;对照《化工建设项目安全设计管理导则》(AQ/T 3033)附录 B 中与本专业相关的内容进行系统审查。

3. 多专业参加的会议评审

多专业参加的会议评审内容应包括:项目安全设计的方针、目标和安全设计计划;重要的安全设计方案;重要的与安全相关的设计文件,如工艺管道和仪表流程图(PID 图)、公用工程管道和仪表图(UID 图)、平面布置图、危险区域划分图、报警和联锁图等;重要的安全设计输出,如《建设项目安全设施设计专篇》;系统的过程危险源分析,如 HAZOP 审查等。

4. 参加必要的外部安全设计审查

(1)业主审查。设计单位应按合同规定参加由业主组织的安全设计输出确认审查并及时澄清审查过程中提出的问题。对采纳修改的意见应在风险再评价的基础上进行修改并由业主确认。

(2)相关监督管理机构审查。设计单位应参加由相关监督管理机构组织的《建设项目安全设施设计专篇》的审查并及时澄清审查过程中提出的问题。对采纳修改的意见应在风险再评价的基础上进行修改并交由业主确认后,报相关监督管理机构审查批复。

(3)预开车安全审查(PSSR)。设计单位可依照合同规定参与并协助由总承包单位或生产单位在装置开车前进行的预开车安全审查。预开车安全审查的内容主要包括:结构和装置完全符合设计规范要求;安全、操作、维护和紧急响应规程适当并且充分;在开车之前过程危险源分析已经完成,分析中提出的所有建议已经决策并于实施;所有变更已按照项目安全设计变更的要求进行实施。

(三)前期工作安全审查

1. 工艺设计文件审查

前期工程设计阶段是决定项目本质安全设计最重要的阶段。设计单位应对本阶段工艺包设计、概念设计所输出的设计文件进行安全设计审查,审查的重点有:是否按照本质安全设计的原则,采取消除、预防、减弱、隔离等方法,将工艺过程危险降到最低;是否设置了必要的安全联锁系统,以保证一旦发生意外事故时可及时终止危险反应的加剧和蔓延;根据工艺专利技术在其他工厂的应用情况和经验教训,所采用的工艺过程安全防护措施是否充分有效。

2. 项目厂址和总平面布置方案审查

项目厂址和工厂总平面布置审查的重点包括:建设项目内在的危险、有害因素和建设项目可能发生的各类事故,对建设项目周边单位生产、经营活动或者居民生活的影响;建设项目周边单位生产、经营活动或者居民生活对建设项目投入生产或者使用后的影响;建设项目所在地的自然条件对建设项目投入生产或者使用后的影响。

(四)基础工程设计安全审查

1. 重要设计文件的安全审查

(1)影响重大的设计文件审查。在基础工程设计阶段应对安全设计影响重大的设计文件进行安全审查。影响重要设计的主要文件包括:总平面布置图;装置设备布置图;危险区域划分图;工艺管道和仪表流程图(PID);公用工程管道和仪表流程图(UID);火炬和安全泄放系统设计;消防系统设计;抵抗偶然作用能力的结构设计;其他。

(2)《安全设施设计专篇》审查。《安全设施设计专篇》是基础工程设计阶段应提交业主和相关监督管理机构审查的重要设计文件,是设计单位对本项目安全设计的完整陈述和概括,是决定项目详细设计的重要依据。在提交业主之前应按照国家相关法律法规和合同规定的要求进行全面的审查。审查的主要内容包括:安全设施设计是否符合有关安全生产的法规、标准、规范、规定以及建设项目设立安全评价报告的要求;安全设施设计是否充分、可靠,符合安全对策措施的设计原则,确保从建设项目的源头将伤害和损坏的风险减小到合理的最低水平;对未采纳《建设项目设立安全评价报告》中的安全对策和建议是否进行了充分论证和说明;《安全设施设计专篇》的编制深度是否满足《危险化学品建设项目安全设施设计专篇编制导则》的要求。

2. HAZOP 审查

HAZOP 审查一般安排在基础工程设计阶段进行,具体项目是否采取 HAZOP 审查应依据合同要求在项目安全设计计划中加以规定。

HAZOP 审查的目的是采用系统的、结构化的审查方法,对已经采取的安全对策措施以及建设项目各部分之间的相互影响进行评价并记录审查过程中提出的所有问题。这些问题将提交给设计者进行进一步甄别和决策,并对设计进行补充和修改。

HAZOP 审查报告中包含有针对已辨识的安全和操作性问题提出的建议措施,设计单位应对已完成的措施进行复查并及时更新该报告。

3. 其他安全审查

设计单位可以考虑下列任一因素,采用其他定性或定量的安全和可靠性分析方法,对基础工程设计进行审查：业主或相关监督管理机构的要求；法律法规、条例、标准、规范的要求；前期工作过程危险源分析产生的要求；《建设项目设立安全评价》产生的要求；危险与可操作性研究（HAZOP）产生的要求；对提议的变更进行成本效益评价的要求等。

4. 对照《化工建设项目安全设计检查表》审查

对具有成熟设计经验的装置可以参照《化工建设项目安全设计管理导则》（AQ/T 3033）附录 B，并结合本公司的工程实践进行审查。

《化工建设项目安全设计管理导则》（AQ/T 3033）附录 B 根据国内外的工程经验对"工艺过程安全设计""作业场所、区域安全设计""防火安全设计""公用工程系统安全设计"提供了比较详细的审查提纲，总体来说可供各专业作为全方位的审查参考。

《化工建设项目安全设计管理导则》（AQ/T 3033）附录 B 是资料性附录，它不可能包括全部需要和必要的内容，也不是强制性要求，各设计单位应根据本单位的经验和项目的实际情况决定取舍和增添。

5. 安全仪表系统（SIS）审查

安全仪表系统审查的主要内容包括以下方面：

（1）重点识别受控装置（设备）对安全仪表系统目标安全完整性等级（SIL）的要求。评价安全仪表系统能否实现要求的安全功能以及自身能达到安全功能要求所需的安全完整性。

（2）审查整个装置的安全仪表系统与过程检测和控制系统是否进行了综合考虑和整体设计；审查仪表控制系统发生故障时（包括仪表动力源故障、仪表功能失效、仪表运行环境变化等）的危险状态，系统自动防止故障的能力以及设计采取的措施。

（3）SIS 审查同样是一项比较复杂的审查，一般应在审查前进行策划并列入项目安全设计计划。

（五）详细工程设计安全审查

1. 修改或新增部分的安全审查

由于基础工程设计阶段《安全设施设计专篇》已通过业主确认和相关监督管理机构的审查并获得了批准，如果详细设计对总平面布置、安全设计方案等进行重大变更时均应按原程序重新进行安全审查，必要时还需向原批准机构报批。

2. 操作手册审查

在进行详细工程设计的适当时候，应召开由多专业参加的评审会对合同中规定的由设计单位负责编写的操作原则进行评审。设计单位还有可能参加由开车经理或业主单位组织编写的操作手册的审查，以确保操作手册符合操作原则的要求，并对操作指令和安全防护措施进行了充分具体的说明。

3. HAZOP 审查

如果在基础设计阶段已进行过 HAZOP 审查，在详细设计阶段可重点审查发生变更的部分，或者是因设计方案调整、成套设备厂家文件的确定等各种原因而导致的设计变更。

对特定的项目，当详细设计全部完成以后，业主或相关监督管理机构可能要求对项目的某部分或全部实施 HAZOP 审查。

四、项目安全设计变更控制
（一）项目安全设计变更的主要内容

基础工程设计文件对《建设项目设立安全评价报告》及审批意见的变更；详细工程设

计对基础工程设计文件安全审批意见的变更;采购订货和施工安装对详细工程设计文件中安全设计的变更。

(二)项目安全设计变更管理程序

设计变更控制是确保化工建设项目安全性的重要措施。设计单位应建立项目安全设计变更管理程序,严格按程序进行变更管理。

变更管理程序可以与本单位质量管理体系设计变更管理程序合并实施,但应包含下列项目安全设计变更的具体要求:任何相关方的变更要求都应按程序提交书面变更申请;设计变更实施前应得到批准,任何未经批准的变更方案不得实施;对设计变更应进行评审、验证和确认,变更评审应包括过程危险源辨识和风险再评价,以及更改对已交付设计文件及其组成部分的影响。明确变更内容、责任人员和控制要求;受潜在变更影响的各单位、各专业、各相关人员(包括设计、施工、操作、维修和合同方人员等)能及时收到设计变更的通知和接受相关培训;与变更相关的各专业都应参与变更单的编制,及时提交和跟踪变更单;及时提交和填写文件更新申请单,以保证最终的文件均为变更后的有效文件;应建立"变更紧急放行控制程序",防止因紧急放行带来的风险。

(三)项目安全设计变更的实施

设计单位应保证全体项目设计人员都了解安全设计变更管理程序;设计单位应与包括建设单位、施工单位在内的各相关方建立安全设计变更沟通渠道,保证项目安全设计变更管理程序为各相关方所理解和接受;设计单位应确保来自任何相关方的设计变更要求都严格按变更管理程序执行;项目安全设计文件因验证和内部审查后更改,应按设计单位设计变更管理程序文件规定进行更改,确认后签署;建设单位、施工单位和其他协作、分包单位来往反馈意见的更改,应按程序提交变更申请单位的最终确认;采购、施工阶段安全设计更改,按设计单位设计变更程序文件规定执行;项目安全设计文件图纸经相关监督管理机构批复后,如有重大安全设计方案变更时,应重新上报原管理机构进行审查、批复和确认。

五、项目安全对策措施

(一)项目安全对策措施设计原则

1. 事故预防优先原则

按事故预防优先原则排序。

(1)采取本质安全设计的方法消除或削减危险,具体包括以下内容:

①削减。最大限度地减少危险物资的用量、储存量。

②替代。如果做不到削减,则选用危险性相对较小的物质及风险系数小的流程,尽可能减少安全措施的使用。

③缓解。通过温和反应条件将危险的状态减到最弱。

④简化。设计的设备应消除不必要的复杂性,使操作不容易出错,并且容许发生的错误。

(2)采取预防事故的设施,防止因装置失灵和操作失误导致事故的发生,具体设施如下:

①探测、报警设施。

②设备安全防护设施。

③防爆设施。

④作业场所防护设施。

⑤安全警示标志。

2.可靠性优先原则

按可靠性优先原则排序。

（1）采取被动性安全技术措施，不需启动任何主动动作的元件或功能来消除或降低风险。如防油防溢堤；防火防爆墙；较高压力等级的设备和管道。

（2）采取主动性安全技术措施，能够自动启动预防事故发生或减轻事故后果的功能。如安全仪表系统(SIS)；泄压装置。

（3）采取程序性管理措施，预防事故的发生。如标准操作程序；紧急响应程序；特殊培训程序；安全管理制度。

3.针对性、可操作性和经济合理性原则

（1）依据化工建设项目的特点和对风险评价的结论采取有针对性的安全对策措施。

（2）安全对策措施应当在经济、技术、时间上具有可行性和可操作性。

（3）当安全技术措施与经济效益发生矛盾时，要统筹兼顾、综合平衡，在优先考虑化工安全技术措施要求的同时，避免采取不必要的过高标准所造成的工程建设投资和操作运行费用增加。

（二）项目安全对策措施应严格执行相关法律法规、标准、规范、规定的要求

项目安全对策措施设计涉及大量技术和管理方面的法律法规、标准、规范、规定，设计各专业应严格识别和执行相关法律法规、标准、规范、规定的要求。

设计单位应建立并保持程序，以识别和获得适用法律法规、标准、规范、规定的要求；应及时更新有关法律法规、标准、规范、规定要求的信息，并将这些信息传达给所有设计人员和其他相关方。

（三）编制《建设项目安全设施设计专篇》

设计单位应按照要求，在基础工程设计阶段编制《建设项目安全设施设计专篇》，提供给相关监督管理机构进行审查。

第四节　危险化学品建设项目安全监督管理办法

一、总则

中华人民共和国境内新建、改建、扩建危险化学品生产、储存的建设项目以及伴有危险化学品产生的化工建设项目（包括危险化学品长输管道建设项目，以下统称建设项目），其安全管理及其监督管理，适用《危险化学品建设项目安全监督管理办法》(2015 年修订)。

危险化学品的勘探、开采及其辅助的储存，原油和天然气勘探、开采及其辅助的储存、海上输送，城镇燃气的输送及储存等建设项目，不适用《危险化学品建设项目安全监督管理办法》(2015 年修订)。

《危险化学品建设项目安全监督管理办法》(2015 年修订)所称建设项目安全审查，是指建设项目安全条件审查、安全设施的设计审查。建设项目的安全审查由建设单位申请，应急管理部门根据本办法分级负责实施。

建设项目安全设施竣工验收由建设单位负责依法组织实施。建设项目未经安全审查和安全设施竣工验收的,不得开工建设或者投入生产(使用)。

应急管理部指导、监督全国建设项目安全审查及建设项目安全设施竣工验收的实施工作,并负责实施下列建设项目的安全审查:

(1)国务院审批(核准、备案)的建设项目。

(2)跨省、自治区、直辖市的建设项目。

省、自治区、直辖市人民政府应急管理部门指导、监督本行政区域内建设项目安全审查和建设项目安全设施竣工验收的监督管理工作,确定并公布本部门和本行政区域内由设区的市级人民政府应急管理部门(以下简称"市级应急管理部门")实施的前款规定以外的建设项目范围,并报应急管理部备案。

建设项目有下列情形之一的,应当由省级应急管理部门负责安全审查:

(1)国务院投资主管部门审批(核准、备案)的。

(2)生产剧毒化学品的。

(3)省级人民政府应急管理部门确定的上述应由应急管理部负责实施安全审查的国务院审批(核准、备案)的建设项目和跨省、自治区、直辖市的建设项目以外的其他建设项目。

负责实施建设项目安全审查的应急管理部门依据工作需要,可以将其负责实施的建设项目安全审查工作,委托下一级应急管理部门实施。委托实施安全审查的,审查结果由委托的应急管理部门负责。跨省、自治区、直辖市的建设项目和生产剧毒化学品的建设项目,不得委托实施安全审查。

建设项目有下列情形之一的,不得委托县级及以上人民政府应急管理部门实施安全审查:

(1)涉及应急管理部公布的重点监管危险化工工艺的。

(2)涉及应急管理部公布的重点监管危险化学品中的有毒气体、液化气体、易燃液体、爆炸品,且构成重大危险源的。

接受委托的应急管理部门不得将其受托的建设项目安全审查工作再委托其他单位实施。

建设项目的设计、施工、监理单位和安全评价机构应当具备相应的资质,并对其工作成果负责。

涉及重点监管危险化工工艺、重点监管危险化学品或者危险化学品重大危险源的建设项目,应当由具有石油化工医药行业相应资质的设计单位设计。

二、建设项目安全条件审查

建设单位应在建设项目的可行性研究阶段,委托具备相应资质的安全评价机构对建设项目进行安全评价。安全评价机构应当根据有关安全生产法律、法规、规章和国家标准、行业标准,对建设项目进行安全评价,并出具建设项目安全评价报告。安全评价报告应当符合《危险化学品建设项目安全评价细则》的要求。

建设项目有下列情形之一的,应当由甲级安全评价机构进行安全评价:

(1)国务院及其投资主管部门审批(核准、备案)的。

(2)生产剧毒化学品的。

（3）跨省、自治区、直辖市的。

（4）法律、法规、规章另有规定的。

建设单位应当在建设项目开始初步设计前,向与《危险化学品建设项目安全监督管理办法》(2015 年修订)规定相应的应急管理部门申请建设项目安全条件审查,应当提交下列文件、资料,并对其真实性负责:

（1）建设项目安全条件审查申请书及文件。

（2）建设项目安全评价报告。

（3）建设项目批准、核准或者备案文件和规划相关文件(复制件)。

（4）工商行政管理部门(现已变更为市场监管部门)颁发的企业营业执照或者企业名称预先核准通知书(复制件)。

建设单位申请安全条件审查的文件、资料齐全,符合法定形式的,应急管理部门应当当场予以受理,并书面告知建设单位。建设单位申请安全条件审查的文件、资料不齐全或不符合法定形式的,应急管理部门应当自收到申请文件、资料之日起5 个工作日内一次性书面告知建设单位需补正的全部内容;逾期不告知的,收到申请文件、资料之日起即为受理。

对已经受理的建设项目安全条件审查申请,应急管理部门应当指派有关人员或者组织专家对申请文件、资料进行审查,并自需受理申请之日起45 日内向建设单位出具建设项目安全条件审查意见书。建设项目安全条件审查意见书的有效期为 2 年。

根据法定条件和程序,需要对申请文件、资料的实质内容进行核实的,应急管理部门应当指派两名以上工作人员对建设项目进行现场核查。建设单位整改现场核查发现的有关问题和修改申请文件、资料所需时间不计算在规定的期限内。

建设项目有下列情形之一的,安全条件审查不予通过:

（1）安全评价报告存在重大缺陷、漏项的,包括建设项目主要危险、有害因素辨识和评价不全或者不准确的。

（2）建设项目与周边场所、设施的距离或者拟建场址自然条件不符合有关安全生产法律、法规、规章和国家标准、行业标准的规定的。

（3）主要技术、工艺未确定,或者不符合有关安全生产法律、法规、规章和国家标准、行业标准的规定的。

（4）国内首次使用的化工工艺,未经省级人民政府有关部门组织的安全可靠性论证的。

（5）对安全设施设计提出的对策与建议不符合法律、法规、规章和国家标准、行业标准的规定的。

（6）未委托具备相应资质的安全评价机构进行安全评价的。

（7）隐瞒有关情况或者提供虚假文件、资料的。

建设项目未通过安全条件审查的,建设单位经过整改后可以重新申请建设项目安全条件审查。

已经通过安全条件审查的建设项目有下列情形之一的,建设单位应当重新进行安全评价,并申请审查:

（1）建设项目周边条件发生重大变化的。

（2）变更建设地址的。

（3）主要技术、工艺路线、产品方案或者装置规模发生重大变化的。

（4）建设项目在安全条件审查意见书有效期内未开工建设,期限届满后需要开工建设的。

三、建设项目安全设施设计审查

设计单位应当根据有关安全生产的法律、法规、规章和国家标准、行业标准以及建设项目安全条件审查意见书,按照《化工建设项目安全设计管理导则》（AQ/T 3033）,对建设项目安全设施进行设计,并编制建设项目安全设施设计专篇。建设项目安全设施设计专篇应当符合《危险化学品建设项目安全设施设计专篇编制导则》的要求。

建设单位应当在建设项目初步设计完成后、详细设计开始前,向出具建设项目安全条件审查意见书的应急管理部门申请建设项目安全设施设计审查,提交下列文件、资料,并对其真实性负责:

（1）建设项目安全设施设计审查申请书及文件。

（2）设计单位的设计资质证明文件（复制件）。

（3）建设项目安全设施设计专篇。

建设单位申请安全设施设计审查的文件、资料齐全,符合法定形式的,应急管理部门应当当场予以受理;未经安全条件审查或者审查未通过的,不予受理。受理或者不予受理的情况,应急管理部门应当书面告知建设单位。安全设施设计审查申请文件、资料不齐全或者不符合要求的,应急管理部门应当自收到申请文件、资料之日起 5 个工作日内一次性书面告知建设单位需要补正的全部内容;逾期不告知的,收到申请文件、资料之日起即为受理。

对已经受理的建设项目安全设施设计审查申请,应急管理部门应当指派有关人员或者组织专家对申请文件、资料进行审查,并在受理申请之日起 20 个工作日内作出同意或者不同意建设项目安全设施设计专篇的决定,向建设单位出具建设项目安全设施设计的审查意见书;20 个工作日内不能出具审查意见的,经本部门负责人批准,可以延长 10 个工作日,并应当将延长的期限和理由告知建设单位。

根据法定条件和程序,需要对申请文件、资料的实质内容进行核实的,应急管理部门应当指派 2 名以上工作人员进行现场核查。建设单位整改现场核查发现的有关问题和修改申请文件、资料所需时间不计算在规定的期限内。

建设项目安全设施设计有下列情形之一的,审查不予通过:

（1）设计单位资质不符合相关规定的。

（2）未按照有关安全生产的法律、法规、规章和国家标准、行业标准的规定进行设计的。

（3）对未采纳的建设项目安全评价报告中的安全对策和建议,未作充分论证说明的。

（4）隐瞒有关情况或者提供虚假文件、资料的。

建设项目安全设施设计审查未通过的,建设单位经过整改后可以重新申请建设项目安全设施设计的审查。

已经审查通过的建设项目安全设施设计有下列情形之一的,建设单位应当向原审查部门申请建设项目安全设施变更设计的审查:

（1）改变安全设施设计且可能降低安全性能的。

（2）在施工期间重新设计的。

四、建设项目试生产（使用）

建设项目安全设施施工完成后，建设单位应当按照有关安全生产法律、法规、规章和国家标准、行业标准的规定，对建设项目安全设施进行检验、检测，保证建设项目安全设施满足危险化学品生产、储存的安全要求，并处于正常适用状态。

建设单位应当组织建设项目的设计、施工、监理等有关单位和专家，研究提出建设项目试生产（使用）[以下简称"试生产（使用）"]可能出现的安全问题及对策，并按照有关安全生产法律、法规、规章和国家标准、行业标准的规定，制定周密的试生产（使用）方案。试生产（使用）方案应当包括下列有关安全生产的内容：

（1）建设项目设备及管道试压、吹扫、气密、单机试车、仪表调校、联动试车等生产准备的完成情况。

（2）投料试车方案。

（3）试生产（使用）过程中可能出现的安全问题、对策及应急预案。

（4）建设项目周边环境与建设项目安全试生产（使用）相互影响的确认情况。

（5）危险化学品重大危险源监控措施的落实情况。

（6）人力资源配置情况。

（7）试生产（使用）起止日期。

建设项目试生产期限应当不少于 30 日，不超过 1 年。

建设单位在采取有效安全生产措施后，方可将建设项目安全设施与生产、储存、使用的主体装置、设施同时进行试生产（使用）。试生产（使用）前，建设单位应当组织专家对试生产（使用）方案进行审查。试生产（使用）时，建设单位应当组织专家对试生产（使用）条件进行确认，对试生产（使用）过程进行技术指导。

五、建设项目安全设施竣工验收

建设项目安全设施施工完成后，施工单位应当编制建设项目安全设施施工情况报告。建设项目安全设施施工情况报告应当包括下列内容：

（1）施工单位的基本情况，包括施工单位以往所承担的建设项目施工情况。

（2）施工单位的资质情况，提供相关资质证明材料复印件。

（3）施工依据和执行的有关法律、法规、规章和国家标准、行业标准。

（4）施工质量控制情况。

（5）施工变更情况，包括建设项目在施工和试生产期间有关安全生产的设施改动情况。

建设项目试生产期间，建设单位应当按照规定委托有相应资质的安全评价机构对建设项目及其安全设施试生产（使用）情况进行安全验收评价，且不得委托给在可行性研究阶段进行安全评价的同一安全评价机构。

安全评价机构应根据有关安全生产的法律、法规、规章和国家标准、行业标准进行评价。建设项目安全验收评价报告应当符合《危险化学品建设项目安全评价细则》的要求。

建设项目投入生产和使用前，建设单位应当组织人员进行安全设施竣工验收，作出建设项目安全设施竣工验收是否通过的结论。参加验收人员的专业能力应当涵盖建设项目涉及的所有专业内容。

建设单位应当向参加验收人员提供下列文件、资料,并组织进行现场检查:

(1)建设项目安全设施施工、监理情况报告。

(2)建设项目安全验收评价报告。

(3)试生产(使用)期间是否发生事故、采取的防范措施以及整改情况报告。

(4)建设项目施工、监理单位资质证书(复制件)。

(5)主要负责人、安全生产管理人员、注册安全工程师资格证书(复制件),以及特种作业人员名单。

(6)从业人员安全教育、培训合格的证明材料。

(7)劳动防护用品配备情况说明。

(8)安全生产责任制文件,安全生产规章制度清单、岗位操作安全规程清单。

(9)设置安全生产管理机构和配备专职安全生产管理人员的文件(复制件)。

(10)为从业人员缴纳工伤保险费的证明材料(复制件)。

建设项目安全设施有下列情形之一的,建设项目安全设施竣工验收不予通过:

(1)未委托具备相应资质的施工单位施工的。

(2)未按照已经通过审查的建设项目安全设施设计施工或者施工质量未达到建设项目安全设施设计文件要求的。

(3)建设项目安全设施的施工不符合国家标准、行业标准的规定的。

(4)建设项目安全设施竣工后未按规定进行检验、检测,或者经检验、检测不合格的。

(5)未委托具备相应资质的安全评价机构进行安全验收评价的。

(6)安全设施和安全生产条件不符合或者未达到有关安全生产法律、法规、规章和国家标准、行业标准的规定的。

(7)安全验收评价报告存在重大缺陷、漏项,包括建设项目主要危险、有害因素辨识和评价不正确的。

(8)隐瞒有关情况或者提供虚假文件、资料的。

(9)未按规定向参加验收人员提供文件、材料,并组织现场检查的。

建设项目安全设施竣工验收未通过的,建设单位经过整改后可以再次组织建设项目安全设施竣工验收。

建设单位组织安全设施竣工验收合格后,应将验收过程中涉及的文件、资料存档,并按照有关法律法规及其配套规章的规定,申请有关危险化学品的其他安全许可。

六、监督管理

建设项目在通过安全条件审查之后、安全设施竣工验收之前,建设单位发生变更的,变更后的建设单位应当及时将证明材料和有关情况报送负责建设项目安全审查的应急管理部门。

有下列情形之一的,负责审查的应急管理部门或者其上级应急管理部门可以撤销建设项目的安全审查:

(1)滥用职权、玩忽职守的。

（2）超越法定职权的。

（3）违反法定程序的。

（4）申请人不具备申请资格或者不符合法定条件的。

（5）依法可以撤销的其他情形。

建设单位以欺骗、贿赂等不正当手段通过安全审查的,应当予以撤销。

应急管理部门应当建立健全建设项目安全审查档案及其管理制度,并及时将建设项目的安全审查情况通报有关部门。

各级人民政府应急管理部门应当按照各自职责,依法对建设项目安全审查情况进行监督检查,对检查中发现的违反本办法的情况,应当依法作出处理,并通报实施安全审查的应急管理部门。

市级人民政府应急管理部门应当在每年1月31日前,将本行政区域内上一年度建设项目安全审查的实施情况报告省级人民政府应急管理部门。省级人民政府应急管理部门应当在每年2月15日前,将本行政区域内上一年度建设项目安全审查的实施情况报告应急管理部。

七、法律责任

应急管理部门工作人员徇私舞弊、滥用职权、玩忽职守,未依法履行危险化学品建设项目安全审查和监督管理职责的,依法给予处分。

未经安全条件审查或者安全条件审查未通过,新建、改建、扩建生产、储存危险化学品的建设项目的,责令停止建设,限期改正;逾期不改正的,处50万元以上100万元以下的罚款;构成犯罪的,依法追究刑事责任。

建设项目发生相关规定的变化后,未重新申请安全条件审查,以及审查未通过擅自建设的,依照相关规定予以处罚。

建设单位有下列行为之一的,按照《中华人民共和国安全生产法》有关建设项目安全设施设计审查、竣工验收的法律责任条款给予处罚:

（1）建设项目安全设施设计未经审查或者审查未通过,擅自建设的。

（2）建设项目安全设施设计发生相关规定的情形之一,未经变更设计审查或者变更设计审查未通过,擅自建设的。

（3）建设项目的施工单位未根据批准的安全设施设计施工的。

（4）建设项目安全设施未经竣工验收或者验收不合格,擅自投入生产（使用）的。

建设单位有下列行为之一的,责令改正,可以处1万元以下的罚款;逾期未改正的,处1万元以上3万元以下的罚款:

（1）建设项目安全设施竣工后未进行检验、检测的。

（2）在申请建设项目安全审查时提供虚假文件、资料的。

（3）未组织有关单位和专家研究提出试生产（使用）可能出现的安全问题及对策,或者未制定周密的试生产（使用）方案,进行试生产（使用）的。

（4）未组织有关专家对试生产（使用）方案进行审查、对试生产（使用）条件进行检查确认的。

建设单位隐瞒有关情况或者提供虚假材料申请建设项目安全审查的,不予受理或者审查不予通过,并给予警告,且自应急管理部门发现之日起 1 年内不得再次申请该审查。

建设单位采用欺骗、贿赂等不正当手段取得建设项目安全审查的,自应急管理部门撤销建设项目安全审查之日起 3 年内不得再次申请该审查。

承担安全评价、检验、检测工作的机构出具虚假报告、证明的,按照《中华人民共和国安全生产法》的有关规定给予处罚。

八、附则

对于规模较小、危险程度较低和工艺路线简单的建设项目,应急管理部门可以适当简化建设项目安全审查的程序和内容。

建设项目分期建设的,可以分期进行安全条件审查、安全设施设计审查、试生产及安全设施竣工验收。

有下列情形之一的项目,为新建项目:

(1)新设立的企业建设危险化学品生产、储存装置(设施),或者现有企业建设与现有生产、储存活动不同的危险化学品生产、储存装置(设施)的。

(2)新设立的企业建设伴有危险化学品产生的化学品生产装置(设施),或者现有企业建设与现有生产活动不同的伴有危险化学品产生的化学品生产装置(设施)的。

有下列情形之一的项目,为改建项目:

(1)企业对在役危险化学品生产、储存装置(设施),在原址更新技术、工艺、主要装置(设施)、危险化学品种类的。

(2)企业对在役伴有危险化学品产生的化学品生产装置(设施),在原址更新技术、工艺、主要装置(设施)的。

有下列情形之一的项目,为扩建项目:

(1)企业建设与现有技术、工艺、主要装置(设施)、危险化学品品种相同,但生产、储存装置(设施)相对独立的。

(2)企业建设与现有技术、工艺、主要装置(设施)相同,但生产装置(设施)相对独立的伴有危险化学品产生的。

实施建设项目安全审查所需的有关文书的内容和格式,由应急管理部另行规定。

省级人民政府应急管理部门可以根据《危险化学品建设项目安全监督管理办法》(2015 年修订)的规定,制定和公布本行政区域内需要简化安全条件审查和分期安全条件审查的建设项目范围及其审查内容,并报应急管理部备案。

《危险化学品建设项目安全监督管理办法》(2015 年修订)施行后,负责实施建设项目安全审查的应急管理部门发生变化的(已通过安全设施竣工验收的建设项目除外),原应急管理部门应当将建设项目安全审查实施情况及档案移交给根据《危险化学品建设项目安全监督管理办法》(2015 年修订)负责实施建设项目安全审查的应急管理部门。

第五章 化学品包装、储存、装卸、运输的安全技术要求

危险化学品储运涉及主要文件有《常用化学危险品贮存通则》(GB 15603)、《危险化学品安全管理条例》(2013年修订)、《电镀化学品运输、储存、使用安全规程》(AQ 3019)、《危险化学品经营企业安全技术基础要求》(GB 18265—2019)、《危险化学品汽车运输安全监控车载终端》(AQ 3004)、《危险化学品输送管道安全管理规定》(2015年修订)、《易燃易爆性商品储存养护技术条件》(GB 17914)、《腐蚀性商品储存养护技术条件》(GB 17915)、《毒害性商品储存养护技术条件》(GB 17916)等。

第一节 危险化学品储运安全综述

一、危险化学品储存方式

危险化学品储存方式分为隔离储存、隔开储存、分离储存等。

隔离储存是指在同一房间或同一区域内,不同的物料之间分开一定的距离,非禁忌物料间用通道保持空间隔离的储存方式。

隔开储存是指在同一建筑或同一区域内,用隔板或墙,将其与禁忌物料分离开的储存方式。

分离储存是指在不同的建筑物或远离所有建筑的外部区域内的储存方式。

二、危险化学品储存与包装的基本要求

危险化学品必须储存在经公安部门批准设置的专门的危险化学品仓库中,经销部门自管仓库储存危险化学品及储存数量必须经公安部门批准。未经批准不得随意设置危险化学品储存仓库。

危险化学品露天堆放,应符合防火、防爆的安全要求,爆炸物品、一级易燃物品、遇湿燃烧物品、剧毒物品不得露天堆放。

储存危险化学品的仓库必须配备有专业知识的技术人员,其库房及场所应设专人管理,管理人员必须配备可靠的个人安全防护用品。

危险化学品按《化学品分类和危险性公示 通则》(GB 13690)的规定分为:爆炸品;压缩气体和液化气体;易燃液体;易燃固体、自燃物品和遇湿易燃物品;氧化剂和有机过氧化物;毒害品;放射性物品;腐蚀品。

储存的危险化学品应有明显的标志,标志应符合《化学品分类和危险性公示 通则》(GB 13690)的规定。同一区域储存两种或两种以上不同级别的危险品时,应按最高等级危险物品的性能标志。

根据危险品性能分区、分类、分库储存。各类危险品不得与禁忌物料混合储存。

储存危险化学品的建筑物、区域内严禁吸烟和使用明火。

专家解读　危险化学品储存发生火灾的主要原因有：着火源控制不严；性质相互抵触的物品混存；产品变质；养护管理不善；包装损坏或不符合要求；违反操作规程；建筑物不符合存放要求；雷击；着火扑救不当。

生产、储存危险化学品的单位，应当对其铺设的危险化学品管道设置明显标志，并对危险化学品管道定期检查、检测。进行可能危及危险化学品管道安全的施工作业，施工单位应当在开工的 7 日前书面通知管道所属单位，并与管道所属单位共同制定应急预案，采取相应的安全防护措施。管道所属单位应当指派专门人员到现场进行管道安全保护指导。

专家解读　详见《危险化学品输送管道安全管理规定》(2015 年修订)。

危险化学品生产企业应当提供与其生产的危险化学品相符的化学品安全技术说明书，并在危险化学品包装(包括外包装件)上粘贴或者拴挂与包装内危险化学品相符的化学品安全标签。化学品安全技术说明书和化学品安全标签所载明的内容应当符合国家标准的要求。危险化学品生产企业发现其生产的危险化学品有新的危险特性的，应当立即公告，并及时修订其化学品安全技术说明书和化学品安全标签。

危险化学品的包装应当符合法律、行政法规、规章的规定以及国家标准、行业标准的要求。危险化学品包装物、容器的材质以及危险化学品包装的型式、规格、方法和单件质量(重量)，应当与所包装的危险化学品的性质和用途相适应。

生产列入国家实行生产许可证制度的工业产品目录的危险化学品包装物、容器的企业，应当依照《工业产品生产许可证管理条例》的规定，取得工业产品生产许可证；其生产的危险化学品包装物、容器经国务院质量监督检验检疫部门认定的检验机构检验合格，方可出厂销售。

对重复使用的危险化学品包装物、容器，使用单位在重复使用前应当进行检查；发现存在安全隐患的，应当维修或者更换。使用单位应当对检查情况作出记录，记录的保存期限不得少于 2 年。

生产、储存危险化学品的单位，应当根据其生产、储存的危险化学品的种类和危险特性，在作业场所设置相应的监测、监控、通风、防晒、调温、防火、灭火、防爆、泄压、防毒、中和、防潮、防雷、防静电、防腐、防泄漏以及防护围堤或者隔离操作等安全设施、设备，并按照国家标准、行业标准或者国家有关规定对安全设施、设备进行经常性维护、保养，保证安全设施、设备的正常使用。生产、储存危险化学品的单位，应当在其作业场所和安全设施、设备上设置明显的安全警示标志。

生产、储存危险化学品的企业，应当委托具备国家规定的资质条件的机构，对本企业的安全生产条件每 3 年进行一次安全评价，提出安全评价报告。安全评价报告的内容应当包括对安全生产条件存在的问题进行整改的方案。生产、储存危险化学品的企业，应当将安全评价报告以及整改方案的落实情况报所在地县级以上(含)人民政府应急管理部门备案。在港区内储存危险化学品的企业，应当将安全评价报告以及整改方案的落实情况报港口行政管理部门备案。

三、危险化学品储存场所的要求

危险化学品专用仓库应当符合国家标准、行业标准的要求,并设置明显的标志。储存剧毒化学品、易制爆危险化学品的专用仓库,应当按照国家有关规定设置相应的技术防范设施。储存危险化学品的单位应当对其危险化学品专用仓库的安全设施、设备定期进行检测、检验。

储存危险化学品的建筑物不得有地下室或其他地下建筑,其耐火等级、层数、占地面积、安全疏散和防火间距,应符合国家有关规定。

储存地点及建筑结构的设置,除了应符合国家的有关规定外,还应考虑对周围环境和居民的影响。

储存场所的电气安装有以下要求:

(1)危险化学品储存建筑物、场所消防用电设备应能充分满足消防用电的需要;并符合《建筑设计防火规范(2018年版)》(GB 50016)的有关规定。

(2)危险化学品储存区域或建筑物内输配电线路、灯具、火灾事故照明和疏散指示标志,都应符合安全要求。

(3)储存易燃、易爆危险化学品的建筑,必须安装避雷设备。

储存场所通风或温度调节的要求:

(1)储存危险化学品的建筑必须安装通风设备,并注意设备的防护措施。

(2)储存危险化学品的建筑通排风系统应设有导除静电的接地装置。

(3)通风管应采用非燃烧材料制作。

(4)通风管道不宜穿过防火墙等防火分隔物,如必须穿过时应用非燃烧材料分隔。

(5)储存危险化学品建筑采暖的热媒温度不应过高,热水采暖不应超过80 ℃,不得使用蒸汽采暖和机械采暖。

(6)采暖管道和设备的保温材料,必须采用非燃烧材料。

四、危险化学品储存安排及储存量限制

储存数量构成重大危险源的危险化学品储存设施的选址,应当避开地震活动断层和容易发生洪灾、地质灾害的区域。

危险化学品储存安排取决于危险化学品分类、分项、容器类型、储存方式和消防的要求。

储存量及储存安排如表5-1所示。

表5-1 储存量与储存安排对应表

储存要求＼储存类别	露天储存	隔离储存	隔开储存	分离储存
平均单位面积储存量/(t/m²)	1.0~1.5	0.5	0.7	0.7
单一储存区最大储量/t	2 000~2 400	200~300	200~300	400~600
垛距限制/m	2	0.3~0.5	0.3~0.5	0.3~0.5

（续表）

储存类别 储存要求	露天储存	隔离储存	隔开储存	分离储存
通道宽度/m	4~6	1~2	1~2	5
墙距宽度/m	2	0.3~0.5	0.3~0.5	0.3~0.5
与禁忌品距离/m	10	不得同库储存	不得同库储存	7~10

遇火、遇热、遇潮能引起燃烧、爆炸或发生化学反应，产生有毒气体的化学危险品不得在露天或在潮湿、积水的建筑物中储存。

受日光照射能发生化学反应引起燃烧、爆炸、分解、化合，或能产生有毒气体的化学危险品应储存在一级建筑物中，其包装应采取避光措施。

爆炸物品不准和其他类物品同储，必须单独隔离且限量储存，仓库不准建在城镇，还应与周围建筑、交通干道、输电线路保持一定安全距离。

压缩气体和液化气体必须与爆炸物品、氧化剂、易燃物品、自燃物品、腐蚀性物品隔离储存。易燃气体不得与助燃气体、剧毒气体同储；氧气不得与油脂混合储存，盛装液化气体的容器属压力容器的，必须有压力表、安全阀、紧急切断装置，并定期检查，不得超装。

易燃液体、遇湿易燃物品、易燃固体不得与氧化剂混合储存，还原性氧化剂应单独存放。

有毒物品应储存在阴凉、通风、干燥的场所，不要露天存放，不要接近酸类物质。

腐蚀性物品，包装必须严密，不允许泄漏，严禁与液化气体和其他物品共存。

常见危险化学品的储存原则如表5-2所示。

表5-2　常见危险化学品的储存原则

组别	物质名称	储存原则	附注
一	爆炸性物质，如叠氮铅、雷汞、三硝基甲苯、硝铵炸药等	不准和其他类物品同储，必须单独储存	—
二	易燃和可燃液体，如汽油、苯、丙酮、乙醇、乙醚、松节油等	避热储存，不准与氧化剂及有氧化性的酸类混合储存	—
三	压缩气体和液化气体；易燃气体，如氢气、甲烷、乙烯、乙炔、一氧化碳等	除不燃气体外，不准和其他类物品同储	—
	不燃气体，如氮气、二氧化碳、氩气、氖气等	除助燃气体、氧化剂外，不准和其他类物品同储	—
	有毒气体，如氯气、二氧化硫、氨气、氰化氢等	除不燃气体外，不准和其他类物品同储	经常检查是否有漏气情况

（续表）

组别	物质名称	储存原则	附注
四	遇水或空气能自燃物品,如钾、钠、黄磷、锌粉、铝粉、碳化钙等	不准和其他类物品同储	钾、钠须浸入煤油或石蜡中储存,黄磷浸入水中储存
五	易燃固体,如红磷、萘、硫磺、三硝基苯等	不准和其他类物品同储	—
六	氧化剂;能形成爆炸混合物的氧化剂,如氯酸钾、硝酸钾、次氯酸钙、过氧化钠等;能引起燃烧的氧化剂,如溴、硝酸、硫酸、高锰酸钾等	除惰性气体外,不准和其他类物品同储	各种氧化剂亦不可任意混合储存
七	有毒物品,如氰化钾、三氧化二砷、氯化汞等	不准和其他类物品同储,储存在阴凉、通风、干燥的场所,不要露天存放,不要接近酸类物质	—
八	腐蚀性物品,如硝酸、硫酸、氢氧化钠、硫化钠、苯酚钠等	严禁与液化气体和其他类物品同储,包装必须严密,不允许泄漏	

五、危险化学品的养护

危险化学品入库时,应严格检验物品质量、数量、包装情况、有无泄漏。

危险化学品入库后应采取适当的养护措施。在储存期内,定期检查,发现其品质变化、包装破损、渗漏、稳定剂短缺等,应及时处理。

库房温度、湿度应严格控制、经常检查,发现变化及时调整。

六、危险化学品出入库管理

储存化学危险品的单位应当建立危险化学品出入库核查、登记制度。对剧毒化学品以及储存数量构成重大危险源的其他危险化学品,储存单位应当将其储存数量、储存地点以及管理人员的情况,报所在地县级人民政府应急管理部门(在港区内储存的,报港口行政管理部门)和公安机关备案。

储存危险化学品的仓库,必须建立严格的出入库管理制度。危险化学品出入库前均应按合同进行检查验收、登记,验收内容包括:数量;包装;危险标志。经核对后方可入库、出库,当物品性质未弄清时不得入库。

进入危险化学品储存区域的人员、机动车辆和作业车辆,必须采取防火措施。

装卸、搬运危险化学品时应按有关规定进行,做到轻装、轻卸。严禁摔、碰、撞、击、拖拉、倾倒和滚动。

装卸对人身有毒害及腐蚀性的物品时,操作人员应根据危险性,穿戴相应的防护用品。

不得用同一车辆运输互为禁忌的物料。

修补、换装、清扫、装卸易燃、易爆物料时,应使用不产生火花的铜制、合金制或其他工具。

七、危险化学品道路运输

运输危险化学品的船舶及其配载的容器,应当按照国家船舶检验规范进行生产,并经海事管理机构认定的船舶检验机构检验合格,方可投入使用。

从事危险化学品道路运输、水路运输的,应当分别依照有关道路运输、水路运输的法律、行政法规的规定,取得危险货物道路运输许可、危险货物水路运输许可,并向市场监督管理部门办理登记手续。危险化学品道路运输企业、水路运输企业应当配备专职安全管理人员。

危险化学品道路运输企业、水路运输企业的驾驶人员、船员、装卸管理人员、押运人员、申报人员、集装箱装箱现场检查员应当经交通运输主管部门考核合格,取得从业资格。具体办法由国务院交通运输主管部门制定。

危险化学品的装卸作业应当遵守安全作业标准、规程和制度,并在装卸管理人员的现场指挥或者监控下进行。水路运输危险化学品的集装箱装箱作业应当在集装箱装箱现场检查员的指挥或者监控下进行,并符合积载、隔离的规范和要求;装箱作业完毕后,集装箱装箱现场检查员应当签署装箱证明书。

运输危险化学品,应当根据危险化学品的危险特性采取相应的安全防护措施,并配备必要的防护用品和应急救援器材。用于运输危险化学品的槽罐以及其他容器应当封口严密,能够防止危险化学品在运输过程中因温度、湿度或者压力的变化发生渗漏、洒漏;槽罐以及其他容器的溢流和泄压装置应当设置准确、起闭灵活。运输危险化学品的驾驶人员、船员、装卸管理人员、押运人员、申报人员、集装箱装箱现场检查员,应当了解所运输的危险化学品的危险特性及其包装物、容器的使用要求和出现危险情况时的应急处置方法。

通过道路运输危险化学品的,托运人应当委托依法取得危险货物道路运输许可的企业承运。

通过道路运输危险化学品的,应当按照运输车辆的核定载质量装载危险化学品,不得超载。危险化学品运输车辆应当符合国家标准要求的安全技术条件,并按照国家有关规定定期进行安全技术检验。危险化学品运输车辆应当悬挂或者喷涂符合国家标准要求的警示标志。

通过道路运输危险化学品的,应当配备押运人员,并保证所运输的危险化学品处于押运人员的监控之下。运输危险化学品途中因住宿或者发生影响正常运输的情况,需要较长时间停车的,驾驶人员、押运人员应当采取相应的安全防范措施;运输剧毒化学品或者易制爆危险化学品的,还应当向当地公安机关报告。

未经公安机关批准,运输危险化学品的车辆不得进入危险化学品运输车辆限制通行的区域。危险化学品运输车辆限制通行的区域由县级人民政府公安机关划定,并设置明显的标志。

通过道路运输剧毒化学品的,托运人应当向运输始发地或者目的地县级人民政府公安机关申请剧毒化学品道路运输通行证。申请剧毒化学品道路运输通行证时,托运人应当向县级人民政府公安机关提交下列材料：

（1）拟运输的剧毒化学品品种、数量的说明。

（2）运输始发地、目的地、运输时间和运输路线的说明。

（3）承运人取得危险货物道路运输许可、运输车辆取得营运证以及驾驶人员、押运人员取得上岗资格的证明文件。

（4）《危险化学品安全管理条例》（2013年修订）第三十八条第一款、第二款规定的购买剧毒化学品的相关许可证件，或者海关出具的进出口证明文件。

县级人民政府公安机关应当自收到上述规定的材料之日起7日内，作出批准或者不予批准的决定。予以批准的，颁发剧毒化学品道路运输通行证；不予批准的，书面通知申请人并说明理由。剧毒化学品道路运输通行证管理办法由国务院公安部门制定。

剧毒化学品、易制爆危险化学品在道路运输途中丢失、被盗、被抢或者出现流散、泄漏等情况的，驾驶人员、押运人员应当立即采取相应的警示措施和安全措施，并向当地公安机关报告。公安机关接到报告后，应当根据实际情况立即向应急管理部门、生态环境主管部门、卫生主管部门通报。有关部门应当采取必要的应急处置措施。

通过水路运输危险化学品的，应当遵守法律、行政法规以及国务院交通运输主管部门关于危险货物水路运输安全的规定。

海事管理机构应当根据危险化学品的种类和危险特性，确定船舶运输危险化学品的相关安全运输条件。拟交付船舶运输的化学品的相关安全运输条件不明确的，应当经国家海事管理机构认定的机构进行评估，明确相关安全运输条件并经海事管理机构确认后，方可交付船舶运输。

禁止通过内河封闭水域运输剧毒化学品以及国家规定禁止通过内河运输的其他危险化学品。上述以外的内河水域，禁止运输国家规定禁止通过内河运输的剧毒化学品以及其他危险化学品。禁止通过内河运输的剧毒化学品以及其他危险化学品的范围，由国务院交通运输主管部门会同国务院生态环境主管部门、工业和信息化主管部门、应急管理部门，根据危险化学品的危险特性、危险化学品对人体和水环境的危害程度以及消除危害后果的难易程度等因素予以规定并公布。

国务院交通运输主管部门应当根据危险化学品的危险特性，对通过内河运输《危险化学品安全管理条例》（2013年修订）第五十四条规定以外的危险化学品（以下简称通过内河运输危险化学品）实行分类管理，对各类危险化学品的运输方式、包装规范和安全防护措施等分别作出规定并监督实施。

通过内河运输危险化学品，应当由依法取得危险货物水路运输许可的水路运输企业承运，其他单位和个人不得承运。托运人应当委托依法取得危险货物水路运输许可的水路运输企业承运，不得委托其他单位和个人承运。

通过内河运输危险化学品，应当使用依法取得危险货物适装证书的运输船舶。水路运输企业应当针对所运输的危险化学品的危险特性，制定运输船舶危险化学品事故应急救援预案，并为运输船舶配备充足、有效的应急救援器材和设备。通过内河运输危险化学品的船舶，其所有人或者经营人应当取得船舶污染损害责任保险证书或者财务担保证明。船舶污染损害责任保险证书或者财务担保证明的副本应当随船携带。

通过内河运输危险化学品,危险化学品包装物的材质、型式、强度以及包装方法应当符合水路运输危险化学品包装规范的要求。国务院交通运输主管部门对单船运输的危险化学品数量有限制性规定的,承运人应当按照规定安排运输数量。

用于危险化学品运输作业的内河码头、泊位应当符合国家有关安全规范,与饮用水取水口保持国家规定的距离。有关管理单位应当制定码头、泊位危险化学品事故应急预案,并为码头、泊位配备充足、有效的应急救援器材和设备。用于危险化学品运输作业的内河码头、泊位,经交通运输主管部门按照国家有关规定验收合格后方可投入使用。

船舶载运危险化学品进出内河港口,应当将危险化学品的名称、危险特性、包装以及进出港时间等事项,事先报告海事管理机构。海事管理机构接到报告后,应当在国务院交通运输主管部门规定的时间内作出是否同意的决定,通知报告人,同时通报港口行政管理部门。定船舶、定航线、定货种的船舶可以定期报告。在内河港口内进行危险化学品的装卸、过驳作业,应当将危险化学品的名称、危险特性、包装和作业的时间、地点等事项报告港口行政管理部门。港口行政管理部门接到报告后,应当在国务院交通运输主管部门规定的时间内作出是否同意的决定,通知报告人,同时通报海事管理机构。载运危险化学品的船舶在内河航行,通过过船建筑物的,应当提前向交通运输主管部门申报,并接受交通运输主管部门的管理。

载运危险化学品的船舶在内河航行、装卸或者停泊,应当悬挂专用的警示标志,按照规定显示专用信号。载运危险化学品的船舶在内河航行,按照国务院交通运输主管部门的规定需要引航的,应当申请引航。载运危险化学品的船舶在内河航行,应当遵守法律、行政法规和国家其他有关饮用水水源保护的规定。内河航道发展规划应当与依法经批准的饮用水水源保护区划定方案相协调。

托运危险化学品的,托运人应当向承运人说明所托运的危险化学品的种类、数量、危险特性以及发生危险情况的应急处置措施,并按照国家有关规定对所托运的危险化学品妥善包装,在外包装上设置相应的标志。运输危险化学品需要添加抑制剂或者稳定剂的,托运人应当添加,并将有关情况告知承运人。

托运人不得在托运的普通货物中夹带危险化学品,不得将危险化学品匿报或者谎报为普通货物托运。任何单位和个人不得交寄危险化学品或者在邮件、快件内夹带危险化学品,不得将危险化学品匿报或者谎报为普通物品交寄。邮政企业、快递企业不得收寄危险化学品。对涉嫌违反上述规定的,交通运输主管部门、邮政管理部门可以依法开拆查验。

通过铁路、航空运输危险化学品的安全管理,依照有关铁路、航空运输的法律、行政法规、规章的规定执行。

【注:本节内容可结合《道路危险货物运输管理规定》和《危险货物道路运输安全管理办法》进行学习。】

八、危险品道路运输事故

(一)危险品交通事故的特性

我国每年通过公路运输的危险品约有 2 亿吨、3 000 多个品种,仅液氯每年的运输量就达 400 万吨,液氨每年的运输量达 300 万吨。

　　据保守估计,我国每年发生的危险品道路运输事故中,除因驾驶人超速、机械故障、操作不当引发的事故外,绝大部分的事故与运输源头有直接的关系。发生的事故主要集中在以下情况中:

　　(1)危险品的生产、经营、储存、使用和处置废弃等各个环节的托运人无视国家的行政法规,违规将危险品交给不具备危险品运输资质的单位和没有上岗证的从业人员承运。

　　(2)违规将危险品给不具备相应运输技术条件的车辆承运。

　　(3)严重超装超载。

　　(4)将不同性质的危险品混装。

　　(5)超类别运输危险品等。

　　近几年来比较典型的重大事故有:

　　2011年4月26日清晨,浙江丽水松阳县一辆载有15 t液氮的槽罐车因事故发生泄漏,翻在农田里。导致面积达3 000 m² 以上的农田里到处弥漫1 m多高的白色浓雾。因为液氮快速汽化带走大量热量,局部农田温度低达零下200 ℃。事故导致4人被冻遇难,附近村庄200多人被紧急疏散。

　　2013年10月21日,合肥火车站编组场内发生一起5节装有危险化学品货车脱线事故(如图5-1所示),其中装有己二腈,该物质如遇明火能燃烧并放出有毒气体。

　　2017年5月23日6时23分,河北省保定市张石高速保定段(石家庄方向)浮图峪五号隧道内发生一起重大危险化学品运输燃爆事故,造成15人死亡、3人重度烧伤,16名村民轻微受伤,9部车辆、43间民房受损,直接经济损失4 200多万元。

图5-1　合肥火车站东站编组场危险化学品货车脱线事故

造成上述事故的,除个别主要责任人当场死亡和个别救援及时未造成重大损失和影响的事故外,大多数主要责任人受到了法律的严惩,都以危险物品肇事罪被法院判处3年以上,7年以下有期徒刑。

(二)危险品运输安全管理现状

一般公路交通事故具有突发不确定性、随机性和社会性等特征。此外,危险品交通事故还具有以下特点:

(1)不可预知性。危险品的公路运输可视为一种动态危险源,承运车辆的流动性决定了事故发生与演变的时间、地点、范围等因素的随机不可预知性。

(2)耦合性。危险化学品均有腐蚀性,加上路况和气象等因素均加速容器密封性的破损;交通事故容器受力形变导致危险品外泄。运输高风险性与危险品腐蚀性之间的耦合作用,增大了事故风险。

(3)施救困难。事故的不可预知性,使得救援队伍难以及时赶到现场;受现场制约,救援装备也受到诸多局限,进而影响扑救;危险品的易燃易爆性,决定了救援的复杂性。

总之,危险品运输在不同路段的事故概率及风险均不同;作为流动危险源,应尽快运至目的地;危险品运输事故影响巨大,应提前化解风险。我国危险品公路运输管理工作由政府部门的行政管理和运输企业的自我管理两部分组成。随着社会的进步,管理水平有所提高,但面临的问题依然严峻。

危险品交通管理制度方面存在以下缺陷:

(1)危险品安全管理责任没有完全落实。根据相关规定,通过公路运输危险品的,托运人只能委托有危险品运输资质的运输企业承运,但一些危险品的生产、经营、储存、使用和处置废弃单位,却错误地认为,只要保证危险品在本单位内安全就行了,出了本单位的大门,安全就与自己无关了。从了解的情况看,有这种思想的单位绝不在少数。因而,认为给谁运输、车辆状况如何、车载多少、适不适装、有无安全隐患,均与自己关系不大或没有关系。而且此类单位长期这样经营,没有受到过处罚和责任追究,就更不愿得罪运输的合作伙伴,从而为危险品运输事故的发生埋下了祸根。

(2)危险品承运人和托运人受利益驱动,引发违规运输。随着运输市场的发展,运力与运量的矛盾日益突出。一方面,由于恶性竞争,货运业主以竞相压价来争揽货源,运价始终在低位运行。谁的运价低,谁才有可能赢得较多的市场份额。货运业主为了降低成本,多创经济效益,普遍存在多拉快跑、超限超载、带病行驶的现象。而且,危险品运价比普通货运运价稍高,相对有利可图,便违规承接危险品运输业务。这些承运人既不知所运输危险品理化性质和危害特性,又没有必要的应急救援器材,更不知如何应急救援,一旦发生事故,便束手无策,不能在第一时间采取有效措施,制止事态扩大,事故的后果一般都比较严重。另一方面,部分托运人为了降低成本,节省运费,往往也希望委托一些运价较低的非专业运输单位运输危险品,致使事故时有发生。

(3)多头管理,责任不明,监管乏力,使得无证、非法运输难以得到根本抑制。公安交警部门和交通运管部门即使在路查中发现生产、经营、储存、使用危险品和处置废弃物的托运人违规托运,也不能采取相应的措施,对其实施处罚处理,这样实际上助长了违规托运。同时,异地运输又涉及不同地区的相关部门,一旦发生危险品事故,一般只追究和处理肇事者,造成托运监管盲区。由于管理主体涉及交通、民航、铁路、公安、质监、安监等多个部门,各部门之间在管理职能上存在严重交叉,形成多个部门都有权管,但都管不好的状况。就肇事车来说,按现有管理体制,就涉及 4 个部门。如槽罐归质检部门管,车体归运管部门管,车辆上路通行又涉及公安部门,车辆所在企业管理涉及安监部门。就道路运输监管而言,又涉及公安部门和交通运管部门,难以保证能取缔非法运输、违规运输危险品。随着交通基础建设特别是公路建设的加快,纵横交错的公路网已经形成,交通、公安部门没有足够的力量,不可能全天候地在每一条道路的每一个重要节点上设置检查站点来查堵非法运输、违规运输的漏洞,也不可能查到每一辆非法运输、违规运输的车辆。

(4)管理不到位,车辆设施不完备。许多危险品运输企业规模小,普货和危货兼营等违规现象普遍;对从业者缺乏培训,缺少专业人员;设备改造是运输企业安全管理的难点;针对运输车辆缺乏相应的技术防范措施或者是设施。

除了以上一些制度上的缺陷之外,还存在以下问题:化学品运输车辆超载;天气恶劣;道路状况不良;驾驶员疏忽违规等。此外,驾驶员可能被泄漏出的毒气伤害而失去知觉,或者自身素质低下而只顾自身逃逸,未能在事故发生后的第一时间发现并报警,导致失去了及时处理及救援疏散的宝贵时间,使得危险化学品进一步泄漏扩散或爆炸。

另外,危险化学品运输车辆营运过程中,还存在着个别司机在货物运输中半路停车私自卸货转卖,也给企业带来巨大的经济损失。以上这些问题的产生,主要是由于缺乏对危化品运输全过程实时、动态、有效地监控和管理,使得危化品运输事故和货物丢失频繁出现,对人民的生命和财产安全造成了巨大危害,严重污染了周边环境,影响了和谐社会的构建。因此,建立和完善危化品运输车辆实时动态监控管理系统,实现对运输全过程中车辆、人员、环境及危化品状态等情况的实时动态监控、预警报警、安全管理与分析和辅助应急救援,最大限度地减少危化品运输事故及其危害势在必行。

(三)危险品运输相应对策

我国危险品公路运输管理的立法和执法体系是从 20 世纪 80 年代建立的,交通部制定了《道路危险货物运输管理规定》(现行为 2019 年修订版)、《化学危险品安全管理规定》(已废止)。我国又发布了《安全生产法》,修订了《危险化学品安全管理条例》(2013 年修订),随后又相继发布了一系列文件和标准。

根据国务院出台的《关于进一步加强企业安全生产工作的通知》中要求,运输企业必须为"两客一危"车辆安装符合《道路运输车辆卫星定位系统 车载终端技术要求》(JT/T 794—2019)的卫星定位装置,并接入全国重点营运车辆联网联控系统,保证车辆监控数据准确、实时、完整地传输,确保车载卫星定位装置工作正常、数据准确、监控有效。

对于已经取得道路运输证但尚未安装卫星定位装置的营运车辆,道路运输管理部门要督促运输企业按照规定加装卫星定位装置,并接入全国重点营运车辆联网联控系统。从 2012 年 1 月 1 日起,没有按照规定安装卫星定位装置或未接入全国联网联控系统的运输车辆,道路运输管理部门应暂停营运车辆资格审验。公安部门要逐步将"两客一危"车辆是否安装使用卫星定位装置纳入检验范围。

建立危化品运输车辆监控管理系统。随着科学技术的迅速发展,危化品道路运输车辆监控管理系统在不断更新换代。充分利用先进的通信技术、计算机技术、可视化技术和自动控制等技术构建危化品道路运输车辆监控管理系统,是提高运输车辆安全行驶的有效方法。对危险化学品运输车辆的管理,必须利用现代化的先进技术和科学化的管理手段,强化危化品运输车辆的全过程监控和集中管理。目前,对危险化学品运输车辆主要推行安装 GPS(全球卫星定位系统)、行车记录仪和通信设备实行跟踪管理,在此基础上,加入可视化管理,建立危化品运输车辆监控管理系统,使危险化学品运输管理工作科学化、规范化和制度化。同时,须建立健全道路危险化学品事故应急救援体系,健全应急救援技术和信息支持系统,培养高素质的应急救援队伍,形成快速反应的应急救援机制,提高应急救援能力,最大限度地降低危险品运输事故所造成的损失。

为加强对危险化学品运输公司车辆的营运管理,加强对运输货物的实时监控,预防交通事故的发生,确保货物、车辆、司机的安全,并且为交通事故分析提供科学参考依据,保障驾驶员的合法权益,危险化学品运输公司须建立一套基于无线网络的危化品运输车辆监控管理系统。将车辆的位置与速度,车内外的图像、视频等各类媒体信息、车辆参数及车载物品数据参数等进行实时管理,有效满足用户对车辆管理的各类需求。

危化品运输车辆监控管理系统遵循危化品运输车辆有关标准和规范,综合利用全球卫星定位、无线通信、地理信息系统、计算机网络、射频识别、视频压缩处理和安全管理等高新技术,最直观地监控车辆实时图像、显示车辆运行状态及车载物品数据参数,同时对车辆及货物进行实时定位跟踪,将运输行业中的货主、第三方物流及司机等各环节的信息有效、充分地结合起来,达到充分监控、调度货物及车辆的目的,保障货物及司机的安全,提高运输效率。

第二节　危险货物分类和品名编号

本部分主要依据《危险货物分类和品名编号》(GB 6944)的相关内容编写。

一、术语和定义

危险货物(也称危险物品或危险品)是指具有爆炸、易燃、毒害、感染、腐蚀、放射性等危险特性,在运输、储存、生产、经营、使用和处置中,容易造成人身伤亡、财产损毁或环境污染而需要特别防护的物质和物品。

二、危险货物分类

(一)危险货物类别、项别和包装类别

1. 类别和项别

第 1 类为爆炸品,包括:

(1)1.1 项:有整体爆炸危险的物质和物品。

(2)1.2 项:有迸射危险,但无整体爆炸危险的物质和物品。

(3)1.3 项:有燃烧危险并有局部爆炸危险或局部迸射危险或这两种危险都有,但无整体爆炸危险的物质和物品。

(4)1.4 项:不呈现重大危险的物质和物品。

(5)1.5 项:有整体爆炸危险的非常不敏感物质。

(6)1.6 项:无整体爆炸危险的极不敏感物品。

第 2 类为气体,包括:

(1)2.1 项:易燃气体。

(2)2.2 项:非易燃无毒气体。

(3)2.3 项:毒性气体。

第 3 类为易燃液体。

第 4 类为易燃固体、易于自燃的物质、遇水放出易燃气体的物质,包括:

(1)4.1 项:易燃固体、自反应物质和固态退敏爆炸品。

(2)4.2 项:易于自燃的物质。

(3)4.3 项:遇水放出易燃气体的物质。

第 5 类为氧化性物质和有机过氧化物,包括:

(1)5.1 项:氧化性物质。

(2)5.2 项:有机过氧化物。

第 6 类为毒性物质和感染性物质,包括:

(1)6.1 项:毒性物质。

(2)6.2 项:感染性物质。

第 7 类为放射性物质。

第 8 类为腐蚀性物质。

第 9 类为杂项危险物质和物品,包括危害环境物质。

2. 危险货物包装分类

为了包装目的,除了第 1 类、第 2 类、第 7 类、5.2 项和 6.2 项物质,以及 4.1 项自反应物质以外的物质,根据其危险程度,划分为以下三个包装类别:

(1)Ⅰ类包装。Ⅰ类包装用于具有高度危险性的物质。腐蚀性物质的Ⅰ类包装用于使完好皮肤组织在暴露 3 min 或少于 3 min 之后开始的最多 60 min 观察期内全厚度毁损的物质。

(2)Ⅱ类包装。Ⅱ类包装用于具有中等危险性的物质。腐蚀性物质的Ⅱ类包装用于使完好皮肤组织在暴露超过 3 min 但不超过 60 min 之后开始的最多 14 d 观察期内全厚度毁损的物质。

(3)Ⅲ类包装。Ⅲ类包装用于具有轻度危险性的物质。腐蚀性物质的Ⅲ类包装包括使完好皮肤组织在暴露超过60 min 但不超过 4 h 之后开始的最多 14 d 观察期内全厚度毁损的物质;被判定不引起好皮肤组织全厚度毁损,但在 55 ℃试验温度下,对 S235JR + CR 型或类似型号钢或非复合型铝的表面腐蚀率超过 6.25 mm/a 的物质(如对钢或铝进行的第一个试验表明,接受试验的物质具有腐蚀性,则无需再对另一金属进行试验)。

(二)第 1 类:爆炸品

1. 一般规定

爆炸品包括:

(1)爆炸性物质(物质本身不是爆炸品,但能形成气体、蒸汽或粉尘爆炸环境者,不列入第1类),不包括那些太危险以致不能运输或其主要危险性符合其他类别的物质。

(2)爆炸性物品,不包括下述装置:其中所含爆炸性物质的数量或特性,不会使其在运输过程中偶然或意外被点燃或引发后因迸射、发火、冒烟、发热或巨响而在装置外部产生任何影响。

(3)为产生爆炸或烟火实际效果而制造的,上述(1)和(2)中未提及的物质或物品。

爆炸性物质是指固体或液体物质(或物质混合物),自身能够通过化学反应产生气体,其温度、压力和速度高到能对周围造成破坏。烟火物质即使不放出气体,也包括在内。

爆炸性物品是指含有一种或几种爆炸性物质的物品。

2.项别

第1类划分为6项,即:

(1)1.1项。有整体爆炸危险的物质和物品。整体爆炸是指瞬间能影响到几乎全部荷载的爆炸。

(2)1.2项。有迸射危险,但无整体爆炸危险的物质和物品。

(3)1.3项。本项包括满足以下条件之一的物质和物品:可产生大量热辐射的物质和物品;相继燃烧产生局部爆炸或迸射效应或两种效应兼而有之的物质和物品。

(4)1.4项。本项包括运输中万一点燃或引发时仅造成较小危险的物质和物品;其影响主要限于包件本身,并预计射出的碎片不大、射程也不远,外部火烧不会引起包件几乎全部内装物的瞬间爆炸。

(5)1.5项。本项包括有整体爆炸危险性、但非常不敏感,以致在正常运输条件下引发或由燃烧转为爆炸的可能性极小的物质。船舱内装有大量本项物质时,由燃烧转为爆炸的可能性较大。

(6)1.6项。本项包括仅含有极不敏感爆炸物质、并且其意外引发爆炸或传播的概率可忽略不计的物品;本项物品的危险仅限于单个物品的爆炸。

3.爆炸品配装组划分和组合

在爆炸品中,如果2种或2种以上物质或物品在一起能够安全积载或运输,而不会明显增加事故概率或在一定数量情况下不会明显提高事故危害程度的,可视其为同一配装组。

第1类危险货物根据其具有的危险性类型划归6个项中的一项和13个配装组中的一个,被认为可以相容的各种爆炸性物质和物品列为一个配装组。表5-3表明了划分配装组的方法:

(1)配装组D和E的物品,可安装引发装置或与之包装在一起,但该引发装置应至少配备2个有效的保护功能,防止在引发装置意外启动时引起爆炸。此类物品和包装应划为D或E配装组。

(2)配装组D和E的物品,可与引发装置包装在一起,尽管该引发装置未配备2个有效的保护功能,但在正常运输条件下,该引发装置意外启动不会引起爆炸。此类包件应划为D或E配装组。

(3)划入配装组S的物质或物品应经过1.4项的实验确定。

(4)划入配装组N的物质或物品应经过1.6项的实验确定。

表 5-3　爆炸品配装组划分

待分类物质和物品的说明	配装组	组合
一级爆炸性物质	A	1.1A
含有一级爆炸性物质、而不含有 2 种或 2 种以上有效保护装置的物品。某些物品,例如爆破用雷管、爆破用雷管组件和帽形起爆器包括在内,尽管这些物品不含有一级炸药	B	1.1B、1.2B、1.4B
推进爆炸性物质或其他爆燃爆炸性物质或含有这类爆炸性物质的物品	C	1.1C、1.2C、1.3C、1.4C
二级起爆物质或黑火药或含有二级起爆物质的物品,无引发装置和发射药;或含有一级爆炸性物质和 2 种或 2 种以上有效保护装置的物品	D	1.1D、1.2D、1.4D、1.5D
含有二级起爆物质的物品,无引发装置,带有发射药(含有易燃液体或胶体或自燃液体的除外)	E	1.1E、1.2E、1.4E
含有二级起爆物质的物品,带有引发装置,带有发射药(含有易燃液体或胶体或自燃液体的除外)或不带有发射药	F	1.1F、1.2F、1.3F、1.4F
烟火物质或含有烟火物质的物品,或既含有爆炸性物质又含有照明、燃烧、催泪或发烟物质的物品(水激活的物品或含有白磷、磷化物、发火物质、易燃液体或胶体,或自然液体的物品除外)	G	1.1G、1.2G、1.3G、1.4G
含有爆炸性物质和白磷的物品	H	1.2H、1.3H
含有爆炸性物质和易燃液体或胶体的物品	J	1.1J、1.2J、1.3J
含有爆炸性物质和毒性化学剂的物品	K	1.2K、1.3K
爆炸性物质或含有爆炸性物质并且具有特殊危险(例如由于水激活或含有自燃液体、磷化物或发火物质)需要彼此隔离的物品	L	1.1L、1.2L、1.3L
只含有极端不敏感起爆物质的物品	N	1.6N
如下包装或设计的物质或物品,除了包件被火烧损的情况外,能使意外起爆引起的任何危险效应不波及包件之外,在包件被火烧损的情况下,所有爆炸和迸射效应也有限,不至于妨碍或阻止在包件紧邻处救火或采取其他应急措施	S	1.4S

第三节　常见的危险化学品的物理化学性质、危险特性,使用、运输应注意事项以及事故时的扑救方法

一、爆炸品

(一)硝化棉

1. 危险性类别

危险性类别:第 4.1 类易燃固体;危险货物编号为 41031。

2. 理化特性

外观与性状:白色或微黄色,呈棉絮状或纤维状,无臭无味。

熔点(℃):160~170。

相对密度(水=1):1.66。

闪点(℃):12.8。

引燃温度(℃):170。

溶解性:不溶于水,溶于乙醇、乙醚。

3. 危险特性及储存、使用、运输要求

(1)危险特性:暴露在空气中能自燃。本品遇到火星、高温、氧化剂以及大多数有机胺(对苯二甲胺等)会发生燃烧和爆炸。

(2)应急处理:隔离泄漏污染区,限制出入;切断火源;建议应急处理人员戴防尘面具(全面罩),穿防静电工作服;使用无火花工具;收集于干燥、洁净、有盖的容器中,转移至安全场所。

(3)灭火方法:消防人员须在有防爆掩蔽处操作;尽可能将容器从火场移至空旷处。灭火剂有水、雾状水、泡沫、干粉、二氧化碳,禁止用砂土压盖。

(4)操作注意事项:密闭操作,局部排风;操作人员必须经过专门培训,操作人员佩戴自吸过滤式防尘口罩,穿防静电工作服,不准穿带铁钉的鞋;远离火种、热源,工作场所严禁吸烟;使用防爆型的通风系统和设备;避免产生粉尘;避免与氧化剂接触;搬运时要轻装轻卸,防止包装及容器损坏;禁止震动、撞击和摩擦;配备相应品种和数量的消防器材及泄漏应急处理设备;倒空的容器可能残留有害物。

(5)储存注意事项:储存于阴凉、通风的库房;远离火种、热源;库温不超过25 ℃,相对湿度不超过80%;保持容器密封;应与氧化剂、可燃物、酸、碱、起爆物、点火器材等分开存放,切忌混储;采用防爆型照明、通风设施;禁止使用易产生火花的机械设备和工具;储区应备有合适的材料收容泄漏物;加强仓库检查,每天至少2次,并做好检查记录;执行五双制度(双人验收、双人保管、双人收发、双本账、双把锁)。

(6)防护措施:

①呼吸系统防护:空气中粉尘浓度较高时,建议佩戴自吸过滤式防尘口罩。

②眼睛防护:必要时,戴化学安全防护眼镜。

③身体防护:穿防静电工作服。

④手防护:戴一般作业防护手套。

⑤其他防护:工作现场禁止吸烟、进食和饮水;工作完毕后要淋浴更衣;注意个人清洁卫生。

(7)运输注意事项:

①铁路运输时须报铁路局进行试运,试运期为2年;试运结束后,写出试运报告,报铁道部(现中国铁路总公司)正式公布运输条件。

②运输时运输车辆应配备相应品种和数量的消防器材及泄漏应急处理设备;装运本品的车辆排气管须有阻火装置。

③运输过程中要确保容器不泄漏、不倒塌、不坠落、不损坏;严禁与氧化剂等混装混运;运输途中应防曝晒、雨淋,防高温。

④中途停留时应远离火种、热源;车辆运输完毕应进行彻底清扫;铁路运输时要禁止溜放。

二、压缩气体和液化气体

(一)液化气体

1. 理化性质

(1)石油液化气,主要成分包括丙烷、丙烯、丁烷、丁烯,相关性质如下:

①闪点(℃):-74。

②引燃温度(℃):426~537。

③爆炸上限[%(V/V)]:9.5,爆炸下限[%(V/V)]:1.5。

④禁配物:强氧化剂、卤素。

(2)液化天然气,主要成分为甲烷,相关性质如下:

①外观与性状:无色无臭气体;

②熔点(℃):-182.5。

③相对密度(水=1):0.42(-164℃)。

④沸点(℃):-161.5。

⑤相对蒸气密度(空气=1):0.55。

⑥闪点(℃):-18。

⑦引燃温度(℃):538。

⑧爆炸上限[%(V/V)]:15,爆炸下限[%V/V]:5.3。

(3)氢气,相关性质如下:

①外观与性状:无色无臭气体。

②相对蒸气密度(空气=1):0.07。

③引燃温度(℃):400。

④爆炸上限[%(V/V)]:74.1,爆炸下限[%(V/V)]:4.1。

⑤燃烧热(kJ/mol):241.0。

⑥临界温度(℃):-240。

2. 危险特性及储存、使用、运输等要求

(1)危险特性:与空气混合能形成爆炸性混合物,遇热或明火即爆炸。气体比空气轻,在室内使用和储存时,漏气上升滞留屋顶不易排出,遇火星会引起爆炸。氢气与氟、氯、溴等卤素会剧烈反应。

(2)泄漏应急处理:迅速撤离泄漏污染区人员至上风处,并进行隔离,严格限制出入;切断火源;建议应急处理人员戴自给正压式呼吸器,穿防静电工作服;尽可能切断泄漏源;合理通风,加速扩散;如有可能,将漏出气用排风机送至空旷地方或装设适当喷头烧掉;漏气容器要妥善处理,修复、检验后再用。

(3)灭火方法:切断气源;若不能切断气源,则不允许熄灭泄漏处的火焰;喷水冷却容器,可能的话将容器从火场移至空旷处;灭火剂包含雾状水、泡沫、二氧化碳、干粉。

(4)操作注意事项:密闭操作,加强通风;操作人员必须经过专门培训,严格遵守操作规程;建议操作人员穿防静电工作服;远离火种、热源,工作场所严禁吸烟;使用防爆型的通风系统和设备;防止气体泄漏到工作场所空气中;避免与氧化剂、卤素接触;在传送过程中,钢瓶和容器必须接地和跨接,防止产生静电;搬运时轻装轻卸,防止钢瓶及附件破损;配备相应品种和数量的消防器材及泄漏应急处理设备。

(5)储存注意事项:储存于阴凉、通风的库房;远离火种、热源。库温不超过 30 ℃,相对湿度不超过 80%;应与氧化剂、卤素分开存放,切忌混储;采用防爆型照明、通风设施;禁止使用易产生火花的机械设备和工具;储区应备有泄漏应急处理设备。

(6)防护措施:穿防静电工作服;工作现场严禁吸烟;避免高浓度吸入;进入罐、限制性空间或其他高浓度区作业,须有人监护。

(7)禁配物:强氧化剂、卤素。

(8)运输注意事项:

①采用钢瓶运输时必须戴好钢瓶上的安全帽。

②钢瓶一般平放,并应将瓶口朝同一方向,不可交叉;高度不得超过车辆的防护栏板,并用三角木垫卡牢,防止滚动。

③运输时运输车辆应配备相应品种和数量的消防器材。装运该物品的车辆排气管必须配备阻火装置,禁止使用易产生火花的机械设备和工具装卸。

④严禁与氧化剂、卤素等混装混运。夏季应早晚运输,防止日光曝晒。

⑤中途停留时应远离火种、热源。公路运输时要按规定路线行驶,勿在居民区和人口稠密区停留。

(二)不燃气体

1.氧气(压缩的)

(1)相关危害:

①健康危害:常压下,当氧的浓度超过 40% 时,有可能发生氧中毒。

②燃爆危险:本品助燃。

(2)危险特性:是易燃物、可燃物燃烧爆炸的基本要素之一,能氧化大多数活性物质,与易燃物(如乙炔、甲烷等)形成有爆炸性的混合物。

(3)应急处理:切断火源;建议应急处理人员佩戴自给正压式呼吸器,穿一般作业工作服;避免与可燃物或易燃物接触;尽可能切断泄漏源;合理通风,加速扩散;漏气容器要妥善处理,修复、检验后再用。

(4)灭火方法:用水保持容器冷却,以防受热爆炸,急剧助长火势;迅速切断气源,用水喷淋保护切断气源的人员,然后根据着火原因选择适当灭火剂灭火。

(5)操作注意事项:密闭操作,提供良好的自然通风条件;操作人员必须经过专门培训,严格遵守操作规程;远离火种、热源,工作场所严禁吸烟;远离易燃、可燃物;防止气体泄漏到工作场所空气中;避免与活性金属粉末接触;搬运时轻装轻卸,防止钢瓶及附件破损;配备相应品种和数量的消防器材及泄漏应急处理设备。

(6)储存注意事项:储存于阴凉、通风的库房中;远离火种、热源,库温不宜超过 30 ℃;应与易(可)燃物、活性金属粉末等分开存放,切忌混储;储区应备有泄漏应急处理设备。

(7)禁配物:易燃或可燃物、活性金属粉末、乙炔。

(8)运输注意事项:氧气钢瓶不得沾污油脂;采用钢瓶运输时必须戴好钢瓶上的安全帽;钢瓶一般平放,并应将瓶口朝同一方向,不可交叉;高度不得超过车辆的防护拦板,并用三角木垫卡牢,防止滚动;严禁与易燃物或可燃物、活性金属粉末等混装混运;夏季应早晚运输,防止日光曝晒。

2. 氩气、氮气、二氧化碳

(1)相关危害:

①健康危害:常气压下无毒。高浓度时,使氧分压降低而发生窒息。液态可致皮肤冻伤;眼部接触可引起炎症。

②爆炸危害:若遇高热,容器内压增大,有开裂和爆炸的危险。

(2)应急处理:迅速撤离泄漏污染区人员至上风处,并进行隔离,严格限制出入;建议应急处理人员佩戴自给正压式呼吸器,穿一般作业工作服;尽可能切断泄漏源;合理通风,加速扩散;如有可能,及时使用;漏气容器要妥善处理,修复、检验后再用。

(3)灭火方法:本品不燃。切断气源;喷水冷却容器,可能的话将容器从火场移至空旷处。

(4)操作注意事项:密闭操作,提供良好的自然通风条件;操作人员必须经过专门培训,严格遵守操作规程。防止气体泄漏到工作场所空气中;远离易燃、可燃物。搬运时轻装轻卸,防止钢瓶及附件破损;配备泄漏应急处理设备。

(5)储存注意事项:储存于阴凉、通风的库房;远离火种、热源;库温不宜超过30 ℃;应与易(可)燃物分开存放,切忌混储;储区应备有泄漏应急处理设备。

(6)防护措施:

①呼吸系统防护:一般不需特殊防护。但当作业场所空气中氧气浓度低于18%时,必须佩戴空气呼吸器、氧气呼吸器或长管面具。

②其他防护:避免高浓度吸入。进入罐、限制性空间或其他高浓度区作业,须有人监护。

(7)运输注意事项:

①采用钢瓶运输时必须戴好钢瓶上的安全帽。钢瓶一般平放,并应将瓶口朝同一方向,不可交叉。

②高度不得超过车辆的防护拦板,并用三角木垫卡牢,防止滚动。严禁与易燃物或可燃物等混装混运。夏季应早晚运输,防止日光曝晒。

③铁路运输时要禁止溜放。

(三)有毒气体

1. 氯气

(1)氯气的危险类别及侵入途径:氯气属于有毒气体(剧毒品),侵入途径为吸入。

(2)理化特性:

①外观与性状:黄绿色、有极强刺激性气味的气体。

②溶解性:易溶于水、碱液。

③禁配物:易燃或可燃物、醇类、乙醚、氢。

④其他有害作用:该物质对环境有严重危害,应特别注意对水体的污染,对鱼类和动物应给予特别注意。

⑤废弃物性质:把废气通入过量的还原性溶液(亚硫酸氢盐、亚铁盐、硫代亚硫酸钠溶液)中,中和后用水冲入下水道。

⑥包装标志:有毒气体。

⑦包装方法:钢质气瓶。

(3)相关危害:

①急性中毒:轻度者有流泪、咳嗽、咳少量痰、胸闷,出现气管炎和支气管炎的表现;中度中毒发生支气管肺炎或间质性肺水肿,病人除有上述症状的加重外,出现呼吸困难、轻度紫绀等;重者发生肺水肿、昏迷和休克,可出现气胸、纵隔气肿等并发症。吸入极高浓度的氯气,可引起迷走神经反射性心跳骤停或喉头痉挛而发生"电击样"死亡。皮肤接触液氯或高浓度氯,在暴露部位可有灼伤或急性皮炎。

②慢性影响:长期低浓度接触,可引起慢性支气管炎、支气管哮喘等;可引起职业性痤疮及牙齿酸蚀症。

③环境危害:对环境有严重危害,对水体可造成污染。

④燃爆危险:本品助燃,高毒,具有刺激性。

(4)急救措施:

①皮肤接触:立即脱去污染的衣着,用大量流动清水冲洗,然后就医。

②眼睛接触:提起眼睑,用流动清水或生理盐水冲洗,然后就医。

③吸入:迅速脱离现场至空气新鲜处;呼吸心跳停止时,立即进行人工呼吸和胸外心脏按压术,然后就医。

(5)危险特性:本品不会燃烧,但可助燃。一般可燃物大都能在氯气中燃烧,一般易燃气体或蒸气也都能与氯气形成爆炸性混合物。氯气能与许多化学品如乙炔、松节油、乙醚、氨、燃料气、烃类、氢气、金属粉末等猛烈反应发生爆炸或生成爆炸性物质。它几乎对金属和非金属都有腐蚀作用。有害燃烧产物为氯化氢。

(6)应急处理:迅速撤离泄漏污染区人员至上风处,并立即进行隔离,小泄漏时隔离150 m,大泄漏时隔离450 m,严格限制出入。建议应急处理人员戴自给正压式呼吸器,穿防毒服。尽可能切断泄漏源。合理通风,加速扩散。喷雾状水稀释、溶解。构筑围堤或挖坑收容产生的大量废水。如有可能,用管道将泄漏物导至还原剂(酸式硫酸钠或酸式碳酸钠)溶液之中,也可以将漏气钢瓶浸入石灰乳液中。漏气容器要妥善处理,修复、检验后再用。

(7)灭火方法:本品不燃。消防人员必须佩戴过滤式防毒面具(全面罩)或隔离式呼吸器、穿全身防火防毒服,在上风处灭火;切断气源;喷水冷却容器,可能的话将容器从火场移至空旷处。灭火剂包括雾状水、泡沫、干粉。

(8)操作注意事项:严加密闭,提供充分的局部排风和全面通风。操作人员必须经过专门培训,严格遵守操作规程。建议操作人员佩戴空气呼吸器,穿戴面罩式胶布防毒衣,戴橡胶手套。远离火种、热源,工作场所严禁吸烟。远离易燃、可燃物。防止气体泄漏到工作场所空气中。避免与醇类接触。搬运时轻装轻卸,防止钢瓶及附件破损。配备相应品种和数量的消防器材及泄漏应急处理设备。

(9)储存注意事项:储存于阴凉、通风的库房;远离火种、热源。库温不超过30 ℃,相对湿度不超过80%;应与易(可)燃物、醇类、食用化学品分开存放,切忌混储;储区应备有泄漏应急处理设备;应严格执行极毒物品"五双"管理制度。

(10)工程控制:严加密闭,提供充分的局部排风和全面通风;提供安全淋浴和洗眼设备。

(11)防护措施:

①呼吸系统防护:空气中浓度超标时,建议佩戴空气呼吸器或氧气呼吸器。紧急事态抢救或撤离时,必须佩戴氧气呼吸器。

②眼睛防护:呼吸系统防护中已做防护。

③身体防护:穿戴面罩式胶布防毒衣。

④手防护:戴橡胶手套。

⑤其他防护:工作现场禁止吸烟、进食和饮水;工作完毕,淋浴更衣;保持良好的卫生习惯;进入罐、限制性空间或其他高浓度区作业,须有人监护。

(12)运输注意事项:

①本品铁路运输时限使用耐压液化气企业自备罐车装运,装运前需报有关部门批准。

②铁路运输时应严格按照相关规定的危险货物配装表进行配装。

③采用钢瓶运输时必须戴好钢瓶上的安全帽。

④钢瓶一般平放,并应将瓶口朝同一方向,不可交叉。

⑤高度不得超过车辆的防护栏板,并用三角木垫卡牢,防止滚动。

⑥严禁与易燃物或可燃物、醇类、食用化学品等混装混运。

⑦夏季应早晚运输,防止日光曝晒。

⑧公路运输时要按规定路线行驶,禁止在居民区和人口稠密区停留。

⑨铁路运输时要禁止溜放。

2. 氨

(1)危险性类别:有毒气体。

(2)理化特性:

①外观与性状:无色、有刺激性恶臭的气体。

②熔点(℃):-77.7。

③沸点(℃):-33.5。

④相对密度(水=1):0.82(-79℃)。

⑤引燃温度(℃):651。

⑥相对蒸气密度(空气=1):0.6。

⑦临界温度(℃):132.5。

⑧爆炸上限[%(V/V)]:27.4,爆炸下限[%(V/V)]:15.7。

⑨临界压力(MPa):11.40。

⑩急性毒性(LD_{50}):350 mg/kg(大鼠经口)。

⑪溶解性:易溶于水、乙醇、乙醚。

⑫主要用途:用作制冷剂及制取铵盐和氮肥。

⑬禁配物:卤素、酰基氯、酸类、氯仿、强氧化剂。

⑭其他有害作用:该物质对环境有严重危害,应特别注意对地表水、土壤、大气和饮用水的污染。

⑮废弃处置方法:先用水稀释,再加盐酸中和,然后排入废水系统中。

(3)相关危害:

①健康危害:低浓度氨对黏膜有刺激作用,高浓度可造成组织溶解坏死。

②急性中毒:轻度者出现流泪、咽痛、声音嘶哑、咳嗽、咯痰等;眼结膜、鼻黏膜、咽部充血、水肿;胸部 X 线征象符合支气管炎或支气管周围炎。中度中毒上述症状加剧,出现呼吸困难、紫绀;胸部 X 线征象符合肺炎或间质性肺炎。严重者可发生中毒性肺水肿,或有呼吸窘迫综合征,患者剧烈咳嗽、咯大量粉红色泡沫痰、呼吸窘迫、谵妄、昏迷、休克等。可发生喉头水肿或支气管黏膜坏死脱落窒息。高浓度氨可引起反射性呼吸停止。

③液氨或高浓度氨可致眼灼伤;液氨可致皮肤灼伤。

④燃爆危险为本品易燃,有毒,具刺激性。

(4)急救措施:

①皮肤接触:立即脱去污染的衣着,应用 2% 硼酸液或大量清水彻底冲洗,然后就医。

②眼睛接触:立即提起眼睑,用大量流动清水或生理盐水彻底冲洗至少 15 min,然后就医。

③吸入:迅速脱离现场至空气新鲜处;保持呼吸道通畅;如呼吸困难,给输氧;如呼吸停止,立即进行人工呼吸,然后就医。

(5)危险特性:与空气混合能形成爆炸性混合物;遇明火、高热能引起燃烧爆炸;与氟、氯等接触会发生剧烈的化学反应;若遇高热,容器内压增大,有开裂和爆炸的危险。有害燃烧产物为氧化氮、氨。

(6)应急处理:迅速撤离泄漏污染区人员至上风处,并立即隔离 150 m,严格限制出入;切断火源;建议应急处理人员佩戴自给正压式呼吸器,穿防静电工作服;尽可能切断泄漏源;合理通风,加速扩散;高浓度泄漏区,喷含盐酸的雾状水中和、稀释、溶解;构筑围堤或挖坑收容产生的大量废水;如有可能,将残余气或漏出气用排风机送至水洗塔或与塔相连的通风橱内;储罐区最好设稀酸喷洒设施;漏气容器要妥善处理,修复、检验后再用。

(7)灭火方法:消防人员必须穿全身防火防毒服,在上风处灭火;切断气源;若不能切断气源,则不允许熄灭泄漏处的火焰;喷水冷却容器,可能的话将容器从火场移至空旷处。灭火剂包括雾状水、抗溶性泡沫、二氧化碳、砂土。

(8)操作注意事项:严加密闭,提供充分的局部排风和全面通风。操作人员必须经过专门培训,严格遵守操作规程。建议操作人员佩戴过滤式防毒面具(半面罩),戴化学安全防护眼镜,穿防静电工作服,戴橡胶手套。远离火种、热源,工作场所严禁吸烟。使用防爆型的通风系统和设备。防止气体泄漏到工作场所空气中。避免与氧化剂、酸类、卤素接触。搬运时轻装轻卸,防止钢瓶及附件破损。配备相应品种和数量的消防器材及泄漏应急处理设备。

(9)储存注意事项:

①储存于阴凉、通风的库房,远离火种、热源,库温不宜超过 30 ℃。

②应与氧化剂、酸类、卤素、食用化学品分开存放,切忌混储。

③采用防爆型照明、通风设施。

④禁止使用易产生火花的机械设备和工具。

⑤储区应备有泄漏应急处理设备。

(10)工程控制:严加密闭,提供充分的局部排风和全面通风;提供安全淋浴和洗眼设备。

(11)防护措施:

①呼吸系统防护:空气中浓度超标时,建议佩戴过滤式防毒面具(半面罩);紧急事态抢救或撤离时,必须佩戴空气呼吸器。

②眼睛防护:戴化学安全防护眼镜。

③身体防护:穿防静电工作服。

④手防护:戴橡胶手套。

⑤其他防护:工作现场禁止吸烟、进食和饮水;工作完毕后,需淋浴更衣;保持良好的卫生习惯。

(12)运输注意事项:本品铁路运输时限使用耐压液化气企业自备罐车装运,装运前需报有关部门批准。采用钢瓶运输时必须戴好钢瓶上的安全帽。钢瓶一般平放,并应将瓶口朝同一方向,不可交叉;高度不得超过车辆的防护拦板,并用三角木垫卡牢,防止滚动。运输时运输车辆应配备相应品种和数量的消防器材。装运该物品的车辆排气管必须配备阻火装置,禁止使用易产生火花的机械设备和工具装卸。严禁与氧化剂、酸类、卤素、食用化学品等混装混运。夏季应早晚运输,防止日光曝晒。中途停留时应远离火种、热源。公路运输时要按规定路线行驶,禁止在居民区和人口稠密区停留。铁路运输时要禁止溜放。

三、易燃液体

(一)理化特性

1. 汽油

外观与性状:无色或淡黄色易挥发液体,具有特殊臭味。

相对密度(水 =1):0.70 ~ 0.79。

沸点(℃):40 ~ 200。

相对蒸气密度(空气 =1):3.5。

闪点(℃): -50。

引燃温度(℃):415 ~ 530。

爆炸上限[%(V/V)]:6.0,爆炸下限[%(V/V)]:1.3。

溶解性:不溶于水,易溶于苯、二硫化碳、醇、脂肪。

禁配物:强氧化剂。

2. 甲苯

外观与性状:无色透明液体,有类似苯的芳香气味。

相对密度(水 =1):0.87。

沸点(℃):110.6。

相对蒸气密度(空气 =1):3.14。

辛醇/水分配系数:2.69。

闪点(℃):4。

引燃温度(℃):535。

爆炸上限[%(V/V)]:7.0,爆炸下限[%(V/V)]:1.2。

燃烧热(kJ/mol):3905.0。

临界温度(℃):318.6。

临界压力(MPa):4.11。

溶解性:不溶于水,可混溶于苯、醇、醚等多数有机溶剂。

3. 煤油

外观与性状:水白色至淡黄色流动性油状液体,易挥发。

相对密度(水=1):0.8~1.0。

沸点(℃):175~325。

相对蒸气密度(空气=1):4.5。

闪点(℃):43~72。

引燃温度(℃):210。

爆炸上限[%(V/V)]:5.0,爆炸下限[%(V/V)]:0.7。

溶解性:不溶于水,溶于醇等多数有机溶剂。

禁配物:强氧化剂。

4. 松节油

外观与性状:无色至淡黄色油状液体,具有松香气味。

相对密度(水=1):0.85~0.87。

沸点(℃):154~170。

相对蒸气密度(空气=1):4.84。

闪点(℃):35。

引燃温度(℃):253。

爆炸下限[%(V/V)]:0.8。

临界温度(℃):376。

溶解性:不溶于水,溶于乙醇、氯仿、醚等多数有机溶剂。

5. 天那水

天那水是由甲苯、醋酸丁酯、醋酸乙酯、酒精等组成的中闪易燃混合物,其蒸气与空气可形成爆炸性混合物,遇明火、高热均能引起燃烧、爆炸。密闭容器遇高温有爆裂或爆炸的危险。

(二)危险特性及储存、使用、运输等要求

1. 危险类别

危险性类别:甲类易燃液体。

2. 健康危害

(1)急性中毒:对中枢神经系统有麻醉作用。高浓度吸入出现中毒性脑病。极高浓度吸入引起意识突然丧失、反射性呼吸停止。液体吸入呼吸道可引起吸入性肺炎。溅入眼内可致角膜溃疡、穿孔,甚至失明。吞咽引起急性胃肠炎,重者出现类似急性吸入中毒症状,并可引起肝、肾损害。

(2)慢性中毒:神经衰弱综合征、自主神经功能紊乱、周围神经病;严重中毒出现中毒性脑病,症状类似精神分裂症;皮肤损害。

3. 危险特性

其蒸气与空气可形成爆炸性混合物,遇明火、高热极易燃烧爆炸。与氧化剂能发生强烈反应。其蒸气比空气重,能在较低处扩散到相当远的地方,遇火源会着火回燃。

4. 应急处理与灭火方法

(1) 泄漏应急处理:迅速撤离泄漏污染区人员至安全区,并进行隔离,严格限制出入;切断火源;建议应急处理人员戴自给正压式呼吸器,穿防静电工作服;尽可能切断泄漏源;防止流入下水道、排洪沟等限制性空间。

① 小量泄漏:用砂土、蛭石或其他惰性材料吸收;或在保证安全情况下,就地焚烧。

② 大量泄漏:构筑围堤或挖坑收容;用泡沫覆盖,降低蒸气灾害;用防爆泵转移至槽车或专用收集器内,回收或运至废物处理场所处置。

(2) 灭火方法:喷水冷却容器,可能的话将容器从火场移至空旷处。

(3) 灭火剂:泡沫、干粉、二氧化碳。用水灭火无效。

5. 操作注意事项

密闭操作,全面通风。操作人员必须经过专门培训,严格遵守操作规程。建议操作人员穿防静电工作服,戴橡胶耐油手套。远离火种、热源,工作场所严禁吸烟。使用防爆型的通风系统和设备。防止蒸气泄漏到工作场所空气中。避免与氧化剂接触。灌装时应控制流速,且有接地装置,防止静电积聚。搬运时要轻装轻卸,防止包装及容器损坏。配备相应品种和数量的消防器材及泄漏应急处理设备。倒空的容器可能残留有害物。

6. 储存注意事项

储存于阴凉、通风的库房,远离火种、热源。库温不宜超过 30 ℃;保持容器密封;应与氧化剂分开存放,切忌混储;采用防爆型照明、通风设施;禁止使用易产生火花的机械设备和工具;储区应备有泄漏应急处理设备和合适的收容材料。

7. 防护措施

皮肤接触:立即脱去污染的衣着,用肥皂水和清水彻底冲洗皮肤,然后就医。

眼睛接触:立即提起眼睑,用大量流动清水或生理盐水彻底冲洗至少 15 min,然后就医。

吸入:迅速脱离现场至空气新鲜处;保持呼吸道通畅;如呼吸困难,给输氧;如呼吸停止,立即进行人工呼吸,然后就医。

食入:给饮牛奶或用植物油洗胃和灌肠,然后就医。

防护:穿防静电工作服;工作现场严禁吸烟;避免长期反复接触。

废弃处置方法:用焚烧法处置。

8. 运输注意事项

本品铁路运输时限使用钢制企业自备罐车装运,装运前需报有关部门批准。运输时运输车辆应配备相应品种和数量的消防器材及泄漏应急处理设备。夏季最好早晚运输。运输时所用的槽(罐)车应有接地链,槽内可设孔隔板以减少震荡产生静电。严禁与氧化剂等混装混运。运输途中应防曝晒、雨淋,防高温。中途停留时应远离火种、热源、高温区。装运该物品的车辆排气管必须配备阻火装置,禁止使用易产生火花的机械设备和工具装卸。公路运输时要按规定路线行驶,勿在居民区和人口稠密区停留。铁路运输时要禁止溜放。严禁用木船、水泥船散装运输。

四、易燃固体

(一)易燃固体

1.AC发泡剂(偶氮二甲酰胺)

(1)危险特性:遇明火、高热易燃。受高热分解放出有毒的气体。若遇高热可发生剧烈分解,引起容器破裂或爆炸事故。

其他有害作用:该物质对环境有危害,建议不要让其进入环境。应特别注意对水体的污染。

(2)泄漏应急处理:隔离泄漏污染区,限制出入;切断火源;建议应急处理人员戴防尘口罩,穿防静电工作服;不要直接接触泄漏物。

①小量泄漏:小心扫起,收集运至废物处理场所处置。

②大量泄漏:收集回收或运至废物处理场所处置。

(3)灭火方法:尽可能将容器从火场移至空旷处。灭火剂包含雾状水、泡沫、干粉、二氧化碳、砂土。

(4)操作注意事项:密闭操作,局部排风;防止粉尘释放到车间空气中;操作人员必须经过专门培训,严格遵守操作规程;建议操作人员佩戴自吸过滤式防尘口罩,戴化学安全防护眼镜,戴防化学品手套;远离火种、热源,工作场所严禁吸烟;使用防爆型的通风系统和设备。避免产生粉尘;避免与氧化剂、酸类、碱类接触;配备相应品种和数量的消防器材及泄漏应急处理设备;倒空的容器可能残留有害物。

(5)储存注意事项:储存于阴凉、通风的库房;远离火种、热源;防止阳光直射;包装密封;应与氧化剂、酸类、碱类分开存放,切忌混储;采用防爆型照明、通风设施;禁止使用易产生火花的机械设备和工具;储区应备有合适的材料收容泄漏物。

(6)禁配物:强氧化剂、强酸、强碱。

(7)废弃处置方法:建议用控制焚烧法或安全掩埋法处置。若可能,重复使用容器或在规定场所掩埋。

(8)防护措施:工作场所禁止吸烟、进食和饮水,饭前要洗手;工作完毕,淋浴更衣;保持良好的卫生习惯。

(9)运输注意事项:铁路运输时须报铁路局进行试运,试运期为2年。试运结束后,写出试运报告,报中国铁路总公司正式公布运输条件。运输时运输车辆应配备相应品种和数量的消防器材及泄漏应急处理设备。装运本品的车辆排气管须有阻火装置。运输过程中要确保容器不泄漏、不倒塌、不坠落、不损坏。严禁与氧化剂、酸类、碱类等混装混运。运输途中应防曝晒、雨淋,防高温。中途停留时应远离火种、热源。车辆运输完毕应进行彻底清扫。铁路运输时要禁止溜放。

(二)自燃物品

自燃物品系指自燃点低,在空气中易发生氧化反应,放出热量,而自行燃烧的物品。常见的主要有黄磷、油纸、油棉纱、赛璐珞碎屑、活性炭、保险粉等。

(三)遇湿易燃物品

1.连二亚硫酸钠

(1)危险特性:强还原剂;250℃时能自燃,加热或接触明火能燃烧;暴露在空气中会被氧化而变质;遇水、酸类或与有机物、氧化剂接触,都可放出大量热而引起剧烈燃烧,并放出有毒和易燃的二氧化硫。有害燃烧产物为硫化物。

(2)应急处理:隔离泄漏污染区,限制出入;切断火源;建议应急处理人员戴自给正压式呼吸器,穿化学防护服;不要直接接触泄漏物。

①小量泄漏:避免扬尘,用洁净的铲子收集于干燥、洁净、有盖的容器中。

②大量泄漏:用干石灰、沙或苏打灰覆盖,使用无火花工具收集回收或运至废物处理场所处置。

(3)灭火方法:尽可能将容器从火场移至空旷处。灭火剂包含干粉、二氧化碳、砂土,禁止用水灭火。

(4)操作注意事项:密闭操作,局部排风;操作人员必须经过专门培训,严格遵守操作规程;建议操作人员佩戴自吸过滤式防尘口罩,戴安全防护眼镜,穿化学防护服,戴乳胶手套;远离火种、热源,工作场所严禁吸烟。使用防爆型的通风系统和设备;远离易燃、可燃物;避免产生粉尘;避免与氧化剂、酸类接触,尤其要注意避免与水接触;搬运时要轻装轻卸,防止包装及容器损坏;配备相应品种和数量的消防器材及泄漏应急处理设备。倒空的容器可能残留有害物。

(5)储存注意事项:储存于阴凉、通风的库房;相对湿度保持在75%以下;包装要求密封,不可与空气接触;应与氧化剂、酸类、易(可)燃物分开存放,切忌混储;采用防爆型照明、通风设施;禁止使用易产生火花的机械设备和工具;储区应备有合适的材料收容泄漏物。

(6)其他防护:工作现场禁止吸烟、进食和饮水;工作完毕,淋浴更衣;注意个人清洁卫生。

(7)避免接触的条件:受热分解、在空气中可氧化。

(8)禁配物:强氧化剂、酸类、易燃或可燃物。

(9)废弃处置方法:根据国家和地方有关法规的要求处置;或与厂商或制造商联系,确定处置方法。

(10)包装方法:塑料袋或两层牛皮纸袋外全开口或中开口钢桶(钢板厚0.5 mm,每桶净重不超过50 kg);螺纹口玻璃瓶、铁盖压口玻璃瓶、塑料瓶或金属桶(罐)外普通木箱;螺纹口玻璃瓶、塑料瓶或镀锡薄钢板桶(罐)外满底板花格箱、纤维板箱或胶合板箱。

(11)运输注意事项:运输时运输车辆应配备相应品种和数量的消防器材及泄漏应急处理设备;装运本品的车辆排气管须有阻火装置;运输过程中要确保容器不泄漏、不倒塌、不坠落、不损坏;严禁与氧化剂、酸类、易燃物或可燃物、食用化学品等混装混运;运输途中应防曝晒、雨淋,防高温;中途停留时应远离火种、热源;运输用车、船必须干燥,并有良好的防雨设施;车辆运输完毕应进行彻底清扫;铁路运输时要禁止溜放。

2.铝粉

(1)危险性类别为第4.3类遇湿易燃物品,侵入途径包括吸入、食入。

(2)相关危害:

①健康危险:长期吸入铝粉可致铝尘肺;表现为消瘦、极易疲劳、呼吸困难、咳嗽、咳痰等;溅入眼内,可发生局灶性坏死,角膜色素沉着,晶体膜改变及玻璃体混浊;对鼻、口、性器官黏膜有刺激性,甚至发生溃疡;可引起痤疮、湿疹、皮炎。

②燃爆危险:本品遇湿易燃,具有刺激性。

(3)危险特性:大量粉尘遇潮湿、水蒸气能自燃;与氧化剂混合能形成爆炸性混合物;与氟、氯等接触会发生剧烈的化学反应;与酸类或与强碱接触也能产生氢气,引起燃烧爆炸。粉体与空气可形成爆炸性混合物,当达到一定浓度时,遇火星会发生爆炸。有害燃烧产物为氧化铝。

(4)泄漏应急处理:隔离泄漏污染区,限制出入;切断火源;建议应急处理人员戴自给正压式呼吸器,穿防静电工作服;不要直接接触泄漏物。

①小量泄漏:避免扬尘,用洁净的铲子收集于干燥、洁净、有盖的容器中,转移回收。

②大量泄漏:用塑料布、帆布覆盖。使用无火花工具转移回收。

(5)灭火方法:严禁用水、泡沫、二氧化碳扑救,可用适当的干砂、石粉将火闷熄。

(6)操作注意事项:密闭操作,局部排风;最好采用湿式操作,操作人员必须经过专门培训,严格遵守操作规程;建议操作人员佩戴自吸过滤式防尘口罩,戴化学安全防护眼镜,穿防静电工作服;远离火种、热源,工作场所严禁吸烟;使用防爆型的通风系统和设备;避免产生粉尘;避免与氧化剂、酸类、卤素接触,尤其要注意避免与水接触;在氮气中操作处置;搬运时要轻装轻卸,防止包装及容器损坏;配备相应品种和数量的消防器材及泄漏应急处理设备;倒空的容器可能残留有害物。

(7)储存注意事项:储存于阴凉、干燥、通风良好的库房;远离火种、热源;包装密封;应与氧化剂、酸类、卤素等分开存放,切忌混储;采用防爆型照明、通风设施;禁止使用易产生火花的机械设备和工具;储区应备有合适的材料收容泄漏物。

(8)禁配物:酸类、酰基氯、强氧化剂、卤素、氧。

(9)避免接触的条件:潮湿空气。

(10)运输注意事项:运输时运输车辆应配备相应品种和数量的消防器材及泄漏应急处理设备;装运本品的车辆排气管须有阻火装置;运输过程中要确保容器不泄漏、不倒塌、不坠落、不损坏;严禁与氧化剂、酸类、卤素、食用化学品等混装混运;运输途中应防曝晒、雨淋,防高温;中途停留时应远离火种、热源;运输用车、船必须干燥,并有良好的防雨设施;车辆运输完毕应进行彻底清扫;铁路运输时要禁止溜放。

五、氧化剂、有机过氧化物

(一)氧化剂

1.次氯酸钙

(1)理化特性:

①外观与性状:白色粉末,有极强的氯臭,其溶液为黄绿色半透明液体。

②溶解性:溶于水。

③主要用途:用作消毒剂、杀菌剂、漂白剂等。

(2)禁配物:强还原剂、强酸、氨、易燃或可燃物、水。

(3)健康危害:本品粉尘对眼结膜及呼吸道有刺激性,可引起牙齿损害。皮肤接触可引起中度至重度皮肤损害。

（4）急救措施：

①皮肤接触：立即脱去污染的衣着，用肥皂水和清水彻底冲洗皮肤，然后就医。

②眼睛接触：提起眼睑，用流动清水或生理盐水冲洗，然后就医。

③吸入：迅速脱离现场至空气新鲜处；保持呼吸道通畅；如呼吸困难，给输氧；呼吸停止，立即进行人工呼吸，然后就医。

（5）危险特性：强氧化剂，遇水或潮湿空气会引起燃烧爆炸；与碱性物质混合能引起爆炸；接触有机物有引起燃烧的危险；受热、遇酸或日光照射会分解放出剧毒的氯气。

（6）泄漏应急处理：隔离泄漏污染区，限制出入；建议应急处理人员戴防尘面具（全面罩），穿防毒服；不要直接接触泄漏物；勿使泄漏物与还原剂、有机物、易燃物或金属粉末接触。

①小量泄漏：避免扬尘，用洁净的铲子收集于干燥、洁净、有盖的容器中，转移至安全场所。

②大量泄漏：用塑料布、帆布覆盖。然后收集回收或运至废物处理场所处置。

（7）灭火方法：消防人员须佩戴防毒面具、穿全身消防服，在上风向灭火。灭火剂包含直流水、雾状水、砂土。

（8）操作注意事项：密闭操作，加强通风；操作人员必须经过专门培训，严格遵守操作规程；建议操作人员佩戴头罩型电动送风过滤式防尘呼吸器，穿胶布防毒衣，戴氯丁橡胶手套；远离火种、热源，工作场所严禁吸烟；远离易燃、可燃物；避免产生粉尘；避免与还原剂、酸类接触；搬运时要轻装轻卸，防止包装及容器损坏；禁止震动、撞击和摩擦；配备相应品种和数量的消防器材及泄漏应急处理设备；倒空的容器可能残留有害物。

（9）储存注意事项：储存于阴凉、通风的库房；远离火种、热源；库温不超过 30 ℃，相对湿度不超过80%；包装要求密封，不可与空气接触；应与还原剂、酸类、易（可）燃物等分开存放，切忌混储；不宜大量储存或久存；储区应备有合适的材料收容泄漏物。

（10）防护措施：戴氯丁橡胶手套；工作现场禁止吸烟、进食和饮水；工作完毕，淋浴更衣；保持良好的卫生习惯。

（11）运输注意事项：铁路运输时应严格按照相关规定的危险货物配装表进行配装；运输时单独装运，运输过程中要确保容器不泄漏、不倒塌、不坠落、不损坏；运输时运输车辆应配备相应品种和数量的消防器材；严禁与酸类、易燃物、有机物、还原剂、自燃物品、遇湿易燃物品等并车混运；运输时车速不宜过快，不得强行超车；运输车辆装卸前后，均应彻底清扫、洗净，严禁混入有机物、易燃物等杂质。

2.过氧化甲乙酮（白料）

（1）理化特性：

①外观与性状：无色油状液体，有愉悦的气味。

②溶解性：不溶于水，溶于醇、醚、苯。

（2）相关危害

①健康危害：蒸气有强烈刺激性，吸入引起咽痛、咳嗽、呼吸困难，严重者引起肺水肿，肺水肿为迟发性；口服灼伤消化道，可有肝肾损伤，可致死；可致眼和皮肤灼伤。

②燃爆危险：具有爆炸性，本品易燃，有毒，为可疑致癌物，具有强刺激性。

（3）急救措施：

①皮肤接触：立即脱去污染的衣着，用大量流动清水冲洗至少15 min；就医。

②眼睛接触：立即提起眼睑，用大量流动清水或生理盐水彻底冲洗至少15 min；就医。

③吸入：迅速脱离现场至空气新鲜处；保持呼吸道通畅；如呼吸困难，给输氧；如呼吸停止，立即进行人工呼吸；就医。

④食入：用水漱口，给饮牛奶或蛋清；就医。

（4）危险特性：强氧化剂，遇明火、高热、摩擦、震动、撞击，有引起燃烧爆炸的危险；与还原剂、促进剂、有机物、可燃物等接触会发生剧烈反应，有燃烧爆炸的危险。有害燃烧产物有一氧化碳、二氧化碳。

（5）泄漏应急处理：迅速撤离泄漏污染区人员至安全区，并进行隔离，严格限制出入；切断火源；建议应急处理人员戴自给式呼吸器，穿防毒服；不要直接接触泄漏物；尽可能切断泄漏源；防止流入下水道、排洪沟等限制性空间。

①小量泄漏：用砂土、蛭石或其他惰性材料吸收。

②大量泄漏：构筑围堤或挖坑收容。用泵转移至槽车或专用收集器内，回收或运至废物处理场所处置。

（6）灭火方法：消防人员必须佩戴过滤式防毒面具（全面罩）或隔离式呼吸器、穿全身防火防毒服，在上风向灭火；尽可能将容器从火场移至空旷处；喷水保持火场容器冷却，直至灭火结束；处在火场中的容器若已变色或从安全泄压装置中产生声音，必须马上撤离。灭火剂包含雾状水、泡沫、干粉、二氧化碳、砂土。

（7）操作注意事项：密闭操作，提供充分的局部排风；防止蒸气泄漏到工作场所空气中；操作人员必须经过专门培训，严格遵守操作规程；建议操作人员佩戴自吸过滤式防毒面具（全面罩），穿连衣式胶布防毒衣，戴橡胶手套；远离火种、热源，工作场所严禁吸烟；使用防爆型的通风系统和设备；在清除液体和蒸气前不能进行焊接、切割等作业；远离易燃、可燃物；避免产生烟雾；避免与还原剂、酸类、碱类接触；配备相应品种和数量的消防器材及泄漏应急处理设备；倒空的容器可能残留有害物。

（8）储存注意事项：商品通常稀释后储装；储存于阴凉、通风的库房；远离火种、热源；防止阳光直射；保持容器密封；应与还原剂、酸类、碱类、易（可）燃物、食用化学品分开存放，切忌混储；配备相应品种和数量的消防器材；储区应备有泄漏应急处理设备和合适的收容材料；禁止震动、撞击和摩擦。

（9）工程控制：严加密闭，提供充分的局部排风。

（10）防护措施：

①呼吸系统防护：空气中浓度超标时，必须佩戴自吸过滤式防毒面具（全面罩）；紧急事态抢救或撤离时，应该佩戴空气呼吸器。

②眼睛防护：呼吸系统防护中已作防护，如佩戴防毒面具。

③身体防护：穿连衣式胶布防毒衣。

④手防护：戴橡胶手套。

⑤其他防护：工作现场禁止吸烟、进食和饮水；工作完毕，淋浴更衣；保持良好的卫生习惯。

（11）禁配物：还原剂、酸类、碱类、易燃或可燃物。

（12）废弃处置方法：建议用控制焚烧法或安全掩埋法处置。慢慢加入约10倍重量的20%氢氧化钠溶液破坏；反应放热，可能需要几个小时；破损容器禁止重新使用，要在规定场所掩埋。

（13）包装：

①包装标志：有机过氧化物；爆炸品。

②包装方法：装入马口铁听，再装入坚固木箱，箱内用不燃材料填妥实，每箱净重不超过20 kg；螺纹口玻璃瓶、塑料瓶或塑料袋外普通木箱。

（14）运输注意事项：铁路运输时所用的包装方法应保证不引起该物质发生爆炸危险；铁路运输时应严格按照相关规定的危险货物配装表进行配装。运输时单独装运，运输过程中要确保容器不泄漏、不倒塌、不坠落、不损坏；运输时运输车辆应配备相应品种和数量的消防器材；严禁与酸类、易燃物、有机物、还原剂、自燃物品、遇湿易燃物品等并车混运；车速要加以控制，避免颠簸、震荡。夏季应早晚运输，防止日光曝晒；公路运输时要按规定路线行驶，禁止在居民区和人口稠密区停留；运输车辆装卸前后，均应彻底清扫、洗净，严禁混入有机物、易燃物等杂质。

六、毒害品

（一）氰化钾

1. 理化特性

溶解性：易溶于水、乙醇、甘油，微溶于甲醇、氢氧化钠水溶液。

禁配物：强氧化剂、酸类、水。

避免接触的条件：潮湿空气。

其他有害作用：该物质对环境可能有危害，对水体应给予特别注意。

废弃处置方法：加入强碱性次氯酸盐，反应24 h后，再用大量水冲入废水系统。

2. 相关危害

健康危害：抑制呼吸酶，造成细胞内窒息；吸入、口服或经皮吸收均可引起急性中毒。

口服50～100 mg即可引起猝死。非骤死者临床分为4期：前驱期的症状有黏膜刺激、呼吸加深加快、乏力、头痛；口服有舌尖、口腔发麻等。呼吸困难期有呼吸困难、血压升高、皮肤黏膜呈鲜红色等。惊厥期的症状为出现抽搐、昏迷、呼吸衰竭。麻痹期的症状为全身肌肉松弛，呼吸心跳停止而死亡。

长期接触小量氰化物会出现神经衰弱综合征，眼及上呼吸道刺激，可引起皮疹、皮肤溃疡。

燃爆危险：本品不燃，高毒，具刺激性。

3. 急救措施

皮肤接触：立即脱去污染的衣着，用流动清水或5%硫代硫酸钠溶液彻底冲洗至少20 min，然后就医。

眼睛接触：立即提起眼睑，用大量流动清水或生理盐水彻底冲洗至少15 min，然后就医。

吸入：迅速脱离现场至空气新鲜处；保持呼吸道通畅；如呼吸困难，给输氧；呼吸心跳停止时，立即进行人工呼吸（勿用口对口）和胸外心脏按压术；给吸入亚硝酸异戊酯，然后就医。

食入:饮足量温水,催吐;用 1∶5 000 高锰酸钾或 5% 硫代硫酸钠溶液洗胃,然后就医。

4. 危险特性

本品不燃;受高热或与酸接触会产生剧毒的氰化物气体,与硝酸盐、亚硝酸盐、氯酸盐反应剧烈,有发生爆炸的危险;遇酸或露置空气中能吸收水分和二氧化碳分解出剧毒的氰化氢气体;水溶液为碱性腐蚀液体。

5. 泄漏应急处理

隔离泄漏污染区,限制出入;建议应急处理人员戴防尘面具(全面罩),穿防毒服;不要直接接触泄漏物。

(1)小量泄漏:用洁净的铲子收集于干燥、洁净、有盖的容器中;也可以用次氯酸盐溶液冲洗,洗液稀释后放入废水系统。

(2)大量泄漏:用塑料布、帆布覆盖,然后收集回收或运至废物处理场所处置。

6. 灭火

灭火方法:本品不燃。发生火灾时应尽量抢救商品,防止包装破损,引起环境污染。消防人员须佩戴防毒面具、穿全身消防服,在上风处灭火。

灭火剂:干粉、砂土。禁止用二氧化碳和酸碱灭火剂灭火。

7. 操作注意事项

严加密闭,提供充分的局部排风和全面通风;操作尽可能机械化、自动化;操作人员必须经过专门培训,严格遵守操作规程;建议操作人员佩戴头罩型电动送风过滤式防尘呼吸器,穿连衣式胶布防毒衣,戴橡胶手套;避免产生粉尘;避免与氧化剂、酸类接触;搬运时要轻装轻卸,防止包装及容器损坏;配备泄漏应急处理设备;倒空的容器可能残留有害物。

8. 储存注意事项

储存于阴凉、干燥、通风良好的库房;远离火种、热源;包装必须密封,切勿受潮;应与氧化剂、酸类、食用化学品分开存放,切忌混储;储区应备有合适的材料收容泄漏物;应严格执行极毒物品"五双"管理制度。

9. 防护措施

(1)身体防护:穿连衣式胶布防毒衣。

(2)手防护:戴橡胶手套。

(3)其他防护:工作现场禁止吸烟、进食和饮水;工作完毕,彻底清洗;车间应配备急救设备及药品;单独存放被毒物污染的衣服,洗后备用;作业人员应学会自救互救。

10. 包装

包装标志:剧毒品。

包装方法:装入塑料袋,袋口密封,再装入厚度不小于 0.75 mm 的坚固钢桶中,桶盖严密卡紧,每桶净重 50 kg;螺纹口玻璃瓶、铁盖压口玻璃瓶、塑料瓶或金属桶(罐)外普通木箱,但玻璃瓶外须加塑料袋。

11. 运输注意事项

(1)铁路运输时应严格按照相关规定的危险货物配装表进行配装。

(2)运输前应先检查包装容器是否完整、密封,运输过程中要确保容器不泄漏、不倒塌、不坠落、不损坏。

（3）严禁与酸类、氧化剂、食品及食品添加剂混运，运输时运输车辆应配备泄漏应急处理设备。

（4）运输途中应防曝晒、雨淋，防高温。

（5）公路运输时要按规定路线行驶，禁止在居民区和人口稠密区停留。

七、腐蚀品

（一）酸性腐蚀品

1. 硫酸

（1）危险性类别：第8.1类酸性腐蚀品，危险货物编号为81007。

（2）外观与性状：纯品为无色透明油状液体，无臭，与水混溶。

（3）禁配物：碱类、碱金属、水、强还原剂、易燃或可燃物。

（4）危险特性：遇水大量放热，可发生沸溅；与易燃物（如苯）和可燃物（如糖、纤维素等）接触会发生剧烈反应，甚至引起燃烧；遇电石、高氯酸盐、雷酸盐、硝酸盐、苦味酸盐、金属粉末等猛烈反应，发生爆炸或燃烧；有强烈的腐蚀性和吸水性。有害燃烧产物为氧化硫。

（5）健康危害：对皮肤、黏膜等组织有强烈的刺激和腐蚀作用。蒸气或雾可引起结膜炎、结膜水肿、角膜混浊，以致失明；引起呼吸道刺激，重者发生呼吸困难和肺水肿；高浓度引起喉痉挛或声门水肿而窒息死亡。口服后引起消化道烧伤以致溃疡形成；严重者可能有胃穿孔、腹膜炎、肾损害、休克等。皮肤灼伤，轻者出现红斑、重者形成溃疡，愈后瘢痕收缩影响功能。溅入眼内可造成灼伤，甚至角膜穿孔、全眼球炎以至失明。慢性影响有牙齿酸蚀症、慢性支气管炎、肺气肿和肺硬化等。

（6）泄漏应急处理：迅速撤离泄漏污染区人员至安全区，并进行隔离，严格限制出入；建议应急处理人员戴自给正压式呼吸器，穿防酸碱工作服；不要直接接触泄漏物；尽可能切断泄漏源；防止流入下水道、排洪沟等限制性空间。

①小量泄漏：用砂土、干燥石灰或苏打灰混合，也可以用大量水冲洗，洗水稀释后放入废水系统。

②大量泄漏：构筑围堤或挖坑收容。用泵转移至槽车或专用收集器内，回收或运至废物处理场所处置。

（7）灭火方法：消防人员必须穿全身耐酸碱消防服。灭火剂包含干粉、二氧化碳、砂土。避免水流冲击物品，以免遇水会放出大量热量发生喷溅而灼伤皮肤。

（8）操作注意事项：密闭操作，注意通风；操作尽可能机械化、自动化；操作人员必须经过专门培训，严格遵守操作规程；建议操作人员佩戴自吸过滤式防毒面具（全面罩），穿橡胶耐酸碱服，戴橡胶耐酸碱手套；远离火种、热源，工作场所严禁吸烟；远离易燃、可燃物；防止蒸气泄漏到工作场所空气中；避免与还原剂、碱类、碱金属接触；搬运时要轻装轻卸，防止包装及容器损坏；配备相应品种和数量的消防器材及泄漏应急处理设备；倒空的容器可能残留有害物；稀释或制备溶液时，应把酸加入水中，避免沸腾和飞溅。

（9）储存注意事项：储存于阴凉、通风的库房；库温不超过35 ℃，相对湿度不超过

85%;保持容器密封;应与易(可)燃物、还原剂、碱类、碱金属、食用化学品分开存放,切忌混储;储区应备有泄漏应急处理设备和合适的收容材料。

(10)防护措施:

①呼吸系统防护:可能接触其烟雾时,佩戴自吸过滤式防毒面具(全面罩)或空气呼吸器。紧急事态抢救或撤离时,建议佩戴氧气呼吸器。

②眼睛防护:呼吸系统防护中已作防护。

③身体防护:穿橡胶耐酸碱服。

④手防护:戴橡胶耐酸碱手套。

⑤其他防护:工作现场禁止吸烟、进食和饮水;工作完毕,淋浴更衣;单独存放被毒物污染的衣服,洗后备用;保持良好的卫生习惯。

(11)运输注意事项:本品铁路运输时限使用钢制企业自备罐车装运,装运前需报有关部门批准;铁路非罐装运输时应严格按照相关规定的危险货物配装表进行配装;起运时包装要完整,装载应稳妥;运输过程中要确保容器不泄漏、不倒塌、不坠落、不损坏;严禁与易燃物或可燃物、还原剂、碱类、碱金属、食用化学品等混装混运;运输时运输车辆应配备泄漏应急处理设备;运输途中应防曝晒、雨淋,防高温;公路运输时要按规定路线行驶,勿在居民区和人口稠密区停留。

2. 硝酸

(1)危险性类别为第 8.1 类酸性腐蚀品,危险货物编号为 81002。侵入途径包含吸入、食入。

(2)理化特性:

①外观与性状:纯品为无色透明发烟液体,有酸味。

②相对密度(水 =1):1.50(无水)。

③沸点(℃):86(无水)。

④相对蒸气密度(空气 =1):2.17。

⑤溶解性:与水混溶。

⑥主要用途:用途极广,主要用于化肥、染料、国防、炸药、冶金、医药等工业。

(3)相关危害:

①健康危害:其蒸气有刺激作用,引起眼和上呼吸道刺激症状,如流泪、咽喉刺激感、呛咳,并伴有头痛、头晕、胸闷等;口服引起腹部剧痛,严重者可有胃穿孔、腹膜炎、喉痉挛、肾损害、休克以及窒息;皮肤接触引起灼伤。

②慢性影响:长期接触可引起牙齿酸蚀症。

③燃爆危险:本品助燃,具强腐蚀性、强刺激性,可致人体灼伤。

(4)危险特性:强氧化剂;能与多种物质如金属粉末、电石、硫化氢、松节油等猛烈反应,甚至发生爆炸;与还原剂、可燃物如糖、纤维素、木屑、棉花、稻草或废纱头等接触,引起燃烧并散发出剧毒的棕色烟雾;具有强腐蚀性。

(5)泄漏应急处理:迅速撤离泄漏污染区人员至安全区,并进行隔离,严格限制出入;建议应急处理人员戴自给正压式呼吸器,穿防酸碱工作服;从上风处进入现场;尽可能切断泄漏源;防止流入下水道、排洪沟等限制性空间。

①小量泄漏:将地面洒上苏打灰,然后用大量水冲洗,洗水稀释后放入废水系统。

②大量泄漏:构筑围堤或挖坑收容。喷雾状水冷却和稀释蒸汽、保护现场人员、把泄漏物稀释成不燃物。用泵转移至槽车或专用收集器内,回收或运至废物处理场所处置。

(6)灭火方法:消防人员必须穿全身耐酸碱消防服。灭火剂包含雾状水、二氧化碳、砂土。

(7)操作注意事项:密闭操作,注意通风;操作尽可能机械化、自动化;操作人员必须经过专门培训,严格遵守操作规程;建议操作人员佩戴自吸过滤式防毒面具(全面罩),穿橡胶耐酸碱服,戴橡胶耐酸碱手套;远离火种、热源,工作场所严禁吸烟。防止蒸气泄漏到工作场所空气中;避免与还原剂、碱类、醇类、碱金属接触;搬运时要轻装轻卸,防止包装及容器损坏;配备相应品种和数量的消防器材及泄漏应急处理设备;倒空的容器可能残留有害物。稀释或制备溶液时,应把酸加入水中,避免沸腾和飞溅。

(8)储存注意事项:储存于阴凉、通风的库房;远离火种、热源;库温不宜超过 30 ℃;保持容器密封;应与还原剂、碱类、醇类、碱金属等分开存放,切忌混储;储区应备有泄漏应急处理设备和合适的收容材料。

3. 盐酸

(1)危险性类别:第 8.1 类酸性腐蚀品,危险货物编号为 81013。

(2)理化特性:

①外观与性状:无色或微黄色发烟液体,有刺鼻的酸味。

②相对密度(水 =1):1.20。

③沸点(℃):108.6(20%)。

④相对蒸气密度(空气 =1):1.26。

⑤溶解性:与水混溶,溶于碱液。

(3)相关危害:

①健康危害:接触其蒸气或烟雾,可引起急性中毒,出现眼结膜炎,鼻及口腔黏膜有烧灼感、鼻衄、齿龈出血,气管炎等;眼和皮肤接触可致灼伤。

②慢性影响:长期接触,引起慢性鼻炎、慢性支气管炎、牙齿酸蚀症及皮肤损害。

③燃爆危险:本品不燃,具强腐蚀性、强刺激性,可致人体灼伤。

(4)危险特性:能与一些活性金属粉末发生反应,放出氢气;遇氰化物能产生剧毒的氰化氢气体;与碱发生中和反应,并放出大量的热;具有较强的腐蚀性。

(5)泄漏应急处理:迅速撤离泄漏污染区人员至安全区,并进行隔离,严格限制出入;建议应急处理人员戴自给正压式呼吸器,穿防酸碱工作服;不要直接接触泄漏物;尽可能切断泄漏源。

①小量泄漏:用砂土、干燥石灰或苏打灰混合,也可以用大量水冲洗,洗水稀释后放入废水系统。

②大量泄漏:构筑围堤或挖坑收容。用泵转移至槽车或专用收集器内,回收或运至废物处理场所处置。

(6)操作注意事项:密闭操作,注意通风;操作尽可能机械化、自动化;操作人员必须经过专门培训,严格遵守操作规程;建议操作人员佩戴自吸过滤式防毒面具(全面罩),穿橡胶耐酸碱服,戴橡胶耐酸碱手套;远离易燃、可燃物;防止蒸气泄漏到工作场所空气中;避免与碱类、胺类、碱金属接触;搬运时要轻装轻卸,防止包装及容器损坏;配备泄漏应急处理设备;倒空的容器可能残留有害物。

(7)储存注意事项:储存于阴凉、通风的库房;库温不超过30 ℃,相对湿度不超过85%;保持容器密封;应与碱类、胺类、碱金属、易(可)燃物分开存放,切忌混储;储区应备有泄漏应急处理设备和合适的收容材料。

(8)运输注意事项:本品铁路运输时限使用有橡胶衬里钢制罐车或特制塑料企业自备罐车装运,装运前需报有关部门批准;铁路运输时应严格按照相关规定的危险货物配装表进行配装;起运时包装要完整,装载应稳妥;运输过程中要确保容器不泄漏、不倒塌、不坠落、不损坏;严禁与碱类、胺类、碱金属、易燃物或可燃物、食用化学品等混装混运;运输时运输车辆应配备泄漏应急处理设备;运输途中应防曝晒、雨淋,防高温;公路运输时要按规定路线行驶,勿在居民区和人口稠密区停留。

(二)碱性腐蚀品

1. 氨溶液

(1)危险性类别:第8.2类碱性腐蚀品,危险货物编号为82503。

(2)理化特性:

①外观与性状:无色透明液体,有强烈的刺激性臭味。

②相对密度(水=1):0.91。

③溶解性:溶于水、醇。

④主要用途:用于制药工业、纱罩业、晒图、农业施肥等领域。

(3)相关危害:

①健康危害:吸入后对鼻、喉和肺有刺激性,引起咳嗽、气短和哮喘等;重者发生喉头水肿、肺水肿,以及心、肝、肾损害。溅入眼内可造成灼伤。皮肤接触可致灼伤。口服灼伤消化道。

②慢性影响:反复低浓度接触,可引起支气管炎;可致皮炎。

③燃爆危险:本品不燃,具腐蚀性、刺激性,可致人体灼伤。

(4)危险特性:易分解放出氨气,温度越高,分解速度越快,可形成爆炸性气氛。有害燃烧产物为氨。

(5)灭火方法:采用水、雾状水、砂土灭火。

(6)操作注意事项:严加密闭,提供充分的局部排风和全面通风;操作人员必须经过专门培训,严格遵守操作规程;建议操作人员佩戴导管式防毒面具,戴化学安全防护眼镜,穿防酸碱工作服,戴橡胶手套;防止蒸气泄漏到工作场所空气中;避免与酸类、金属粉末接触;搬运时要轻装轻卸,防止包装及容器损坏;配备泄漏应急处理设备;倒空的容器可能残留有害物。

(7)储存注意事项:储存于阴凉、通风的库房;远离火种、热源。库温不宜超过30 ℃;保持容器密封;应与酸类、金属粉末等分开存放,切忌混储;储区应备有泄漏应急处理设备和合适的收容材料。

(8)运输注意事项:铁路运输时,钢桶包装的可用敞车运输;起运时包装要完整,装载应稳妥;运输过程中要确保容器不泄漏、不倒塌、不坠落、不损坏;严禁与酸类、金属粉末、食用化学品等混装混运;运输时运输车辆应配备泄漏应急处理设备;运输途中应防曝晒、雨淋,防高温;公路运输时要按规定路线行驶,勿在居民区和人口稠密区停留。

2. 氢氧化钠(烧碱)

(1)危险性类别:第8.2类碱性腐蚀品。

(2)理化特性:

①相对密度(水=1):2.12。

②沸点(℃):1 390。

③溶解性:易溶于水、乙醇、甘油,不溶于丙酮。

④禁配物:强酸、易燃或可燃物、二氧化碳、过氧化物、水。

⑤避免接触的条件:潮湿空气。

(3)健康危害:本品有强烈刺激和腐蚀性。粉尘刺激眼和呼吸道,腐蚀鼻中隔;皮肤和眼直接接触可引起灼伤;误服可造成消化道灼伤、黏膜糜烂、出血和休克。可致人体灼伤。

(4)急救措施:

①皮肤接触:立即脱去污染的衣着,用大量流动清水冲洗至少15 min,然后就医。

②眼睛接触:立即提起眼睑,用大量流动清水或生理盐水彻底冲洗至少15 min,然后就医。

③吸入:迅速脱离现场至空气新鲜处;保持呼吸道通畅;如呼吸困难,给输氧,如呼吸停止,立即进行人工呼吸,然后就医。

(5)危险特性:与酸发生中和反应并放热;遇潮时对铝、锌和锡有腐蚀性,并放出易燃易爆的氢气;本品不会燃烧,遇水和水蒸气大量放热,形成腐蚀性溶液;具有强腐蚀性。

(6)泄漏应急处理:隔离泄漏污染区,限制出入;建议应急处理人员戴防尘面具(全面罩),穿防酸碱工作服;不要直接接触泄漏物。

①小量泄漏:避免扬尘,用洁净的铲子收集于干燥、洁净、有盖的容器中,也可以用大量水冲洗,洗水稀释后放入废水系统。

②大量泄漏:收集回收或运至废物处理场所处置。

(7)操作注意事项:穿橡胶耐酸碱服,戴橡胶耐酸碱手套;远离易燃、可燃物;避免产生粉尘;避免与酸类接触;搬运时要轻装轻卸,防止包装及容器损坏;配备泄漏应急处理设备;倒空的容器可能残留有害物;稀释或制备溶液时,应把碱加入水中,避免沸腾和飞溅。

(8)储存注意事项:储存于阴凉、干燥、通风良好的库房;远离火种、热源;库内湿度最好不大于85%;包装必须密封,切勿受潮;应与易(可)燃物、酸类等分开存放,切忌混储;储区应备有合适的材料收容泄漏物。

(9)防护措施:

①身体防护:穿橡胶耐酸碱服。

②手防护:戴橡胶耐酸碱手套。

③其他防护:工作场所禁止吸烟、进食和饮水,饭前要洗手;工作完毕,淋浴更衣;注意个人清洁卫生。

(10)运输注意事项:铁路运输时,钢桶包装的可用敞车运输;起运时包装要完整,装载应稳妥;运输过程中要确保容器不泄漏、不倒塌、不坠落、不损坏;严禁与易燃物或可燃物、酸类、食用化学品等混装混运;运输时,运输车辆应配备泄漏应急处理设备。

第六章　特殊作业风险分析与控制

本章参考的基础文件有《化学品生产单位吊装作业安全规范》（AQ 3021）、《化学品生产单位动火作业安全规范》（AQ 3022）、《化学品生产单位动土作业安全规范》（AQ 3023）、《化学品生产单位断路作业安全规范》（AQ 3024）、《化学品生产单位高处作业安全规范》（AQ 3025）、《化学品生产单位设备检修作业安全规范》（AQ 3026）、《化学品生产单位盲板抽堵作业安全规范》（AQ 3027）、《化学品生产单位受限空间作业安全规范》（AQ 3028）、《危险化学品经营单位主要负责人安全生产培训大纲及考核标准》（AQ/T 3031）、《工贸企业有限空间作业安全管理与监督暂行规定》（2015 年修订）、《施工现场临时用电安全技术规范》（JGJ 46）、《化学品生产单位特殊作业安全规范》（GB 30871）等。

第一节　化学品生产单位特殊作业安全管理

一、相关含义

特殊作业是指化学品生产单位设备检修过程中可能涉及的动火、吊装、高处作业、动土、临时用电、断路、盲板抽堵、进入受限空间等，对操作者本人、他人及周围建（构）筑物、设备、设施的安全可能造成危害的作业。

危险作业是指当生产任务紧急或特殊，且不适合执行一般性的安全操作规程，作业过程中容易发生人身伤害或财产损失且事故后果严重，需要采取特别控制措施后才能进行作业的活动。

二、特殊作业与常规作业管理区别

具体内容如图 6-1 所示。

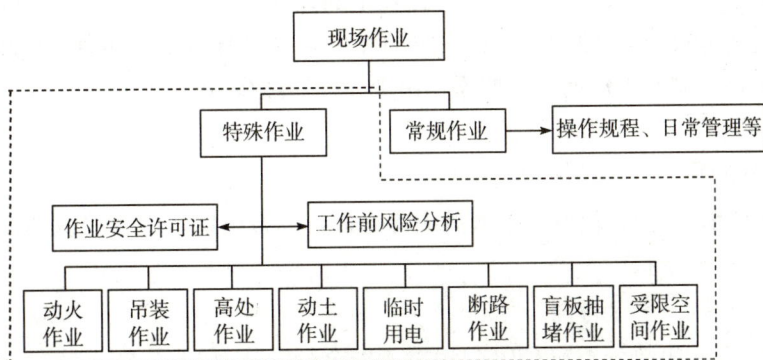

图 6-1　特殊作业与常规作业管理区别

三、特殊作业的安全管理要求

相关部门必须制定有针对性的相应管理制度,对如何进行申请、风险分析、措施制订和确认、监测与监护、审核审批、应急管理等方面作出规定。

作业前,应对参加作业的人员进行安全教育。特殊作业安全许可证必须严格落实。特殊作业人员必须持证上岗。

作业现场必须有相关的特殊作业安全许可证、警示标志和警戒、进行现场监护等。作业现场的安全措施必须已得到相关人员确认,相关人员必须按要求现场员确认、签字,必须加强作业过程监督。

第二节 化学品特殊作业风险分析

一、风险分析的思路

(一)存在的危害

存在能量、有害物质和能量、有害物质失去控制,是危害产生的根本原因。因此,在作业活动前,应查找和辨清危险源。

1. 第一类危险源

第一类危险源是指可能发生意外释放的能源(能量或能量载体)或危险物质(如锅炉、危险化学品等)。

2. 第二类危险源

第二类危险源是指导致能量或危险物质的约束或限制措施破坏或失效的各种因素。主要包括人的失误、物的故障和环境因素。

(二)受到的伤害

风险分析可从人身伤害(包括身体伤害、疾病、死亡等)、财产损失(包括停工、违法、影响信誉等)和环境破坏(包括工作环境、自然环境等)方面考虑。

(三)伤害发生过程

针对不同危害的特点,辨别和了解伤害发生的条件、时机和方式,以便有针对性地采取安全防范措施,防止伤害的发生。如火灾的发生要同时具备三个条件(点火源、易燃物和助燃物),如能控制其中任何一个要素不出现,就能有效防止火灾的发生。

二、危害识别

在每次作业前,作业人员及监护人员应首先进行危害识别。危害的识别,应从人的不安全行为、物的不安全状态入手。

(一)人的不安全行为

《企业职工伤亡事故分类》(GB 6441)将不安全行为分为13大类:

(1)操作错误、忽视安全、忽视警告。

(2)造成安全装置失效。

(3)使用不安全设备。

(4)用手代替工具操作。

(5)物体(成品、半成品、材料、工具等)存放不当。

(6)冒险进入危险场所。

(7)攀、坐不安全位置。

(8)在起吊物下作业、停留。

(9)机器运转时进行加油、修理、检查、调整、焊接、清扫等工作。

(10)有分散注意力行为。

(11)在必须使用个人防护用品用具的作业或场合中,忽视其使用。

(12)不安全装束。

(13)对易燃易爆等危险物品处理错误。

作业人员在做每项任务之前应仔细思考、识别潜在的危害,调整自己的行为以保护自己;同时需要注意其他人的不正确行为,并相互指出问题所在,从而保护大家免受工作场所危害的伤害。

(二)物的不安全状态

《企业职工伤亡事故分类》(GB 6441)将物的不安全状态分为4大类:

(1)防护、保险、信号等装置缺乏或有缺陷。

(2)设备、设施、工具、附件有缺陷。

(3)个人防护用品用具——防护服、手套、护目镜及面罩、呼吸器官护具、听力护具、安全带、安全帽、安全鞋等缺少或有缺陷。

(4)生产(施工)场地环境不良。

三、安全防范措施

(一)能量控制

事故的发生是一些非需能量相互作用的结果,消除引发事故的触发能量是防止事故发生的关键步骤。因此,做好能量隔离工作是做好风险控制的重中之重。比如在危险场所或危险部位动火作业前,要采取有效的隔离、隔断措施,进行清洗、置换并检查合格;在检修、施工场所要设置警戒线和安全警示标志;检修、施工用的机械、器具,在作业前应进行全面检查,确保其完好、适用。

(二)作业许可

对每一个现场作业要有严格的申请、审批和作业检查程序。风险较大的作业,如动火作业、进入受限空间作业、动土作业、临时用电作业、高处作业、吊装作业、设备检修作业、盲板抽堵作业等,要履行严格的作业许可程序,如图6-2所示。作业前办理相应的作业许可证。

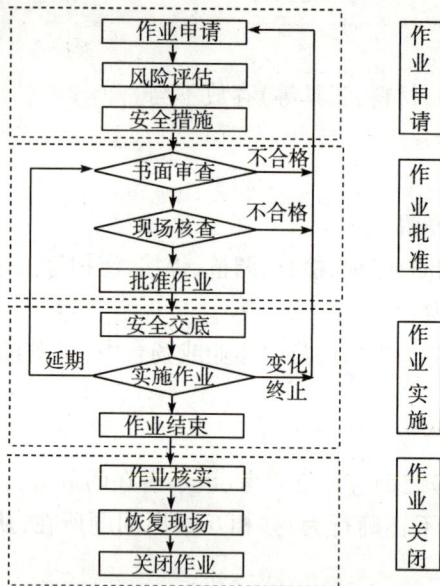

图 6-2　作业许可管理流程图

（三）安全培训

对参加作业的有关人员,要进行以下内容的安全培训:

(1)作业活动必须遵守的有关安全规章制度。

(2)作业过程中可能存在或出现的危害及对策。

(3)作业过程中个体防护用具和用品的正确佩戴和使用。

(4)作业项目、任务、方案和安全措施等。

（四）劳动防护用品

企业应严格按《个体防护装备选用规范》(GB/T 11651)、《用人单位劳动防护用品管理规范》和地方政府标准等有关规定,根据作业环境的特点和具体情况,选择、配备和使用劳动防护用品。

四、作业前风险分析

作业有关人员在进行每次作业时,都要用"作业前风险分析表"进行风险分析,确认所需要采取的控制措施,从而保护自身远离每一项作业风险可能带来的伤害。

（一）动火作业前风险分析

具体内容如表 6-1 所示。

表 6-1　动火作业前风险分析表

序号	风险分析	对策措施	备注
1	电、气焊作业人员是否持证上岗	电、气焊作业人员必须持有效的焊工证,其他用火人员应持有效的本岗位工种作业证	

（续表）

序号	风险分析	对策措施	备注
2	劳保着装是否规范	必须戴安全帽、防护眼镜、防护手套,穿工作服、劳保鞋,电焊工必须穿戴绝缘手套、绝缘劳保鞋	
3	动火人和监护人是否了解现场情况,清楚潜在的风险	作业前必须进行安全教育,现场情况要交底	
4	动火监护人员是否持证上岗	动火监护人应有岗位操作合格证,应参加由安全监督管理部门(现为应急管理部门,下同)组织的动火监护人培训班,考核合格后由安全监督管理部门发放动火监护人资格证书	
5	是否有动火作业程序或安全规程	没有时,监护人停止其作业	
6	动火证是否实行"一处、一证、一人"	一张动火作业许可证只限一处用火,实行一处(一个用火地点)、一证(动火作业证)、一人(动火监护人),不能用一张动火作业证进行多次动火	
7	动火部位与"动火作业许可证"是否相符	当发现动火部位与动火作业许可证不相符合,或者动火安全措施不落实时,动火监护人有权制止动火	
8	施工动火涉及其他管辖区域时,相关方是否进行了会签	施工动火涉及其他管辖区域时,由所在管辖区域单位领导审查会签,并由双方单位共同落实安全措施,各派1名动火监护人	
9	系统是否彻底隔绝	切断物料来源并加好盲板	
10	系统内是否存在易燃易爆物质	进行置换、冲洗至分析合格	
11	动火设备是否存在无法彻底置换的易燃物质	动火设备通以蒸汽(或氮气)后进行动火	
12	动火部位是否存在有毒介质	动火部位存在有毒介质的,应对其浓度检测分析,若含量超过车间空气中有害物质最高容许浓度时,应采取相应的安全措施	
13	是否严格执行"三不动火"	"三不动火"是指没有经批准的动火作业许可证不动火,动火监护人不在现场不动火,防火措施不落实不动火	
14	生产系统是否保持不低于100 mm水柱正压	必须设专人负责监视生产系统内压力变化情况,使系统保持不低于100 mm水柱正压。低于100 mm水柱压力应停止动火作业	

序号	风险分析	对策措施	备注
15	溶解乙炔气钢瓶是否卧放	必须直立摆放	
16	氧气瓶与乙炔气瓶是否在烈日下曝晒	夏季采取防晒措施	
17	电焊回路接线是否正确	电焊回路线接在焊件上，不得穿过下水井或与其他设备搭接	
18	在有可燃物或难燃物构件的凉水塔、脱气塔、水洗塔等内部进行动火作业前，是否已采取了防火隔绝措施	凡在有可燃物或难燃物构件的凉水塔、脱气塔、水洗塔等内部进行动火作业时，必须采取防火隔绝措施，以防火花溅落引起火灾	
19	动火现场是否设有安全警示标志和安全警戒线	现场设立安全警示标志和安全警戒线	
20	配备的个人防护用品、用具是否充分，所用的防护用品、用具是否符合安全要求	按标准配备个人防护用品、用具，选用的防护用品、用具应是国家认可的厂家生产的合格产品	
21	动火作业前，应检查电、气焊工具及其附件，是否安全、可靠、灵敏	动火作业前，应检查电、气焊工具，保证安全可靠，不准带病使用	
22	是否已采取了有效的安全防火措施，配备了足够适用的消防器材	按标准配备消防器材	
23	电焊机二次线圈及外壳是否进行了接地或接零保护	接地良好，接地电阻不大于 4 Ω	
24	在多人或交叉电焊作业场所是否设有防护遮板	应设有有效的防护遮板	
25	在高空动火作业，是否采取了防止火花溅落的措施	高空进行动火作业，其下部地面如有可燃物、空洞、阴井、地沟、水封等，应检查分析，并采取措施，以防火花溅落引起火灾爆炸事故	
26	须在盛装或输送可燃气体、可燃液体、有毒有害介质或其他重要的运行设备、容器、管线上进行焊接作业时，设备管理部门是否对施工方案进行了确认	在盛装或输送可燃气体、可燃液体、有毒有害介质或其他重要的运行设备、容器、管线上进行焊接作业时，设备管理部门必须对施工方案进行确认，对设备、容器、管线进行测厚，并在动火作业许可证上签字	
27	作业场所照明光线不良或过度	按国家标准设置照度	
28	若露天动火作业，风动是否达到 5 级以上（含 5 级风）	5 级风以上（含 5 级风）天气，原则上禁止露天动火作业。因生产需要确需动火作业时，动火作业应升级管理	

（续表）

序号	风险分析	对策措施	备注
29	动火作业前是否清除了动火现场及周围的易燃物品	用火点周围要清除易燃物,下水井、地漏、地沟、电缆沟等处采取覆盖、铺沙、水封等手段进行隔离。用火点以内严禁排放各类可燃气体;范围内严禁排放各类可燃液体,也不可进行装卸作业;在同一动火区域不应同时进行可燃溶剂清洗和喷漆等施工	
30	动火作业现场的通排风是否良好	保持良好通风,必要时强制通风	
31	在高处、受限空间等特殊场所进行动火作业,是否按相应规定办理了作业许可手续	在受限空间内进行动火作业、临时用电作业时,不允许同时进行刷漆、喷漆作业或使用可燃溶剂清洗等其他可能散发易燃气体、易燃液体的作业	

（二）吊装作业前风险分析

具体内容如表 6-2 所示。

表 6-2　吊装作业前风险分析表

序号	风险分析	对策措施	备注
1	特种作业人员是否持证上岗	起重指挥人员、司索人员(起重工)和起重机械操作人员应持有国家颁发的、有效的《特种作业人员操作证》后,方可从事指挥和操作	
2	是否编制了吊装施工方案	吊装重量大于等于 40 t 的物体和土建工程主体结构,应编制吊装施工方案。吊物虽不足 40 t 重,但形状复杂、刚度小、长径比大、精密贵重、施工条件特殊的情况下,也应编制吊装施工方案。在进行大型起重作业前,直属企业安全监督管理部门应对施工方案、施工安全措施和应急预案进行审查	
3	作业用的起重机械是否符合要求	新购置的起重机械,其生产厂家应是政府主管部门批准的具有资质的专业制造厂,其安全、防护装置必须齐全、完备,具有产品合格证和安全使用、维护、保养说明书;设计、制造、改制、维修、安装、拆除起重机械(包括临时、小型起重机械),需由取得政府部门或其授权机构颁发许可证的单位进行。改造、安装后的起重装备,应取得当地政府相关部门颁发的使用许可证后,方可使用;自制、改造和修复的吊具、索具等简易起重设备,必须有设计资料(包括图纸、计算书等),施工过程中应严格按照图纸进行,经具有检验资质的机构检验合格后方可使用	

(续表)

序号	风险分析	对策措施	备注
4	作业人员是否清楚吊装施工方案及作业危害	作业前必须进行安全教育	
5	吊装作业人员着装是否规范	吊装人员应戴安全帽。高空作业人员应配安全带,穿防滑鞋,带工具袋	
6	起重机的停放位置是否合适	起重机不得停放在斜坡道上工作,不允许起重机两条履带或支腿停留部位一高一低或土质一硬一软	
7	吊装作业前是否进行了安全检查	吊装作业前应进行以下项目的安全检查: (1)安全监督管理部门应对从事指挥和操作的人员进行资格确认 (2)对起重机械和吊具进行安全检查确认,确保处于完好状态 (3)对安全措施落实情况进行确认 (4)对吊装区域内的安全状况进行检查(包括吊装区域的划定、标识、障碍) (5)核实天气情况	
8	是否已明确了吊装指挥人员	吊装作业时必须明确指挥人员,指挥人员应佩戴明显的标志	
9	正式起吊前是否已进行了试吊	正式起吊前应进行试吊,试吊中检查全部机具、地锚受力情况,发现问题应先将工件放回地面,故障排除后重新试吊,确认一切正常,方可正式吊装	
10	吊装作业是否坚持"十不吊"原则	吊装作业应坚持"十不吊"原则: (1)被吊物重量超过机械性能允许范围不准吊 (2)信号不清不准吊 (3)吊物下方有人站立不准吊 (4)吊物上站人不准吊 (5)埋在地下的物品不准吊 (6)斜拉斜牵物不准吊 (7)散物捆绑不牢不准吊 (8)零散物不装容器不准吊 (9)吊物重量不明、吊索具不符合规定不准吊 (10)6级以上大风、大雾天影响视力和大雨雪时不准吊	
11	是否将建筑物、构筑物作为锚点	经设备动力部审查核算并批准	

序号	风险分析	对策措施	备注
12	是否利用管道、管架、电杆、机电设备等作吊装锚点	若利用管道、管架、电杆、机电设备等作吊装锚点，不准吊装	
13	吊装设备设施是否带病使用	在制动器、安全装置失灵、吊钩防松装置损坏、钢丝绳损伤达到报废标准等情况下禁止起重操作	
14	吊物棱角处与钢丝绳之间是否加衬垫	吊物棱角处与钢丝绳之间未加衬垫时不得进行起重操作	
15	吊具与吊索的选择、使用是否正确	根据重物的具体情况选择合适的吊具与吊索；不准用吊钩直接缠绕重物，不得将不同种类或不同规格的吊索、吊具混在一起使用；吊具承载不得超过额定起重量，吊索不得超过安全负荷；起升吊物，应检查其连接点是否牢固、可靠	
16	梯子、临时操作台的设置是否符合要求	登高用梯子、临时操作台应绑扎牢靠；梯子与地面夹角以 60°~70° 为宜，操作台跳板应铺平绑扎，严禁出现挑头板	
17	吊点和吊物的重心是否在同一垂直线上	吊物捆绑应牢靠，吊点和吊物的重心应在同一垂直线上	
18	在满负荷或接近满负荷时，是否同时进行提升与回转两种动作	起重机应尽量避免满负荷行驶；在满负荷或接近满负荷时，严禁同时进行提升与回转（起升与水平转动或起升与行走）两种动作	
19	2 台或多台起重机械吊运同一重物时，各台起重机械所承受的载荷是否超过各自额定起重能力的 80%	用 2 台或多台起重机械吊运同一重物时，升降、运行应保持同步；各台起重机械所承受的载荷不能超过各自额定起重能力的 80%	
20	人员与吊物是否保持安全距离	人员与吊物应保持一定的安全距离	
21	2 台吊装机械同时作业时，是否保持安全距离	当 2 台吊装机械同时作业时，两机吊钩所悬吊构件之间应保持 5 m 以上的安全距离，防止发生碰撞事故	
22	现场是否设有安全警戒线、警示标志	在吊装作业范围内应设警戒线并设明显的警示标志，严禁非工作人员通行	

序号	风险分析	对策措施	备注
23	周围是否有电气线路	起重机械及其臂架、吊具、辅具、钢丝绳、缆风绳和吊物不得靠近高低压输电线路。必须在输电线路近旁作业时，必须按规定保持足够的安全距离，不能满足时，应停电后再进行起重作业	
24	天气情况是否适合吊装作业	遇 6 级以上大风或大雪、大雨、大雾等恶劣天气时，不得从事露天起重作业	
25	是否为夜间作业	夜间作业时，必须有足够的照明	

（三）高处作业前风险分析

具体内容如表 6-3 所示。

表 6-3　高处作业前风险分析表

序号	风险分析	对策措施	备注
1	作业人员着装是否符合工作要求	必须戴安全帽、防护眼镜、防护手套，穿工作服、劳保鞋，系好安全带	
2	高处作业是否设有监护人员	高处作业应设监护人对高处作业人员进行监护，监护人应坚守岗位	
3	作业人员身体条件是否符合要求	凡患高血压、心脏病、贫血病、癫痫病、精神病以及其他不适于高处作业的人员，不得从事高处作业	
4	作业人员对现场状况及存在的危害是否了解	生产单位与施工单位现场安全负责人应对作业人员进行必要的安全教育，施工单位负责人应向施工作业人员进行作业程序和安全措施的交底	
5	是否制定了应急预案	应制定应急预案，内容包括作业人员紧急状况时的逃生路线和救护方法，现场应配备的救生设施和灭火器材等	
6	高处作业人员是否系好安全带	高处作业人员应系用与作业内容相适应的安全带，安全带应系挂在施工作业处上方的牢固构件上，不得系挂在有尖锐棱角的部位。安全带系挂点下方应有足够的净空	
7	高处作业所用工具、材料的堆放是否平稳	高处作业严禁上下投掷工具、材料和杂物等，所用材料应堆放平稳，必要时应设安全警戒区，并设专人监护	
8	工具是否配有安全绳、工具套（袋）	工具在使用时应系有安全绳，不用时应将工具放入工具套（袋）内	
9	是否有交叉作业	在同一坠落方向上，一般不得进行上下交叉作业，如需进行交叉作业，中间应设置安全防护层，坠落高度超过24 m 的交叉作业，应设双层防护	

（续表）

序号	风险分析	对策措施	备注
10	高处作业人员是否存在不安全行为	高处作业人员不得站在不牢固的结构物上进行作业，不得在高处休息，上下时应按规定路线，严禁沿着绳索、立杆或栏杆攀爬	
11	材料、器具、设备是否完好	脚手架的搭设必须符合国家有关规程和标准，脚手架不可固定在设备附件上。高处作业应使用符合安全要求的吊笼、梯子、防护围栏、挡脚板和安全带等，跳板必须符合要求，两端必须捆绑牢固。作业前，应仔细检查所用的安全设施是否坚固、牢靠	
12	安全带的使用是否正确	安全带应系在人体正上方的构件上，不宜斜挂使用，不得低挂高用	
13	是否为有毒、有害环境	在邻近地区设有排放有毒、有害气体及粉尘超出允许浓度的烟囱及设备的场合，严禁进行高处作业。如在允许浓度范围内，也应采取有效的防护措施，佩戴防毒面具	
14	气候条件是否适合高处作业	遇有不适宜高处作业的恶劣气象（如6级风以上、雷电、暴雨、大雾等）条件时，严禁露天高处作业。在应急状态下，按应急预案执行	
15	攀登石棉瓦、瓦棱板等轻型材料作业时，是否采取了必要的安全防护措施	攀登石棉瓦、瓦棱板等轻型材料作业时，必须铺设牢固的脚手板，并加以固定，脚手板上要有防滑措施	
16	现场是否设置警戒线、安全警示标志	登高作业现场应设有防护栏、安全网、警戒线、安全警示牌，除有关人员，不准其他人员在作业点下通行或逗留	
17	在化工危险区作业是否与车间取得联系	在化学危险物品生产、储存场所或附近有放空管线的位置作业时，事先应与车间有关负责人取得联系，并建立联系信号	
18	现场是否噪声大或视线不清	配备必要的联络工具，并指定专人负责联系	
19	作业场所照明光线是否不良或过度	夜间高处作业应有充足的照明	
20	在受限空间等特殊场所进行高处作业，是否按相应规定办理了作业许可手续	高处作业涉及用火、临时用电、进入受限空间等作业时，应办理相应的作业许可证	

（四）临时用电作业前风险分析

具体内容如表6-4所示。

表6-4　临时用电作业前风险分析表

序号	风险分析	对策措施	备注
1	安装临时线路人员是否持有电工作业操作证	安装临时用电线路人员必须持有有效的电工作业操作证	
2	作业人员着装是否规范	作业人员必须戴安全帽、绝缘手套,穿工作服、绝缘鞋	
3	在运行的生产装置、罐区和具有火灾爆炸危险场所内接临时电源,是否同时办理了动火作业许可证	在运行的生产装置、罐区和具有火灾爆炸危险场所内一般不允许接临时电源。确属装置生产、检修施工需要时,在办理临时用电作业许可证的同时,按规定办理动火作业许可证	
4	施工作业人员是否熟悉作业程序和安全措施	配送电单位负责人应对作业程序和安全措施进行确认,施工单位负责人应向施工作业人员进行作业程序和安全措施的交底	
5	施工队伍是否有自备电源	有自备电源的施工和检修队伍,自备电源不应接入公用电网	
6	临时用电设备和线路是否按供电电压等级和容量正确使用	临时用电设备和线路应按供电电压等级和容量正确使用,所用的电气元件应符合国家规范标准要求,临时用电电源施工、安装应严格执行电气施工安装规范,并接地良好	
7	防爆区域内的电气元件和线路是否达到防爆等级要求	在防爆场所使用的临时电源,电气元件和线路应达到相应的防爆等级要求,并采取相应的防爆安全措施	
8	绝缘是否良好	临时用电架空线应采用绝缘铜芯线,临时用电线路及设备的绝缘应良好	
9	安全标志是否明显	对需埋地敷设的电缆线路应设有"走向标志"和"安全标志"	
10	现场临时配电盘、箱是否有防雨等措施	对现场临时用电配电盘、箱应有编号,应有防雨措施,盘、箱、门应能牢靠关闭	
11	行灯电压是否符合要求	行灯电压不应超过36 V,在特别潮湿的场所或塔、釜、槽、罐等金属设备作业装设的临时照明行灯电压不应超过12 V	

（续表）

序号	风险分析	对策措施	备注
12	临时用电设施是否安装漏电保护器	临时用电设施应安装符合规范要求的漏电保护器,移动工具、手持式电动工具应"一机一闸一保护"	
13	临时用电的相制是否符合要求	临时用电的单相和混用线路采用五线制	

(五)进入受限空间作业前风险分析

具体内容如表6-5所示。

表6-5　进入受限空间作业前风险分析表

序号	风险分析	对策措施	备注
1	特种作业人员是否持证上岗	特种作业人员必须持有有效的特种作业证	
2	劳保着装是否规范	必须戴安全帽、防护眼镜、防护手套,穿工作服、劳保鞋。若进入有腐蚀介质的受限空间,必须穿戴防腐工作服、防腐面具、防腐鞋及手套	
3	作业人员和监护人是否了解现场情况,清楚潜在的风险	作业前必须进行安全教育。生产单位必须与施工单位进行现场检查交底,施工单位负责人应向施工作业人员进行作业程序和安全措施交底	
4	是否制定了相应的作业程序、安全防范和应急措施	进入受限空间作业前,监护人员和作业人员必须熟知紧急状况时的逃生路线和救护方法,监护人员与作业人员约定的联络信号。作业现场应配备一定数量的、符合规定的救生设施和灭火器材等	
5	是否严格执行"三不进入"	没有办理进入受限空间作业许可证不进入;安全防护措施没有落实不进入;监护人不在现场不进入	
6	进入受限空间作业前,是否已做好工艺处理	将受限空间吹扫、蒸煮、置换合格,所有与其相连且可能存在可燃可爆、有毒有害物料的管线、阀门应加盲板隔离,盲板处应挂牌标识	
7	对盛装过能产生自聚物的设备容器,是否做过加热试验	对盛装过能产生自聚物的设备容器,作业前应进行工艺处理,采取蒸煮、置换等方法,并做聚合物加热试验	
8	在缺氧、有毒环境中,是否佩戴隔离式防毒面具	在特殊情况下,作业人员可戴供风式面具、空气呼吸器等。使用供风式面具时,供风设备必须安排专人监护	
9	进入受限空间作业是否使用安全电压和安全行灯	进入金属容器(炉、塔、釜、罐等)和特别潮湿、工作场地狭窄的非金属容器内作业,照明电压不大于12 V;当需要使用电动工具或照明电压大于12 V时,应按规定安装漏电保护器,其接线箱(板)必须放置在容器外部	

（续表）

序号	风险分析	对策措施	备注
10	是否使用卷扬机、吊车等运送作业人员	进入受限空间作业,不得使用卷扬机、吊车等运送作业人员,作业人员所带的工具、材料须进行登记	
11	是否是易燃易爆环境	在易燃易爆环境中,应使用防爆电筒或电压不大于12 V的防爆安全行灯,行灯变压器不得放在容器内或容器上;作业人员应穿戴防静电服装,使用防爆工具	
12	取样分析是否有代表性、全面性	受限空间容积较大时,应对上、中、下各部位取样分析,保证受限空间任何部位的有害物质含量合格	
13	带有搅拌器等转动部件的设备,在断电后是否采取了必要的安全防范措施	带有搅拌器等转动部件的设备,应在停机后切断电源,摘除保险,并在开关上挂上"有人工作、严禁合闸"警示牌,必要时拆除转动部件与电机连接的联轴器	
14	是否存在交叉作业	应有防止交叉作业层间落物伤害作业人员的安全措施	
15	是否有防止人员误入的措施	在受限空间入口处应设置"危险！严禁入内"警告牌或采取其他封闭措施	
16	作业场所照明光线是否不良或过度	按照国家标准设置照度	
17	设备的出入口内、外是否保证其畅通无阻	设备的出入口内、外不得有障碍物,保证其畅通无阻,便于人员出入和抢救疏散	
18	受限空间内的通排风是否良好	作业的受限空间内,可采用自然通风。必要时可用通风机、鼓风机强制抽风或鼓风,但严禁向内充氧气	
19	进入受限空间需要进行登高、动火等作业,是否按相应规定办理了作业许可手续	按相关规定办理相关作业许可	

（六）设备检修作业前风险分析

具体内容如表6-6所示。

表6-6　设备检修作业前风险分析表

序号	风险分析	对策措施	备注
1	施工单位的资质是否符合要求	生产单位应对施工单位进行安全资质审查,不合格者不得录用施工	
2	是否编制检修施工方案	施工作业前,施工单位应编制施工方案、安全技术措施和进度计划,报生产单位主管部门审批,并办理施工作业许可证	

（续表）

序号	风险分析	对策措施	备注
3	是否对作业人员进行了安全教育	检修前,必须对参加检修作业的人员进行安全教育: (1)检修作业必须遵守的有关检修安全的规章制度; (2)检修作业现场和检修过程中可能存在或出现的不安全因素及对策; (3)检修作业过程中个体防护用具和用品的正确佩戴和使用; (4)检修作业项目、任务、检修方案和检修安全措施	
4	作业人员着装是否规范	按规定穿劳保工作服、工作鞋,戴安全帽	
5	是否设有安全隔离作业区	生产单位负责在施工作业现场划出安全隔离作业区,施工单位根据作业内容和作业场所环境情况制定出安全有效的作业区隔离措施方案	
6	无法实施区域隔离的,是否制定了安全措施和施工方案	凡在运行的装置区域内进行施工作业,而又无法实施区域隔离的,必须由企业和施工单位共同制定安全措施和施工方案,并逐条落实。检查确认达到安全施工条件后,方可进行施工作业	
7	待修设备管线或系统是否符合检修安全要求	设备的清洗、置换、交出由设备所在单位负责,设备清洗、置换后应有分析报告。检修项目负责人应会同设备技术人员、工艺技术人员检查并确认设备、工艺处理及盲板抽堵等符合检修安全要求	
8	与施工项目相关的工艺管线、下水井系统等,是否采取了有效的隔离措施	凡与施工项目相关的工艺管线、下水井系统等,应采取有效的隔离措施。有毒有害及可燃介质的工艺管线必须加盲板进行隔离;通往下水系统的沟、井、漏斗等必须严密封堵;施工隔离区内凡与生产有关的工艺设备、阀门、管线等,均应有明显的禁动标志	
9	生产单位在不停产状态下进行施工作业,是否制定了事故应急预案并组织了演练	生产单位在不停产状态下进行施工作业,应制定边生产、边施工作业的事故处理预案,并组织员工进行学习和演练	
10	检修现场是否设置了围栏和警告标志,并设置夜间警示红灯	对检修现场的坑、井、注、沟、陡坡等应填平或铺设与地面平齐的盖板,也可设置围栏和警告标志,并设置夜间警示红灯	
11	检修用的工器具是否符合安全要求	对检修作业使用的脚手架、起重机械、电气焊用具、手持电动工具、扳手、管钳、锤子等各种工器具进行检查,凡不符合作业安全要求的工器具不得使用	

（续表）

序号	风险分析	对策措施	备注
12	对需检修设备上的电器电源，是否采取了可靠的断电措施，并在电源开关处挂上"禁止启动"的安全标志并加锁	应采取可靠的断电措施，切断需检修设备上的电器电源，并经启动复查确认无电后，在电源开关处挂上"禁止启动"的安全标志并加锁	
13	检修作业使用的气体防护器材、消防器材等，是否保证完好可靠	对检修作业使用的气体防护器材、消防器材、通信设备、照明设备等器材设备应经专人检查，保证完好可靠，并合理放置	
14	是否对检修现场的爬梯、栏杆、平台、铁箅子、盖板等进行检查	应对检修现场的爬梯、栏杆、平台、铁箅子、盖板等进行检查，保证安全可靠	
15	消防通道是否畅通	施工机具和材料摆放整齐有序，不得堵塞消防通道和影响生产设施、装置人员的操作与巡回检查	
16	是否将生产设备、管道、构架及生产性构筑物作起重吊装锚点	严禁触动正在生产的管道、阀门、电线和设备等，严禁用生产设备、管道、构架及生产性构筑物作起重吊装锚点	
17	施工临时用水、用风等，是否办理了有关手续	施工临时用水、用风等，应办理有关手续，不得使用消防栓供水	
18	高处动火作业是否采取了防止火花飞溅的遮挡措施	高处动火作业应采取防止火花飞溅的遮挡措施	
19	电焊机接线是否规范	电焊机接线应规范，不得将裸露地线搭接在装置、设备的框架上	
20	移动式电气工器具，是否配有漏电保护装置	对检修所使用的移动式电气工器具，必须配有漏电保护装置	
21	检修场所是否有腐蚀性介质	对有腐蚀性介质的检修场所须备有冲洗用水源	
22	是否与生产现场建立了联系	在生产和储存化学危险品的场所进行设备检修时，检修项目负责人要与当班班长联系。如生产出现异常情况或突然排放物料，危及检修人员的人身安全时，生产当班班长必须立即通知检修人员停止作业，迅速撤离作业场所	

（续表）

序号	风险分析	对策措施	备注
23	夜间检修作业是否有足够的照明	需夜间检修的作业场所,应设有足够亮度的照明装置	
24	是否涉及用火、临时用电、进入受限空间、高处等作业	施工作业涉及用火、临时用电、进入受限空间、高处等作业时,应办理相应的作业许可证	

第三节　化学品特殊作业风险评价准则

一、工作危害分析法（JHA）

（一）工作危害分析概述

作业危害分析又称作业安全分析、作业危害分解,是一种半定量评估方法。实施作业危害分析,能够识别作业中潜在的危害,确定相应的工程措施,提供适当的个体防护装置,以防止事故发生,防止人员受到伤害。此方法适用于涉及手工操作的各种作业。

作业危害分析将对作业活动的每一步骤进行分析,从而辨识潜在的危害并制定安全措施。作业危害分析有助于将认可的职业安全健康原则在特定作业中贯彻实施。这种方法的基点在于职业安全健康是任何作业活动的一个有机组成部分,而不能单独剥离出来。

所谓的"作业"（有时也称"任务"）是指特定的工作安排,如"操作研磨机""使用高压水灭火器"等。"作业"的概念不宜过大,如"大修机器",也不能过细。

（二）作业危害分析步骤

开展作业危害分析能够辨识原来未知的危害,增加职业安全健康方面的知识,促进操作人员与管理者之间的信息交流,有助于得到更为合理的安全操作规程,作为操作人员的培训资料,并为不经常进行该项作业的人员提供指导。作业危害分析的结果可以作为职业安全健康检查的标准,并协助进行事故调查。

作业危害分析的主要步骤是:

（1）确定（或选择）待分析的作业。

（2）将作业划分为一系列的步骤。

（3）辨识每一步骤的潜在危害。

（4）确定相应的预防措施。

（三）作业危害分析过程

1. 分析作业的选择

理想情况下,所有的作业都要进行作业危害分析,但首先要确保对关键性的作业实施分析。确定分析作业时,优先考虑以下作业活动:

（1）事故频繁发生或不经常发生但可导致灾难性后果的。

（2）严重的职业伤害或职业病,事故后果严重、危险的作业条件或经常暴露在有害物质中。

（3）新增加的作业,由于经验缺乏,明显存在危害或危害难以预料。

(4)变更的作业,可能会由于作业程序的变化而带来新的危险。

(5)不经常进行的作业,由于从事不熟悉的作业而可能有较高的风险。

2. 将作业划分为若干步骤

选择作业活动之后,将其划分为若干步骤,每一个步骤都应是作业活动的一部分。

划分的步骤不能太笼统,否则会遗漏一些步骤以及与之相关的危害。另外,步骤划分也不宜太细,以致出现许多步骤。根据经验,一项作业活动的步骤一般不超过10项。如果作业活动划分的步骤实在太多,可先将该作业活动分为两个部分,分别进行危害分析。重要的是要保持各个步骤正确的顺序,顺序改变后的步骤在危害分析时有些潜在的危害可能不会被发现,也可能增加一些实际并不存在的危害。

按照顺序在分析表中记录每一步骤,要说明它是什么而不是怎样做。

划分作业步骤之前,仔细观察操作人员的操作过程。观察人通常是操作人员的直接管理者,关键是要熟悉这种方法,被观察的操作人员应该有工作经验并熟悉整个作业工艺。观察应当在正常的时间和工作状态下进行,如一项作业活动是夜间进行的,那么就应在夜间进行观察。

3. 辨识危害

根据对作业活动的观察、掌握的事故(伤害)资料以及经验,依照危害辨识清单依次对每一步骤进行危害的辨识,然后将辨识的危害列入分析表中。

为了辨识危害,需要对作业活动作进一步的观察和分析。辨识危害应该思考的问题有:可能发生的故障或错误是什么? 其后果如何? 事故是怎样发生的? 其他的影响因素有哪些? 发生的可能性? 以下是危害辨识清单的部分内容:

(1)是否穿着个体防护服或佩戴个体防护器具。

(2)操作环境、设备、地槽、坑及危险的操作是否有有效的防护。

(3)维修设备时,是否对相互连通的设备采取了隔离。

(4)是否有能引起伤害的固定物体,如锋利的设备边缘。

(5)操作者能否触及机器部件或机器部件之间的操作。

(6)操作者能否受到运动的机器部件或移动物料的伤害。

(7)操作者是否会处于失去平衡的状态。

(8)操作者是否管理着带有潜在危险的装置。

(9)操作者是否需要从事可能使头、脚受伤或被扭伤的活动(往复运动的危害)。

(10)操作者是否会被物体冲撞(或撞击)到机器或物体上。

(11)操作者是否会跌倒。

(12)操作者是否会由于提升、拖拉物体或运送笨重物品而受到伤害。

(13)作业时是否有环境因素的危害——粉尘、化学物质、放射线、电焊弧光、热、高噪音。

4. 确定相应的对策

危害辨识以后,需要制定消除或控制危害的对策。

确定对策时,从工程控制、管理措施和个体防护三个方面加以考虑。具体对策依次为:

(1)消除危害。消除危害是最有效的措施,有关这方面的技术包括改变工艺路线、修改现行工艺、以危害较小的物质替代、改善环境(通风)、完善或改换设备及工具。

(2)控制危害。当危害不能消除时,采取隔离、机器防护、个体防护等措施控制危害。

（3）修改作业程序。完善危险操作步骤的操作规程、改变操作步骤的顺序以及增加一些操作程序（如锁定能源措施）。

（4）减少暴露。在没有其他解决办法时的一种选择。减少暴露的一种办法是减少在危害环境中暴露的时间，如完善设备以减少维修时间、佩戴合适的个体防护器材等，以及为了减少事故的后果，设置一些应急设备如洗眼器等。

确定的对策要填入分析表中。对策的描述应具体说明应采取何种做法以及怎样做，避免过于原则化的抽象描述，如"小心""仔细操作"等。

5. 信息传递

作业危害分析是消除和控制危害的一种行之有效的方法，因此，应当将作业危害分析的结果传递到所有从事该作业的人员。

（四）工作危害分析法评估赋值

其具体的评估赋值公式如下：

$$R = L \times S$$

式中：

R——风险度；

L——事件发生的可能性；

S——事件发生后果严重性。

风险度 R 的风险评估、事件发生的可能性 L、事件发生后果严重性 S 的赋值及风险控制措施如表6-7，表6-8，表6-9，表6-10所示：

表6-7　评估危害及影响后果的严重性（S）

分值	法律、法规及其他要求	人	财产/万元	停工	环境污染、资源消耗	公司形象
5	违反法律、法规	发生死亡	>50	部分装置（>2套）或设备停工	大规模、公司外	重大国内影响
4	潜在违反法规	丧失劳动	>25	2套装置停工或设备停工	公司内严重污染	行业内、集团公司内
3	不符合公司的方针、制度、规定	截肢、骨折、听力丧失、慢性病	>10	1套装置停工或设备	公司范围内中等污染	省内影响
2	不符合公司的方针、制度、规定	轻微受伤、间歇不舒适	<10	受影响不大，几乎不停工	装置范围污染	公司及周边范围
1	完全符合	无伤亡	无损失	没有停工	没有污染	形象没有受损

表6-8　事件发生的可能性（L）

分值	标准
5	在现场没有采取防范、监测、保护、控制措施，危害的发生不能被发现（没有监测系统），或在正常情况下经常发生此类事故或事件
4	危害的发生不容易被发现，现场没有检测系统，也未做过任何监测，或在现场有控制措施，但未有效执行或控制措施不当。危害常发生或在预期情况下发生

（续表）

分值	标准
3	没有保护措施（如没有防护装置、没有个人防护用品等），或未严格按操作程序执行，或危害的发生容易被发现（现场有监测系统），或曾经做过监测，或过去曾经发生、或在异常情况下发生类似事故或事件
2	危害一旦发生能及时发现，并定期进行监测或现场有防范控制措施，并能有效执行，或过去偶尔发生危险事故或事件
1	有充分、有效的防范、控制、监测、保护措施，或员工安全卫生意识相当高，严格执行操作规程。极不可能发生事故或事件

表6-9　风险评估表

风险度 严重性 ＼ 可能性	1	2	3	4	5
1	1	2	3	4	5
2	2	4	6	8	10
3	3	6	9	12	15
4	4	8	12	16	20
5	5	10	15	20	25

表6-10　风险控制措施及实施期限

风险度	等级	等级代号	应采取的行动/控制措施	实施期限
20～25	巨大风险	I	在采取措施降低危害前，不能继续作业，对改进措施进行评估	立刻
15～16	重大风险	II	采取紧急措施降低风险，建立运行控制程序，定期检查、测量及评估	立即或近期整改
9～12	中等	III	可考虑建立目标、建立操作规程，加强培训及沟通	2年内治理
4～8	可容忍	IV	可考虑建立操作规程、作业指导书，但需定期检查	有条件、有经费时治理
<4	轻微或可忽略的风险	V	无需采用控制措施，但需保存记录	无需实施

二、安全检查表法（SCL）

（一）概述

安全检查表分析是将一系列分析项目列出检查表进行分析以确定系统的状态，这些项目包括设备、贮运、操作、管理等各个方面。传统的安全检查表分析方法是分析人员列出一些危险项目，识别与一般工艺设备和操作有关的已知类型的危险、设计缺陷以及事故隐患,其所列项目的差别很大,而且通常用于检查各种规范和标准的执行情况。安全检查表分析的弹性很大,既可用于简单的快速分析,也可用于更深层次的分析,它是识别已知危险的有效方法。

(二)SCL 内容及步骤

安全检查表内容包括标准、规范和规定,随时关注并采用新颁布的有关标准、规范和规定。正确的使用安全检查表分析将保证每个设备符合标准,而且可以识别出需进一步分析的区域。安全检查表分析是基于经验的方法,编制安全检查表的评价人员应当熟悉装置的操作、标准和规程,并从有关渠道(如内部标准、规范、行业指南等)选择合适的安全检查表,如果无法获得相关的安全检查表,评价人员必须运用自己的经验和可靠的参考资料编制合适的安全检查表;所拟定的安全检查表应当是通过回答安全检查表所列的问题能够发现系统的设计和操作的各个方面与有关标准不符的地方。许多机构使用标准的安全检查表对项目发展的各个阶段(从初步设计到装置报废)进行分析。换句话说,针对典型的行业(如锅炉房、液化气站建设项目等)和工艺,其安全检查表内容是一定的。但是,完整的安全检查表应当随着项目从一个阶段到下一个阶段而不断完善,这样安全检查表才能作为交流和控制的手段。

安全检查表分析包括三个步骤:

(1)选择或拟定合适的安全检查表。

(2)完成分析。

(3)编制分析结果文件。

评价人员通过确定标准的设计或操作以建立传统的安全检查表,然后用它产生一系列基于缺陷或差异的问题。所完成的安全检查表包括对提出的问题回答"是""否""不适用"或"需要更多的信息"。定性的分析结果随不同的分析对象而变化,但都将作出与标准或规范是否一致的结论。此外,安全检查表分析通常提出一系列提高安全性的可能途径并提供给管理者考虑。

安全检查表在编制时应注意防止漏项。

(三)SCL 的特点和适用范围

安全检查表是进行安全检查,发现潜在危险的一种有用而简单可行的方法。常用于安全生产管理,用于对熟知的工艺设计、物料、设备或操作规程进行分析,也可用于新开发工艺过程的早期阶段,识别和消除在类似系统多年操作中所发现的危险。安全检查表可用于项目发展过程的各个阶段。

(四)SCL 的判定准则

SCL 法也采用风险度(R) = 可能性(L) × 后果严重性(S)的评价法,具体评价准则规定如下表所示。

1. 评估危害及影响后果的严重性(S)判定准则

具体内容如表 6-11 所示。

表 6-11　后果的严重性(S)判定准则

分值	法律、法规及其他要求	人	财产/万元	停工	环境污染、资源消耗	公司形象
5	违反法律、法规	发生死亡	>50	主要装置停工	大规模、公司外	重大国内影响

（续表）

分值	法律、法规及其他要求	人	财产/万元	停工	环境污染、资源消耗	公司形象
4	潜在违反法规	丧失劳动	>30	主要装置或设备部分停工	企业内严重污染	行业内、省内
3	不符合企业的安全生产方针、制度、规定	6~10级工伤	>10	一般装置或设备停工	企业范围内中等污染	市内影响
2	不符合企业的操作程序、规定	轻微受伤、间歇不适	<10	受影响不大，几乎不停工	装置范围污染	企业及周边区内影响
1	完全符合	无伤亡	无损失	没有停工	没有污染	形象没有受损

2. 评估危害发生的可能性(L)判定准则

具体内容如表6-12所示。

表6-12 可能性(L)判定准则

分值	偏差发生频率	安全检查	操作规程或有针对性的管理方案	员工胜任程度（意识、技能、经验）	监测、控制、报警、联锁、补救措施
5	每天、经常发生、几乎每次作业发生	从不按标准检查	没有	不胜任（无任何培训、无任何经验、无上岗资格证）	无任何措施，或有措施从未使用
4	每月发生	很少按标准检查、检查手段单一，走马观花	有，但不完善，只是偶尔执行	不够胜任（有上岗资格证，但没有接受有效培训）	有措施，但只是一部分，尚不完善
3	每季度发生	经常不按标准检查、检查手段一般	有，比较完善，但只是部分执行	一般胜任（有上岗证，有培训，但经验不足，多次出差错）	防范控制措施比较有效、全面、充分，但经常没有有效使用
2	曾经发生	偶尔不按标准检查、检查手段较先进、充分、全面	有，详实、完善，但偶尔不执行	胜任，但偶然出差错	防范控制措施有效、全面、充分，偶尔失去作用或出差错
1	从未发生	严格按检查标准检查、检查手段先进、充分、全面	有，详实、完善，而且严格执行	高度胜任（培训充分，经验丰富，安全意识强）	防范控制措施有效、全面、充分

3. 风险度判定准则

具体内容如表6-13所示。

表6-13　风险度（R）判定准则

风险度 可能性 ＼ 严重性	1	2	3	4	5
1	1	2	3	4	5
2	2	4	6	8	10
3	3	6	9	12	15
4	4	8	12	16	20
5	5	10	15	20	25

4. 风险度与风险控制措施实施要求

具体内容如表6-14所示。

表6-14　风险度与风险控制措施

风险度	等级	等级代号	应采取的行动/控制措施	实施期限
20～25	巨大风险	I	在采取措施降低危害前,不能继续作业,对改进措施进行评估	立刻
15～16	重大风险	II	采取紧急措施降低风险,建立运行控制程序,定期检查、测量及评估	立即或近期整改
9～12	中等	III	可考虑建立目标、建立操作规程,加强培训及沟通	2年内治理
4～8	可容忍	IV	可考虑建立操作规程、作业指导书但需定期检查	有条件、有经费时治理
<4	轻微或可忽略	V	无需采用控制措施,但需保存记录	无需实施

三、作业条件分析法（LEC）

（一）概述

美国的K.J.格雷厄姆（Keneth.J.Graham）和G.F.金尼（Gilbert F. Kinney）研究了人们在具有潜在危险环境中作业的危险性,提出了以所评价的环境与某些作为参考环境的对比为基础,将作业条件的危险性作为因变量（D）,事故或危险事件发生的可能性（L）、暴露于危险环境中的频率（E）及危险严重程度（C）作为自变量,确定了它们之间的函数式。根据实际经验他们给出了3个自变量的各种不同情况的分数值,采取对所评价的对象根据情况进行"打分"的办法,然后根据公式计算出其危险性分数值,再在按经验将危险性分数值划分的危险程度等级表或图上,查出其危险程度的一种评价方法。这是一种简单易行的评价作业条件危险性的方法。

（二）方法介绍

对于一个具有潜在危险性的作业条件，K. J. 格雷厄姆和 G. F. 金尼认为，影响危险性的主要因素有 3 个：

（1）发生事故或危险事件的可能性。

（2）暴露于这种危险环境的频率。

（3）事故一旦发生可能产生的后果。

用公式来表示，则为：

$$D = L \cdot E \cdot C$$

式中：

D——作业条件的危险性。

L——事故或危险事件发生的可能性。

E——暴露于危险环境的频率。

C——发生事故或危险事件的可能结果。

1. 发生事故或危险事件的可能性

事故或危险事件发生的可能性与其实际发生的概率相关。若用概率来表示时，绝对不可能发生的概率为 0；而必然发生的事件，其概率为 1。但在考察一个系统的危险性时，绝对不可能发生事故是不确切的，即概率为 0 的情况不确切。所以，将实际上不可能发生的情况作为"打分"的参考点，定其分数值为 0.1。

此外，在实际生产条件中，事故或危险事件发生的可能性范围非常广泛，因而人为地将完全出乎意料、极少可能发生的情况规定为 1；能预料将来某个时候会发生事故的分值规定为 10；在这两者之间再根据可能性的大小相应地确定几个中间值，如将"不常见，但仍然可能"的分值定为 3，"相当可能发生"的分值规定为 6。同样，在 0.1 与 1 之间也插入了与某种可能性对应的分值。于是，将事故或危险事件发生可能性的分值从实际上不可能的事件为 0.1，经过完全意外有极少可能的分值 1，确定到完全会被预料到的分值 10 为止，如表 6-15 所示。

表 6-15　事故或危险事件发生可能性分值（L）

分值	事故或危险情况发生可能性	分值	事故或危险情况发生可能性
10	完全会被预料到	0.5	可以设想，但高度不可能
6	相当可能	0.2	极不可能
3	不经常，但可能	0.1*	实际上不可能
1	完全意外，极少可能		

注：* 为"打分"的参考点。

2. 暴露于危险环境中的频率

众所周知，作业人员暴露于危险作业条件中的次数越多、时间越长，则受到伤害的可能性也就越大。为此，K. J. 格雷厄姆和 G. F. 金尼规定了连续出现在潜在危险环境中的暴露频率分值为 10，一年仅出现几次非常稀少的暴露频率分值为 1。以 10 和 1 为参考点，再在其区间根据在潜在危险作业条件中的暴露情况进行划分，并对应地确定其分值。例如，每月暴露一次的分值定为 2，每周一次或偶然暴露的分值为 3。当然，根本不暴露的分值应为0,但这种情况实际上是不存在的,是没有意义的,因此无须列出。关于暴露于潜在危险环境中的分值,如表6-16所示。

表6-16 暴露于潜在危险环境中的分值(E)

分值	暴露于危险环境中的情况	分值	暴露于危险环境中的情况
10	连续暴露于潜在危险环境中	2	每月暴露一次
6	逐日在工作时间内暴露	1*	每年几次出现在潜在危险环境
3	每周一次或偶然地暴露	0.5	非常罕见地暴露

注:*为"打分"的参考点。

3.发生事故或危险事件的可能结果

造成事故或危险事故的人身伤害或物质损失可在很大范围内发生变化,以工伤事故而言,可以从轻微伤害到许多人死亡,其范围非常宽广。因此,把需要救护的轻微伤害的可能结果,分值规定为1,以此为一个基准点;而将造成许多人死亡的可能结果,分值规定为100,作为另一个参考点。在两个参考点1~100之间,插入相应的中间值,列出如表6-17所示的可能结果的分值。

表6-17 发生事故或危险事件可能结果的分值(C)

分值	可能结果	分值	可能结果
100	大灾难,许多人死亡	7	严重,严重伤害
40	灾难,数人死亡	3	重大,致残
15	非常严重,一人死亡	1*	引人注目,需要救护

注:*为"打分"的参考点。

4.作业条件的危险性

确定了上述3个具有潜在危险性的作业条件的分值,并按公式进行计算,即可得出危险性分值。据此,要确定其危险性程度时,则按下述标准进行评定。

由经验可知,危险性分值在20以下的环境属低危险性,一般可以被人们接受,这样的危险性比骑自行车通过拥挤的马路去上班之类的日常生活活动的危险性还要低;当危险性分值在20~70时,则需要加以注意;危险性分值在70~160的情况时,则有明显的危险,需要采取措施进行整改。同样,根据经验,当危险性分值在160~320的,属高度危险的作业条件,必须立即采取措施进行整改;危险性分值在320以上时,则表示该作业条件极其危险,应该立即停止作业直到作业条件得到改善为止,如表6-18所示。

表6-18 危险性分值(D)

分值	危险程度	分值	危险程度
>320	极其危险,不能继续作业	20~70	可能危险,需要注意
160~320	高度危险,需要立即整改	<20	稍有危险,或许可以接受
70~160	显著危险,需要整改		

（三）方法的特点及适用范围

作业条件危险性评价法用于评价人们在某种具有潜在危险的作业环境中进行作业的危险程度，该法简单易行，危险程度的级别划分比较清楚、醒目。但是，由于它主要是根据经验来确定3个因素的分数值及划定危险程度等级，因此具有一定的局限性。而且它是一种作业的局部评价，故不能普遍适用。此外，在具体应用时，还可根据自己的经验、具体情况适当加以修正。

四、重要危险源管理

（一）重要危险源的识别

1. 根据危险源辨识、风险评价过程识别

进行风险评价时，有下列情况之一的，确定为重要危险源：

（1）采用 LEC 法，C 值取 40 时直接作为重要危险源，不再进行风险值计算；如同时存在不符合要求或存在隐患，则同时提出整改要求。

（2）采用 LEC 法进行评价，$D \geq 70$ 的危险源定为重要危险源。

（3）采用安全检查表分析法，$R \geq 15$ 的风险确定为重要危险源。

（4）采用 JHA 法进行评价，S 取值为 5 分且同时满足"发生死亡""部分装置（>2 套）或设备停工""造成大规模、公司外环境污染、资源消耗"的危险源，确定为重要危险源。

2. 根据相关法律法规的要求识别

根据《危险化学品重大危险源辨识》（GB 18218—2018）确定的重大危险源。

根据《危险化学品重大危险源监督管理暂行规定》（2015 年修正）规定的重大危险源。

（二）重要危险源的分级

公司对重要危险源实行分级管理，分为"A、B、C"三个等级并建立公司重要危险源清单，划定标准如下：

（1）A 级：可能造成多人伤亡，或引起重大火灾、爆炸事故，设备及厂房设施毁灭性破坏的危险源。纳入公司级（A 级）危险源点控制管理。

（2）B 级：可能造成人员死亡、终生致残性重伤，或引起一般火灾、爆炸事故导致设备设施、厂房局部损坏或可能造成生产暂时中断的危险源。

（3）C 级：可能造成一般伤害事故的危险源。

（三）重要危险源的管理

1. 危险源点监控

对危险源点实行分级控制，三级管理（公司、车间和班组），如图 6-3 所示。

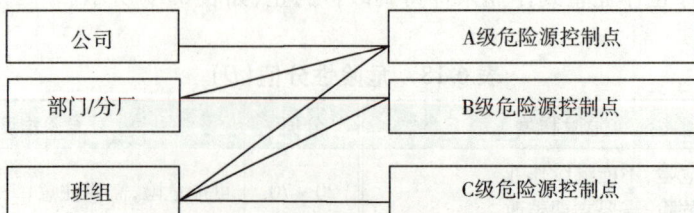

图 6-3　危险源三级控制图

公司安全环保部负责本专业范围内 A 级危险源(点)的监控管理,部门(分厂)负责 A、B 级危险源点的日常控制管理,班组负责管辖范围 A、B、C 级危险源点的日常控制管理。

2. 重要危险源点标志牌

重要危险源所属单位负责在重要危险源现场设置安全警示标志及重要危险源点警示牌,写明重要危险源名称、地点及具体位置,该危险源管理的责任部门及责任人,可能发生的事故及具体模式,对应的控制措施要求等。危险源点的安全警示标志必须清晰,突出重点;警示标志或警示牌要选择显眼的位置悬挂,同时要尽量不影响或干扰生产现场的各种需要;警示标志要固定牢靠,并保持无污渍。

各重要危险源所属单位需建立本单位重要危险源警示标志管理台账,按照相关制度要求实施管理。

3. 重要危险源检查

各重要危险源均应编制具体的检查表,由重要危险源所在单位负责编制,公司安全环保部组织相关职能部门进行审核,经公司总经理审核后正式使用。

各级重要危险源检查要求:

(1)A 级重要危险源由公司主管领导、安全环保部及相关职能部门,所在分厂、工区和班组共同实施检查;公司主管领导、安全环保及相关职能部门每季度检查一次,所在分厂每月检查一次,工区和班组每周检查一次。

(2)B 级重要危险源由各相关职能部门、分厂、工区和班组共同实施检查;各相关职能部门和所在分厂每月检查一次,工区和班组每周检查一次。

(3)C 级重要危险源由分厂、工区和班组自行检查;工区和班组每周检查一次。

各级检查责任人在相关检查记录上签字并保存检查记录。

4. 重要危险源建档

重要危险源中涉及危险化学品重大危险源的,由安全环保部按要求进行建档管理,并按照相关规定向安全监管部门和相关部门备案。档案内容应包括:

(1)辨识、分级记录。

(2)重大危险源基本特征表。

(3)涉及的所有化学品安全技术说明书。

(4)区域位置图、平面布置图、工艺流程图和主要设备一览表。

(5)重大危险源安全管理规章制度及安全操作规程。

(6)安全监测监控系统、措施说明、检测、检验结果。

(7)重大危险源事故应急预案、评审意见、演练计划。

(8)安全评估报告或者安全评价报告。

(9)重大危险源关键装置、重点部位的责任人、责任机构名称。

(10)重大危险源场所安全、职业卫生警示标志的设置情况。

(11)重大危险源检查与隐患整改记录。

(12)重大危险源岗位从业人员登记表。

(13)其他文件、资料。

其他重要危险源由根据重要危险监控级别各责任单位按以下要求进行建档管理:

(1)辨识、分级记录。

(2)重要危险源安全检查记录。

(3)重要危险源安全设施台账。

(4)重要危险源设备、设施定期检验记录。

(5)重要危险源应急救援预案。

(6)重要危险源应急救援预案演练记录。

公司安全环保部在每年年底对当年重要危险源的监控情况进行评价,并形成年度重要危险源控制评价分析报告上报公司分管领导,确保重要危险源处于受控状态。

五、安全风险评估诊断分级

根据《危险化学品生产储存企业安全风险评估诊断分级指南(试行)》(应急〔2018〕19号),危险化学品生产储存企业安全风险评估诊断采用百分制,根据评估诊断结果按照风险从高到低依次将辖区内危险化学品企业分为红色(60分以下)、橙色(60至75分以下)、黄色(75分至90分以下)、蓝色(90分及以上)四个等级,按分级结果,进一步完善危险化学品安全风险分布"一张图一张表",落实安全风险分级管控和隐患排查治理工作机制。

第四节　化学品生产单位特殊作业安全要求

作业前,作业单位应办理作业审批手续,并由相关责任人签名确认。同一作业涉及动火、吊装、高处作业、动土、临时用电、断路、盲板抽堵、进入受限空间中的两种或两种以上时,除应同时执行相应的作业要求外,还应同时办理相应的作业审批手续。作业时审批手续应齐全,安全措施应全部落实,作业环境应符合安全要求。

一、动火作业

(一)动火作业的含义

动火作业是指直接或间接产生明火的工艺设备以外的禁火区内可能产生火焰、火花,或炽热表面的非常规作业,如使用电焊、气焊(割)、喷灯、电钻、砂轮等进行的作业。

(二)动火作业分级

固定动火区外的动火作业一般分为特殊动火、一级动火、二级动火三个级别,遇节日、假日或其他特殊情况,动火作业应升级管理。企业应划定固定动火区及禁火区。

1. 特殊动火作业

特殊动火作业是指在生产运行状态下的易燃易爆生产装置、输送管道、储罐、容器等部位上及其他特殊危险场所中进行的动火作业,带压不置换动火作业按特殊动火作业管理。

2. 一级动火作业

一级动火作业是指在易燃易爆场所进行的除特殊动火作业以外的动火作业。厂区管廊上的动火作业按一级动火作业管理。

3. 二级动火作业

二级动火作业是指除特殊动火作业和一级动火作业以外的动火作业。凡生产装置或系统全部停车,装置经清洗、置换、分析合格并采取安全隔离措施后,可根据其火灾、爆炸危险性大小,经所在单位安全管理部门批准,动火作业可按二级动火作业管理。

(三)动火作业基本要求

动火作业应有专人监火,作业前应清除动火现场及周围的易燃物品,或采取其他有效安全防火措施,并配备消防器材,满足作业现场应急需求。

动火点周围或其下方的地面如有可燃物、空洞、窨井、地沟、水封等,应检查分析并采取清理或封盖等措施;对于动火点周围有可能泄露易燃、可燃物料的设备,应采取隔离措施。

凡在盛有或盛装过危险化学品的设备、管道等生产、储存设施及处于《建筑设计防火规范(2018 年版)》(GB 50016)、《石油化工企业设计防火标准(2018 年版)》(GB 50160)、《石油库设计规范》(GB 50074)中所规定的甲、乙类区域的生产设备上动火作业,应将其与生产系统彻底隔离,并进行清洗、置换,分析合格后方可作业;因条件限制无法进行清洗、置换而确需动火作业时按特殊动火作业要求执行。

拆除管线进行动火作业时,应先查明其内部介质及其走向,并根据所要拆除管线的情况制定安全防火措施。

在有可燃物构件和使用可燃物作防腐内衬的设备内部进行动火作业时,应采取防火隔绝措施。

在生产、使用、储存氧气的设备上进行动火作业时,设备内氧含量不应超过 23.5%。

动火期间距动火点 30 m 内不应排放可燃气体;距动火点 15 m 内不应排放可燃液体;在动火点 10 m 范围内及用火点下方不应同时进行可燃溶剂清洗或喷漆等作业。

铁路沿线 25 m 以内的动火作业,如遇装有危险化学品的火车通过或停留时,应立即停止。

使用气焊、气割动火作业时,乙炔瓶应直立放置,氧气瓶与之间距不应小于 5 m,二者与作业地点间距不应小于 10 m,并应设置防晒设施。

作业完毕应清理现场,确认无残留火种后方可离开。

5 级风以上(含 5 级)天气,原则上禁止露天动火作业。因生产确需动火,动火作业应升级管理。

(四)特殊动火作业要求

特殊动火作业在符合作业基本要求的同时,还应符合以下规定:

(1)在生产不稳定的情况下不应进行带压不置换动火作业。

(2)应预先制定作业方案,落实安全防火措施,必要时可请专职消防队到现场监护。

(3)动火点所在生产车间(分厂)应预先通知工厂生产调度部门及有关单位,使之在异常情况下能及时采取相应的应急措施。

(4)应在正压条件下进行作业。

(5)应保持作业现场通排风良好。

禁止动火作业的情形:动火许可证未经批准;不与生产系统可靠隔绝;不清洗,置换不合格;不消除周围易燃物;不按时作动火分析;没有消防措施。

二、吊装作业

(一)吊装作业的含义

吊装作业是指利用各种吊装机具将设备、工件、器具、材料等吊起,使其发生位置变化的作业过程。

（二）吊装作业分级

吊装作业按照吊装重物质量 m 不同，分为：

（1）一级吊装作业，$m > 100$ t。

（2）二级吊装作业，40 t $\leqslant m \leqslant 100$ t。

（3）三级吊装作业，$m < 40$ t。

（三）吊装作业要求

三级以上的吊装作业，应编制吊装作业方案。吊装物体质量虽不足 40 t，但形状复杂、刚度小、长径比大、精密贵重，以及在作业条件特殊的情况下，也应编制吊装作业方案，吊装作业方案应经审批。

吊装现场应设置安全警戒标志，并设专人监护，非作业人员禁止入内，安全警戒标志应符合《安全标志及其使用导则》（GB 2894）的规定。

吊装作业不应靠近输电线路。确需在输电线路附近作业时，起重机械的安全距离应大于起重机械的倒塌半径并符合《电业安全工作规程（电力线路部分）》（DL 409）要求；不能满足时，应停电后再进行作业。吊装场所如有含危险物料的设备、管道等时，应制定详细吊装方案，并对设备、管道采取有效防护措施，必要时停车，放空物料，置换后进行吊装作业。

大雪、暴雨、大雾及 6 级以上风时，不应露天作业。作业前，作业单位应对起重机械、吊具、索具、安全装置等进行检查，确保其处于完好状态。应按规定负荷进行吊装，吊具、索具应经计算选择使用，不应超负荷吊装。不应利用管道、管架、电杆、机电设备等作为吊装的锚点。未经土建专业审查核算，不应将建筑物、构筑物作为锚点。

起吊前应进行试吊，试吊中检查全部机具、地锚受力情况，发现问题应将吊物放回地面，排除故障后重新试吊，确认正常后方可正式吊装。

指挥人员应佩戴明显的标志，并按《起重吊运指挥信号》（GB 5082）规定的联络信号进行指挥。

三、高处作业

（一）高处作业的含义

高处作业是指在距坠落基准面 2 m 及 2 m 以上有可能坠落的高处进行的作业。坠落处最低点的水平面为坠落基准面。作业高度是指从作业位置到坠落基准面的垂直距离。

异温高处作业是指在高温或低温情况下进行的高处作业。高温是指作业地点具有生产性热源，其环境温度高于本地区夏季室外通风设计计算温度 2 ℃ 及以上。低温是指作业地点的气温低于 5 ℃。

带电高处作业是指采取地（零）电位或等（同）电位方式接近或接触带电体，对带电设备和线路进行检修的高处作业。

（二）高处作业分级

作业高度 h 分为四个区段：2 m $\leqslant h \leqslant 5$ m；5 m $< h \leqslant 15$ m；15 m $< h \leqslant 30$ m；$h > 30$ m。

直接引起坠落的客观危险因素如下：

（1）阵风风力5级(风速8.0 m/s)以上。

（2）平均气温等于或低于5 ℃的作业环境。

（3）接触冷水温度等于或低于12 ℃的作业。

（4）作业场地有冰、雪、霜、水、油等易滑物。

（5）作业场所光线不足或能见度差。

（6）作业活动范围与危险电压带电体距离小于表6-19的规定。

表6-19　作业活动范围与危险电压带电体的距离

危险电压带电体的电压等级/kV	≤10	35	63～110	220	330	500
距离/m	1.7	2.0	2.5	4.0	5.0	6.0

（7）摆动,立足处不是平面或只有很小的平面,即任一边小于500 mm的矩形平面、直径小于500 mm的圆形平面或具有类似尺寸的其他形状的平面,致使作业者无法维持正常姿势。

（8）存在有毒气体或空气中含氧量低于19.5%的作业环境。

（9）可能会引起各种灾害事故的作业环境和抢救突然发生的各种灾害事故。

不存在上述列出的任何一种客观危险因素的高处作业按表6-20规定的A类法分级,存在上述列出的一种或一种以上客观危险因素的高处作业按表6-20规定的B类法分级。

表6-20　高处作业分级

分类法	高处作业高度/m			
	$2 \leq h \leq 5$	$5 < h \leq 15$	$15 < h \leq 30$	$h > 30$
A	I	II	III	IV
B	II	III	IV	IV

（三）高处作业要求

作业人员应正确佩戴符合《安全带》(GB 6095)要求的安全带。带电高处作业应使用绝缘工具或穿均压服。IV级高处作业(30 m以上)宜配备通信联络工具。

高处作业应设专人监护,作业人员不应在作业处休息。

根据实际需要配备符合《吊笼有垂直导向的人货两用施工升降机》(GB 26557)等标准安全要求的吊笼、梯子、挡脚板、跳板等,脚手架的搭设应符合国家有关标准。

在彩钢板屋顶、石棉瓦、瓦棱板等轻型材料上作业,应铺设牢固的脚手板并加以固定,脚手板上要有防滑措施。

在临近排放有毒、有害气体、粉尘的放空管线或烟囱等场所进行作业时,应预先与作业所在地有关人员取得联系、确定联络方式,并为作业人员配备必要的且符合相关国家标准的防护器具(如空气呼吸器、过滤式防毒面具或口罩等)。

雨天和雪天作业时,应采取可靠的防滑、防寒措施;遇有5级以上强风、浓雾等恶劣气候时,不应进行高处作业、露天攀登与悬空高处作业;暴风雪、台风、暴雨后,应对作业安全设施进行检查,发现问题立即处理。

作业使用的工具、材料、零件等应装入工具袋,上下时手中不应持物,不应投掷工具、材料及其他物品。易滑动、易滚动的工具、材料堆放在脚手架上时,应采取防坠落措施。

与其他作业交叉进行时,应按指定的路线上下,不应上下垂直作业,如果确需垂直作业应采取可靠的隔离措施。

因作业必需,临时拆除或变动安全防护设施时,应经作业审批人员同意,并采取相应的防护措施,作业后应立即恢复。

作业人员在作业中如果发现异常情况,应及时发出信号,并迅速撤离现场。

拆除脚手架、防护棚时,应设警戒区并派专人监护,不应上部和下部同时施工。

四、动土作业

(一)动土作业的含义

动土作业是指挖土、打桩、钻探、坑探、地锚入土深度在0.5 m以上;使用推土机、压路机等施工机械进行填土或平整场地等可能对地下隐蔽设施产生影响的作业。

(二)动土作业要求

作业前,应检查工具、现场支撑是否牢固、完好,发现问题应及时处理。作业现场应根据需要设置护栏、盖板和警告标志,夜间应悬挂警示灯。

在破土开挖前,应先做好地面和地下排水,防止地面水渗入作业层面造成塌方。

作业前应首先了解地下隐蔽设施的分布情况。动土临近地下隐蔽设施时,应使用适当工具挖掘,避免损坏地下隐蔽设施。如暴露出电缆、管线以及不能辨认的物品时,应立即停止作业,妥善加以保护,报告动土审批单位处理,经采取措施后方可继续动土作业。

动土作业应设专人监护。挖掘坑、槽、井、沟等作业,应遵守下列规定:

(1)挖掘土方应自上而下逐层挖掘,不应采用挖底脚的办法挖掘;使用的材料、挖出的泥土应堆放在距坑、槽、井、沟边沿至少0.8 m处,挖出的泥土不应堵塞下水道和窨井。

(2)不应在土壁上挖洞攀登。

(3)不应在坑、槽、井、沟上端边沿站立、行走。

(4)应视土壤性质、湿度和挖掘深度,设置安全边坡或固壁支撑。作业过程中应对坑、槽、井、沟边坡或固壁支撑架随时检查,特别是雨雪后和解冻时期,如发现边坡有裂缝、疏松或支撑有折断、走位等异常情况,应立即停止工作,并采取相应措施。

(5)在坑、槽、井、沟的边缘安放机械、铺设轨道及通行车辆时,应保持适当距离,采取有效的固壁措施,确保安全。

(6)在拆除固壁支撑时,应从下而上进行;更换支撑时,应先装新的,后拆旧的。

(7)不应在坑、槽、井、沟内休息。

作业人员在沟(槽、坑)下作业应按规定坡度顺序进行,使用机械挖掘时不应进入机械旋转半径内;深度大于2 m时应设置人员上下的梯子,保证人员快速进出设施;两人以上作业人员同时挖土时应相距2 m以上,防止工具伤人。作业人员发现异常时,应立即撤离作业现场。

在化工危险场所动土时,应与有关操作人员建立联系;当化工装置发生突然排放有害物质时,化工操作人员应立即通知动土作业人员停止作业,迅速撤离现场。

施工结束后应及时回填土石,并恢复地面设施。

五、临时用电作业

(一)临时用电作业的含义

临时用电是指正式运行的电源上所接的非永久性用电。

临时用电作业时,如果没有有效的个人防护装备和防护措施、设备,则容易造成人员伤亡,同时还有可能造成火灾、爆炸等事故。

(二)临时用电作业要求

在运行的生产装置、罐区和具有火灾爆炸危险场所内不应接临时电源,确需时应对周围环境进行可燃气体检测分析,分析结果应符合动火分析合格标准的要求。

各类移动电源及外部自备电源,不应接入电网。动力和照明线路应分路设置。

在开关上接引、拆除临时用电线路时,其上级开关应断电上锁并加挂安全警示标牌。

临时用电应设置保护开关,使用前应检查电气装置和保护设施的可靠性。所有的临时用电均应设置接地保护。

临时用电设备和线路应按供电电压等级和容量正确使用,所用的电器元件应符合国家相关产品标准及作业现场环境要求,临时用电电源施工、安装应符合《施工现场临时用电安全技术规范》(JGJ 46)的有关要求,并有良好的接地,临时用电还应满足如下要求:

(1)火灾爆炸危险场所应使用相应防爆等级的电源及电气元件,并采取相应的防爆安全措施。

(2)临时用电线路及设备应有良好的绝缘,所有的临时用电线路应采用耐压等级不低于 500 V 的绝缘导线。

(3)临时用电线路经过有高温、振动、腐蚀、积水及产生机械损伤等区域,不应有接头,并应采取相应的保护措施。

(4)临时用电架空线应采用绝缘铜芯线,并应架设在专用电杆或支架上。其最大弧垂与地面距离,在作业现场不低于 2.5 m,穿越机动车道不低于 5 m。

(5)对需埋地敷设的电缆线线路应设有走向标志和安全标志。电缆埋地深度不应小于 0.7 m,穿越道路时应加设防护套管。

(6)现场临时用电配电盘、箱,应有电压标识和危险标识,应有防雨措施,盘、箱、门应能牢靠关闭并能上锁。

(7)行灯电压不应超过 36 V;在特别潮湿的场所或塔、釜、槽、罐等金属设备内作业,临时照明行灯电压不应超过 12 V。

(8)临时用电设施应安装符合规范要求的漏电保护器,移动工具、手持式电动工具应逐个配置漏电保护器和电源开关。

临时用电单位不应擅自向其他单位转供电或增加用电负荷,以及变更用电地点和用途。

临时用电时间一般不超过 15 d,特殊情况不应超过 1 个月。用电结束后,用电单位应及时通知供电单位拆除临时用电线路。

六、断路作业

（一）断路作业的含义

断路作业是指在化学品生产单位内交通主、支路与车间引道上进行工程施工、吊装、吊运等各种影响正常交通的作业。

（二）断路作业要求

作业前，作业申请单位应会同本单位相关主管部门制定交通组织方案，方案应能保证消防车和其他重要车辆的通行，并满足应急救援要求。

作业单位应根据需要在断路的路口和相关道路上设置交通警示标志，在作业区附近设置路栏、道路作业警示灯、导向标等交通警示设施。

在道路上进行定点作业，白天不超过 2 h、夜间不超过 1 h 即可完工的，在有现场交通指挥人员指挥交通的情况下，只要作业区域设置了相应的交通警示设施，即白天设置了锥形交通路标或路栏，夜间设置了锥形交通路标或路栏及道路作业警示灯，可不设标志牌。

在夜间或雨、雪、雾天进行作业应设置道路作业警示灯，警示灯设置要求如下：采用安全电压；设置高度应离地面 1.5 m，不低于 1.0 m；其设置应能反映作业区的轮廓；应能发出至少自 150 m 以外清晰可见的连续、闪烁或旋转的红光。

断路作业结束后，作业单位应清理现场，撤除作业区、路口设置的路栏、道路作业警示灯、导向标等交通警示设施。申请断路单位应检查核实，并报告有关部门恢复交通。

七、盲板抽堵作业

（一）盲板抽堵作业的含义

盲板抽堵作业是指在设备、管道上安装和拆卸盲板的作业。

具体来讲，盲板抽堵作业是指设备抢修或检修过程中，设备、管道内存有物料（气、液、固态）及一定温度、压力情况时的盲板抽堵，或设备、管道内物料经吹扫、置换、清洗后的盲板抽堵。

（二）盲板抽堵作业要求

生产车间（分厂）应预先绘制盲板位置图，对盲板进行统一编号，并设专人统一指挥作业。应根据管道内介质的性质、温度、压力和管道法兰密封面的口径等选择相应材料、强度、口径和符合设计、制造要求的盲板及垫片。高压盲板使用前应经超声波探伤，并符合《锻造角式高压阀门技术条件》（JB/T 450）的相关技术标准要求。

作业单位应按图进行盲板抽堵作业，并对每个盲板设标牌进行标识，标牌编号应与盲板位置图上的盲板编号一致。生产车间（分厂）应逐一确认并做好记录。

作业时，作业点压力应降为常压，并设专人监护。

在有毒介质的管道、设备上进行盲板抽堵作业时，作业人员应按《个体防护装备选用规范》（GB/T 11651）的相关要求选用防护用具。

在易燃易爆场所进行盲板抽堵作业时，作业人员应穿防静电工作服、工作鞋，并应使用防爆灯具和防爆工具；距盲板抽堵作业地点 30 m 内不应有动火作业。在强腐蚀性介质的管道、设备上进行盲板抽堵作业时，作业人员应采取防止酸碱灼伤的措施。介质温度较高、可能造成烫伤的情况下,作业人员应采取防烫措施。不应在同一管道上同时进行两处及两处以上的盲板抽堵作业。

盲板抽堵作业结束,由作业单位和生产车间(分厂)专人共同确认。

八、受限空间作业

(一)受限空间作业的含义

受限空间作业是指进入或探入受限空间进行的作业。其中,受限空间是指进出口受限,通风不良,可能存在易燃易爆、有毒有害物质或缺氧,对进入人员的身体健康和生命安全构成威胁的封闭、半封闭设施及场所,如反应器、塔、釜、槽、罐、炉膛、锅筒、管道以及地下室、窨井、坑(池)、下水道或其他封闭、半封闭场所。

(二)受限空间作业要求

作业前,应对受限空间进行安全隔绝,要求如下:

(1)与受限空间连通的可能危及安全作业的管道应采用插入盲板或拆除一段管道进行隔绝。

(2)与受限空间连通的可能危及安全作业的孔、洞应进行严密地封堵。

(3)受限空间内的用电设备应停止运行并有效切断电源,在电源开关处上锁并加挂警示牌。

作业前,应根据受限空间盛装(过)的物料特性,对受限空间进行清洗或置换,并达到如下要求:

(1)氧含量为18% ~21% ,在富氧环境下不应大于23.5% 。

(2)有毒气体(物质)浓度应符合《工作场所有害因素职业接触限值 第1部分:化学有害因素》(GBZ 2.1—2019)的相关规定。

(3)可燃气体的浓度要求同动火分析合格标准的相关规定。

受限空间应保持空气流通良好,可采取如下措施:

(1)打开人孔、手孔、料孔、风门、烟门等与大气相通的设施进行自然通风。

(2)必要时,应采用风机强制通风或管道送风,管道送风前应对管道内介质和风源进行分析确认。

对受限空间内的气体浓度应进行严格监测,监测要求如下:

(1)作业前30 min内,应对受限空间进行气体采样分析,分析合格后方可进入,如现场条件不允许,时间可适当放宽,但不应超过60 min。

(2)监测点应有代表性,容积较大的受限空间,应对上、中、下各部位进行监测分析。

(3)分析仪器应在校验有效期内,使用前应保证其处于正常工作状态。

(4)监测人员深入或探入受限空间监测时应采取进入受限空间作业所采取的防护措施中规定的个体防护措施。

(5)作业中应定时监测,至少每2 h监测一次,如监测分析结果有明显变化,应立即停止作业,撤离人员,对现场进行处理,分析合格后方可恢复作业。

(6)对可能释放有害物质的受限空间,应连续监测,情况异常时应立即停止作业,撤离人员,对现场进行处理,分析合格后方可恢复作业。

(7)涂刷具有挥发性溶剂的涂料时,应作连续分析,并采取强制通风措施。

(8)作业中断时间超过60 min时,应重新进行分析。

进入下列受限空间作业应采取如下防护措施:

(1)缺氧或有毒的受限空间经清洗或置换仍达不到相关要求的,应佩戴隔离式呼吸器,必要时应拴带救生绳。

(2)易燃易爆的受限空间经清洗或置换仍达不到相关要求的,应穿防静电工作服及防静电工作鞋,使用防爆型低压灯具及防爆工具。

(3)酸碱等腐蚀性介质的受限空间,应穿戴防酸碱防护服、防护鞋、防护手套等防腐蚀护品。

(4)有噪声产生的受限空间,应佩戴耳塞或耳罩等防噪声护具。

(5)有粉尘产生的受限空间,应佩戴防尘口罩、眼罩等防尘护具。

(6)高温的受限空间,进入时应穿戴高温防护用品,必要时采取通风、隔热、佩戴通信设备等防护措施。

(7)低温的受限空间,进入时应穿戴低温防护用品,必要时采取供暖、佩戴通信设备等措施。

九、安全作业证的管理要求
(一)安全作业证的办理和审批

安全作业证的办理、审核(会签)、审批部门(人)的内容如表6-21所示。

表6-21 安全作业证的办理和审批的内容

安全作业证种类		办理部门	审核或会签	审批部门(人)
动火证	特殊动火作业	作业单位	—	主管厂长或总工程师
	一级动火作业			安全管理部门
	二级动火作业		—	动火点所在车间
吊装证	一级吊装作业	作业单位	—	主管厂长或总工程师
	二级、三级吊装作业			设备管理部门
高处作业证	一级高处作业	作业单位	—	设备管理部门
	二级、三级高处作业		车间	设备管理部门
	特级高处作业		安全管理部门	主管厂长
动土证		动土所在单位	水、电、汽、工艺、设备、消防、安全管理等部门	工程管理部门
临时用电证		作业单位	配送电单位	动力部门
断路证		断路所在单位	消防、安全管理部门	工程管理部门

（续表）

安全作业证种类	办理部门	审核或会签	审批部门（人）
盲板抽堵证	生产车间（分厂）	作业单位	生产部门
受限空间证	作业单位	—	受限空间所在单位

（二）安全作业证的使用及有效期限

有分级的特殊作业,其安全作业证应根据特殊作业的等级以明显标记加以区分。

安全作业证实行一个作业点、一个作业周期内,同一作业内容一张《安全作业证》的管理方式。

安全作业证不应随意涂改和转让,不应变更作业内容、扩大使用范围、转移作业部位或异地使用。

作业内容变更、作业范围扩大、作业地点转移或超过有效期限,以及作业条件、作业环境条件或工艺条件改变时,应重新办理安全作业证。

特殊动火作业和一级动火作业的《动火证》有效期不应超过 8 h;二级动火作业的《动火证》有效期不应超过 72 h。《受限空间证》有效期不应超过 24 h。

（三）安全作业证的持有及保存

安全作业证一式三联,其持有和存档部门（人）参见表 6-22。安全作业证应至少保存一年。

表 6-22　《安全作业证》持有及保存的内容

安全作业证种类		持有及保存情况		
		第一联	第二联	第三联（存档）
动火证	一级和特殊动火	动火点所在车间（监火）	动火人	安全管理部门
	二级动火	动火点所在车间操作岗位（监火）	动火人	生产车间
吊装证		吊装指挥	项目单位	设备管理部门
高处作业证		作业人员	作业负责人	设备管理部门
动土证		现场作业人员	动土所在单位	工程管理部门
临时用电证		作业单位（作业时）配送电执行人（作业结束后注销）	配送电执行人	动力部门
断路证		作业单位	断路所在单位	工程管理部门
盲板抽堵证		作业单位	生产车间（分厂）	生产管理部门
受限空间证		作业负责人	监护人	受限空间所在单位

第七章　灭火剂、消防器材及设施配备

第一节　火灾分类及灭火剂

一、火灾分类

根据《火灾分类》(GB/T 4968),火灾可以分为六类。

A 类火灾:固体物质火灾。这种物质通常具有有机物性质,一般在燃烧时能产生灼热的余烬。

B 类火灾:液体或可熔化的固体物质火灾。

C 类火灾:气体火灾。

D 类火灾:金属火灾。

E 类火灾:带电火灾。即由物体带电燃烧造成的火灾。

F 类火灾:烹饪器具内的烹饪物(如动植物油脂)引起的火灾。

图 7-1 为化工企业灭火现场图。

图 7-1　化工企业灭火现场

二、灭火剂的分类及灭火机理

灭火剂是指能够有效地破坏燃烧条件,终止燃烧的物质。

(一)液体灭火剂

1. 水

水是应用最广泛的天然灭火剂,它可以单独使用,也可以与不同的化学剂组成混合液使用。现有消防器材中,用水灭火的占很大比例。例如,作为重要灭火工具的消防车,多数是离不开水的;在固定灭火装置中,水喷淋系统使用的最多最广;对于泡沫灭火系统来说,泡沫混合液中就含有94%或97%的水。因此,水不仅现在,而且将来也是重要的和不可缺少的灭火剂。

(1)水的物理及化学性质:

①纯水是一种无色、无味、无嗅的透明液体。水具有3种不同形态,即气态、液态和固态。水的比热、汽化热较大,所以用水灭火的效果很好。

②水能与许多物质发生化学反应,如活性金属、金属氢化物、碳化碱金属、硅金属化合物、磷化物、硼氢类物质等,产生可燃气体,同时放出一定热量。当温度达到可燃气体的自燃点或可燃气体接触到火源时,便会立即引起燃烧或爆炸,水在1 500 ℃时还会发生分解,生成氢气和氧气,形成气体爆炸性混合物,如遇见火便会发生爆炸。

③仓库消防用水一般取自于自然界,含有一定杂质,有一定的导电率,水中的电解质越大,其导电率越大,因此,一般不能用水扑救电气火灾。此外,一般水的比重比油品的密度大,用水直接灭火会引起油品流散飞溅,造成火灾蔓延,因此不能用水直接灭油品火灾。

(2)水的灭火作用:

①冷却作用。冷却是水的主要灭火作用。水的热容量和汽化潜热很大,水的比热容为4 184 J/(kg·℃),也就是说,每公斤水的温度升高1 ℃,就会吸收4 184 J的热量;水的蒸发潜热为2 259 kJ/kg,即每公斤水蒸发汽化时,要吸收2 259 kJ的热量。因而当水与炽热的燃烧物接触时,在被加热和汽化的过程中,就会大量吸收燃烧物的热量,使燃烧物冷却。

当水与炽热的含碳可燃物接触时,还会发生化学反应,并吸收大量的热。由此可见,水与炽热的燃烧物接触后,就会通过上述物理作用和化学反应,从燃烧物处吸收大量的热,迫使燃烧物的温度大幅度下降,而最终停止燃烧。

在扑救油罐火灾时,需要用大量的水对着火油罐及相邻的油罐进行冷却,以降低油罐温度,防止油罐变形、倒塌,并使泡沫免受高温油品和炽热罐壁的破坏,提高灭火效率。同时可以延缓油品的沸腾、喷溅,为扑救工作赢得时间。

②窒息作用。水灭火时,遇到炽热燃烧物而汽化,产生大量水蒸气,1 kg水可生成1 700 L(100 ℃)水蒸气。当温度升高,生成的水蒸气更多。水生成水蒸气后,体积急剧增大,大量的水蒸气占据了燃烧区的空间,阻止了周围的空气进入燃烧区,从而显著地降低燃烧区域内的含氧量,迫使氧逐渐减少,一般情况下,空气中含有35%体积的水蒸气,燃烧就会停止。

③乳化作用。用水喷雾灭火设备扑救油类等非水溶性可燃液体火灾时,由于雾状水射流的高速冲击作用,微粒水珠进入液层并引起剧烈的扰动,使可燃液体表面形成一层由水粒和非水溶性液体混合组成的乳状物表层,这样就可减少可燃液体的蒸发量而难于继续燃烧。

④水力冲击作用。水在机械的作用下,密集的水流具有强大动能和冲击力,可达数十甚至数百牛顿每平方厘米。高压的密集水流强烈地冲击着燃烧物和火焰,使燃烧物冲散和减弱燃烧强度进而达到灭火目的。

由此可见,水的灭火作用不是某一种作用,而是几种作用的综合结果。但是,冷却是水的主要灭火作用。

2. 细水雾灭火剂

细水雾可以扑灭 A、B、C 和 F 类火灾。细水雾灭火剂无环境污染、无臭氧损耗、无温室效应,灭火迅速,耗水量低,对失火对象破坏性小,但是细水雾设备复杂,造价高,技术要求严格,应用方面受到一定限制。

细水雾灭火剂的灭火机理:具有冷却和窒息作用,但普通水经过细化后,其比表面积较一般水滴增大,增大了水和火焰的接触面积,在火场中能够完全蒸发,吸热效率提高,灭火效果大幅度提高。

(二)泡沫灭火剂

凡能够与水混溶,并可通过化学反应或机械方法产生灭火泡沫的灭火药剂,称为泡沫灭火剂。泡沫灭火剂一般由发泡剂、泡沫稳定剂、降粘剂、抗冻剂、助溶剂、防腐剂及水组成。

1. 泡沫灭火剂的分类

按照泡沫的生成机理,泡沫灭火剂可分为化学泡沫灭火剂和空气泡沫灭火剂。化学泡沫是通过两种药剂的水溶液发生化学反应生成的,泡沫中所包含的气体为二氧化碳。空气泡沫是通过搅拌而生成的,泡沫中所包含的气体一般为空气。空气泡沫灭火剂按其发泡倍数又可分为低倍数泡沫、中倍数泡沫和高倍数泡沫 3 类;根据发泡剂的类型和用途,低倍数泡沫灭火剂又可分为蛋白泡沫、氟蛋白泡沫、水成膜泡沫、抗溶性泡沫和合成泡沫灭火剂 5 种类型。

发泡倍数是指泡沫灭火剂的水溶液变成灭火泡沫后的体积膨胀倍数。低倍数泡沫的发泡倍数一般在 20 倍以下,中倍数泡沫的发泡倍数一般在 20 ~ 200 倍之间;高倍数泡沫的发泡倍数一般在 200 ~ 1 000 倍之间。

2. 泡沫灭火剂的灭火原理

通常使用的灭火泡沫,发泡倍数范围为 2 ~ 1 000,比重在 0.001 ~ 0.5 之间。由于泡沫的比重远远小于一般可燃液体的比重,因而可以漂浮于液体的表面,形成一个泡沫覆盖层。同时泡沫又有一定的粘性,可以粘附于一般可燃固体的表面。其灭火作用表现在以下几个方面:

(1)阻隔作用。灭火泡沫在燃烧物表面形成的泡沫覆盖层,可使燃烧表面与空气隔离。泡沫层封闭了燃烧物表面,可以遮断火焰对燃烧物的热辐射,阻止燃烧物的蒸发或热解挥发,使可燃气体难以进入燃烧区。

(2)冷却作用。泡沫析出的液体对燃烧表面有冷却作用。

(3)稀释作用。泡沫灭火剂产生的泡沫受热蒸发,产生的水蒸气有稀释燃烧区氧气浓度的作用。

3. 化学泡沫灭火剂

化学泡沫是指由两种药剂的水溶液通过化学反应产生的灭火泡沫,这两种药剂称为化学泡沫灭火剂。

化学泡沫灭火剂主要有 YP 型、YPB 型和 YPD 型三种型号。

YP 型化学泡沫灭火剂利用于 100 L 以下的泡沫灭火器中,是由内药剂(酸性粉)和外药剂(碱性粉)组成。作为内药剂的酸性粉有磷酸、硫酸铝、酸式硫酸铝,目前国内生产的化学泡沫灭火剂的内药均为硫酸铝。化学泡沫灭火剂的外药是由碱性粉(如碳酸氢钠、碳酸氢钾等,最常用的是碳酸氢钠)加上少量经喷雾干燥成粉末状的蛋白泡沫灭火剂组成。

YP 型化学泡沫灭火剂出厂时,酸性粉和碱性粉分别装于两个不同标志的塑料袋中,配制时组成每副药剂的内药剂和含 18 mol 结晶水的硫酸铝外药剂的重量比应在 1.2∶1 ~ 1.35∶1 的范围内效果最佳。

使用 YP 型化学泡沫剂灭火时,通常倒置灭火器,使酸性内药与碱性外药混合,发生化学反应,反应中产生的二氧化碳,一方面在溶液中形成大量微细的泡沫;另一方面,使灭火器中的压力很快上升,在压力的作用下,将生成的泡沫从灭火器的喷嘴中喷出。反应生成胶状氢氧化钠则分布在泡沫上,使泡沫具有一定的粘性,易于粘附在燃烧物上,形成一个连续的泡沫层,并通过冷却、抑制燃烧蒸发和隔离氧气的作用灭火。

YPB 型化学泡沫灭火剂是在 YP 型化学泡沫灭火剂基础上研制成功的一种新型化学泡沫灭火剂。它与 YP 型化学泡沫灭火剂相比,具有泡沫粘度小,流动性和自封性好,而且具有很好的疏油能力和抑制油品蒸发的能力,灭火效率高的特点,比同容量 YP 型化学泡沫灭火剂的灭火效率高 2 ~ 3 倍,而且全部采用合成原料,保存期长。

YPB 型化学泡沫以硫酸铝、碳酸氢钠作为发泡剂,并以氟碳表面活性剂、碳氢表面活性剂为增效剂组成,它的泡沫产生原理、灭火原理与 YP 型相同,但由于在碱性药剂中含有一定量的泡沫增效剂、氟氢表面活性剂等,使灭火效率大大提高。

YPD 型多功能金属皂化学泡沫灭火剂主要适用于极性液体火灾,当内药和外药的水溶液混合时发生反应,形成金属皂沉淀,沉淀的微粒分布在泡沫上,阻止了极性液体对泡沫的破坏,保证了泡沫层的形成和灭火。

目前,化学泡沫灭火剂主要用于充装手推式和推车式化学泡沫灭火器。

YP 型和 YPB 型化学泡沫灭火剂,适用于扑救 A 类火灾和 B 类火灾中的非水溶性液体火灾。YPD 型化学泡沫灭火剂,适于扑救油品火灾以及水溶性可燃液体火灾。

4. 蛋白泡沫灭火剂

蛋白泡沫灭火剂是由动物性蛋白质或植物性蛋白质的水解产物组成的泡沫液,并加入稳定剂、防冻剂、缓蚀剂、防腐剂和粘度控制剂等添加剂而制成的起泡性浓缩液。它是扑救原油及石油产品火灾最适宜的灭火剂之一。

蛋白泡沫灭火剂是由动物性蛋白质,如牛、马、羊、猪的蹄角、毛血,或植物性蛋白质如豆饼、菜籽饼等,在碱性(氢氧化钠或氢氧化钙)的作用下,经过部分水解后,再加工浓缩而成。蛋白泡沫液按与水的混合比例分为 6% 和 3% 两种;按制造原料分为动物蛋白和植物蛋白两类。

蛋白泡沫灭火剂适用于扑救原油和石油产品火灾,如汽油、煤油、柴油、原油、重油、沥青、石蜡等的火灾,动物性和植物性油脂的火灾;由于蛋白泡沫具有较好的粘附和覆盖作用,同时又具有一定的冷却和湿润作用,所以适用于扑救一般固体物质火灾。由于蛋白泡沫具有较好的稳定性,因而常用于防止火灾的发生和蔓延,如输油管道、油罐的石油产品发生泄漏或溢流时,可用蛋白泡沫覆盖,防止火灾发生,然后再采取其他措施。在油罐区,当一个油罐着火时,对着火罐附近的其他油罐可以喷射蛋白泡沫做保护,以防止着火罐的热辐射引燃。

蛋白泡沫灭火剂不能用于扑救醇、醛、醚等水溶性可燃液体火灾,因为极性液体有强烈的消泡作用,也不能用于扑救加醇汽油(含醇量在 10% 以上)、电气、气体等火灾;不能采用液下喷射的方式扑救油罐火灾;不能与一般干粉灭火剂联用。

5. 氟蛋白泡沫灭火剂

氟蛋白泡沫灭剂就是含有氟碳表面活性剂的蛋白泡沫灭火剂,也称氟蛋白泡沫液。它是在蛋白泡沫液中加入 2% 或 1%(体积比)的氟碳表面活性剂预制液制成的。目前氟蛋白泡沫灭火剂是扑救石油及石油产品火灾的主要灭火剂之一,其灭火性能较蛋白泡沫灭火剂有了较大提高。

氟蛋白泡沫灭火剂除了具有蛋白泡沫稳定性和热稳定性好的优点外,由于加入氟碳表面活性剂等成分,克服了蛋白泡沫流动性差、抵抗燃烧污染能力低、灭火缓慢且不能与干粉灭火剂联合使用等缺点。

6. 水成膜泡沫灭火剂

水成膜泡沫灭火剂,又称"轻水"泡沫灭火剂或氟化学泡沫灭火剂。它主要是由氟碳表面活性剂、碳氢表面活性剂、稳定剂以及其他添加剂和水等组成。

在扑救石油产品火灾时,依靠泡沫和水膜的双重作用进行灭火,而泡沫起主导作用。实验表明,水成膜泡沫灭火剂的灭火效力约为蛋白泡沫灭火剂的 3 倍。

水成膜泡沫灭火剂适用于通用的低倍数泡沫灭火设备,主要用于扑救一般非水溶性可燃、易燃液体的火灾,且能迅速地控制火灾的蔓延,还能与干粉灭火剂联用。也可采用液下喷射方法扑救油罐火灾,扑救流淌液体火灾效果较好。但泡沫不够稳定,消失较快,而且对油面的封闭时间和阻回燃时间也短,所以在防止复燃与隔离热液面的性能方面,不如蛋白泡沫和氟蛋白泡沫。

7. 高倍数泡沫灭火剂

高倍数泡沫灭火剂是以合成表面活性剂为基料的空气泡沫灭火剂,水按一定比例混合后,通过高倍数泡沫产生器而生成泡沫,泡沫倍数一般在 200~1 000 倍之间,我国于 1980 年研制的 YEGZ 型高倍数泡沫已推广应用。

高倍数泡沫灭火剂按其配制混合液时使用水的类型,分为淡水型和海水型两种。

高倍数泡沫是按一定比例混合的高倍数泡沫灭火剂水溶液通过高倍数泡沫产生器而生成的,它的发泡倍数高达 200~1 000 倍,气泡直径一般在 10 mm 以上。由于它的体积膨胀大,再加上高倍数泡沫产生器的发泡量大(大型的高倍数泡沫产生器可在 1 min 内产生 1 000 m³ 以上泡沫),泡沫可以迅速充满着火空间,覆盖燃烧物,使燃烧物与空气隔绝;泡沫受热后产生的大量水蒸气大量吸热,使燃烧区温度急骤下降,并稀释空气中的含氧量,阻止火场的热传导、对流和热辐射,防止火势蔓延。因此,高倍数泡沫灭火技术具有混合液供给强度小、泡沫供给量大、灭火迅速、安全可靠、水渍损失少、灭火后现场处理简单等特点。

高倍数泡沫主要适用于扑救 A 类火灾和 B 类火灾中的非水溶性液体火灾。特别适用于扑救有限空间内的火灾,如洞库、库房等的火灾,对于这些场所,高倍数泡沫既可以灭火,又有助于排烟和驱除有毒气体。

高倍数泡沫也适用于扑救大面积液体火灾,但在室外使用时,应用防火堤等把覆盖物限制在一定的范围内。

(三)固体灭火剂

1. 干粉灭火剂

干粉灭火剂是一种干燥的、易于流动的固体粉末,一般借助于灭火器或灭火设备中的气体压力,将干粉从容器喷出,以粉雾形态扑救火灾。

干粉灭火剂按使用范围可分为普通干粉和多用干粉两大类。

（1）普通干粉主要用于扑救可燃液体火灾、可燃气体火灾以及带电设备火灾。主要品种有：

①以碳酸氢钠为基料的碳酸氢钠干粉。

②以碳酸氢钠为基料，但又添加增效基料的改性钠盐干粉。

③以碳酸氢钾为基料的紫钾盐干粉。

④以氯化钾为基料的钾盐干粉。

⑤以硫酸钾为基料的钾盐干粉。

⑥以尿素与碳酸氢钾（或碳酸氢钠）反应生成物为基料的氨基干粉。

（2）多用干粉不仅适用于扑救可燃液体、可燃气体和带电设备的火灾，还适用于扑救一般固体物质火灾。主要品种有：

①以磷盐为基料的干粉。

②以硫酸铵与磷酸铵盐的混合物为基料的干粉。

③以聚磷酸铵为基料的干粉。

干粉灭火剂的灭火机理：干粉灭火剂灭火时，主要是抑制作用。燃烧反应是一种链式反应过程。燃烧在高温作用下，吸收了活化能而被活化，产生了大量的活性基团，它们与燃烧分子作用，不断生成新的活性基团和氧化物，同时放出大量的热量维持燃烧链式反应继续进行。当大量干粉以雾状形式喷向火焰时，可以大大吸收火焰中的活性基团，使其数量急剧减少，中断燃烧的链式反应，从而使火焰熄灭。

此外，以磷酸铵盐为基料的干粉，当喷射到灼热的燃烧物表面时，产生一系列化学反应，在固体表面生成一玻璃状覆盖层，使燃烧物表面与空气中的氧隔开，从而使燃烧窒息。

干粉灭火剂的应用范围：

（1）普通干粉（碳酸氢钠干粉）灭火剂一般装于手提式、推车式灭火器及干粉消防车中使用。主要用于扑救各种非水溶性及水溶性可燃、易燃液体的火灾，以及天然气和液化石油气等可燃气体火灾和一般带电设备的火灾。

在扑救非水溶性可燃、易燃液体火灾时，可与氟蛋白泡沫联用，以取得更好的灭火效果，并可有效地防止复燃。

（2）多用干粉（磷酸铵盐）灭火剂除与普通干粉灭火剂一样，能有效地扑救易燃、可燃液（气）体和电气设备火灾外，还可用于扑救木材、纸张、纤维等 A 类固体可燃物质的火灾。一般装于手提式和推车式灭火器中使用。

2. 气溶胶灭火剂

气溶胶灭火剂是一种可悬浮于空气中的微米级干粉微粒，由氧化剂、还原剂及粘合剂构成，适用于 A，B，C，E 类火灾。其特点有灭火速度快、效率高、价格便宜、空间淹没性能好，臭氧消耗潜在值和温室效应潜能值低，可常压贮存，灭火后有残留。

气溶胶灭火剂的灭火机理：主要在于物理降温和化学抑制两个方面的联合作用。

（四）气体灭火剂

1. 二氧化碳灭火剂

二氧化碳是一种不燃烧、不助燃的惰性气体，而且价格低廉易于液化，便于灌装和储存，是一种常用的灭火剂。

（1）灭火机理。二氧化碳灭火剂主要灭火作用是窒息作用。此外，对火焰还有一定冷却作用。

二氧化碳灭火剂平时以液态的形式储存在灭火器或压力容器中，灭火时从灭火器或设备中喷出，一般情况下 1 kg 液态的二氧化碳汽化产生 0.5 m³ 的二氧化碳气体，相对密度较大的二氧化碳能够排除燃烧物周围的空气，降低空气中氧的含量。当燃烧区或空间含氧量低于 12%，或者二氧化碳浓度达到 30% ~35% 时，绝大多数燃烧都会熄灭。

当二氧化碳喷出时，汽化吸收本身热量，使部分二氧化碳变为固态的干冰，干冰汽化时要吸收燃烧物的热量，对燃烧物有一定冷却作用，但这种冷却作用远不能扑灭火焰，不是二氧化碳的主要灭火作用。

（2）应用范围。二氧化碳来源广泛，无腐蚀性，灭火时不会对火场环境造成污染，灭火后能很快逸散，不留痕迹。它适用于扑救各种易燃液体火灾，以及一些怕污染、损坏的固体火灾。另外，二氧化碳不导电，可用于扑救带电设备的火灾。

由于二氧化碳灭火器的压力随温度而变化。温度过低，压力迅速降低，其喷射强度也大大降低，失去灭火作用；温度过高，压力迅速升高，影响安全使用。因此，国家规定二氧化碳灭火器使用的温度范围为 -20 ℃ ~55 ℃；二氧化碳液相在汽化时，吸收本身热量使温度很快降到 -79 ℃，使用时应防止冻伤。

二氧化碳是一种弱毒气体，主要是对人有窒息作用。空气中含有 2% ~4% 的二氧化碳时，中毒者呼吸加快，当浓度增加至 4% ~6% 时；开始出现头痛，耳鸣和剧烈的心跳，呼吸次数明显加快；当空气中含有 20% 的二氧化碳时，人便会死亡。因此，灭火后人员应迅速离开，室内灭火后要打开门窗。

2. 七氟丙烷灭火剂

七氟丙烷灭火剂，可以扑救 A、B、C、E 类火灾，具有灭火迅速，用量少，易存储，灭火后无残留，不击穿电子元件，无臭氧损耗等优点。但七氟丙烷会造成温室效应，灭火时发生分解释放有毒气体。

七氟丙烷灭火剂的灭火机理：通过物理降温与窒息和化学抑制灭火。

3. 烟烙烬灭火剂

烟烙烬灭火剂可用于扑灭 A、B、C 类火灾。烟烙烬具有不污染环境，无臭氧损耗、无温室效应，对设备及资料无腐蚀、破坏作用，对人体无害等优点。但由于其灭火浓度高，喷射时间长，灭火速度较低，故而扑灭 B 类火灾的效果不如扑灭 A 类火灾的效果好。

烟烙烬灭火剂的灭火机理：主要通过降低防护区内的氧气浓度，达到窒息灭火的效果，通常空气含有 21% 的氧气和小于 1% 的二氧化碳，如果氧气含量降低到 15% 以下，大部分普通可燃物将停止燃烧。将烟烙烬灭火剂释放后，可以在 1 min 内将燃烧区域内的氧气浓度迅速降至 12.5%，可燃物由于缺氧而停止燃烧，从而达到灭火的目的。

（五）卤代烷灭火剂

卤代烷灭火剂是以卤原子取代烷烃分子中的部分氢原子或全部氢原子后得到的一类有机化合物的总称。一些低级烷烃的卤代物具有不同程度的灭火作用，这些具有灭火作用的低级卤代烷统称为卤代烷灭火剂。

通常用作灭火剂的多为甲烷和乙烷的卤代物，分子中的卤素原子为氟、氯、溴。氟原子的存在增加了卤代烷的惰性和稳定性，同时降低了卤代烷的毒性和腐蚀性，氯原子和溴原子的存在，尤其是溴原子，提高了卤代烷的灭火效能。

卤代烷灭火剂的命名原则是:用 4 个阿拉伯数字分别表示卤代烷中碳和卤族元素的原子数,其排列顺序为碳、氟、氯、溴。如果末尾数字为零则略去,并在代号前面冠以 Halon(哈龙),以区别一些其他化合物。因此,卤代烷灭火剂也称"哈龙"灭火剂。

1. 灭火机理

卤代烷灭火剂主要通过抑制燃烧的化学反应过程,使燃烧中断,达到灭火目的。其作用是通过夺去燃烧链式反应中的活性基团来完成,这一过程称为抑制过程。这一过程所需的时间比较短,所以灭火比较迅速。而其他灭火剂大都是通过冷却和稀释等物理过程进行灭火的。

卤代烷灭火剂具有灭火效率高、灭火迅速、用量省、汽化性强,热稳定性和化学稳定性好,对环境和设备不会造成污染,长期储存不变质(有效储存使用期达 5 年以上)等特点。

2. 应用范围

卤代烷灭火剂可用于扑救可燃气体、可燃液体火灾,可燃固体的表层火灾,带电设备火灾。特别适宜扑救电子计算机、通信设备等精密仪器火灾。

3. 安全要求

(1)卤代烷灭火剂一般都是以液化气的形式充装在压力容器中的,因此充装时要遵守压力容器的安全充装规定。

(2)使用时不能直接接触气体,防止冻伤。

(3)在室内使用卤代烷灭火剂扑救火灾后,要立即打开门窗,防止中毒。

(4)卤代烷灭火剂应保存在 $-20\ ℃\sim55\ ℃$ 的范围内,注意防止泄漏。

(5)由于卤代烷对大气臭氧层破坏严重,为了保护大气臭氧层,多国于 1987 年在加拿大签订了控制破坏大气臭氧层物品的协定,这些破坏性物品其中包括有 1 211 和 1 301灭火剂。因此,卤代烷灭火剂在全世界范围内已逐步停止生产和禁止使用。

(六)烟雾灭火剂

1. 组成

烟雾灭火剂是由硝酸钾、木炭、硫磺、三聚氰胺和碳酸氢钾组成,呈深色粉状混合物。它是在发烟火药的基础上加以改进而研制成的一种新型灭火剂。其典型配比为硝酸钾 50.5% 、木炭 12.5% 、硫磺 3% 、三聚氰胺 26% 和碳酸氢钾 8% 。

2. 灭火原理

烟雾灭火剂的灭火原理主要是窒息作用。烟雾灭火剂的各种组分,可以在密闭系统中持续燃烧,而不需外界供给氧气,燃烧时产生大量气体,其中 85% 以上是二氧化碳、氮气等惰性气体。所谓烟雾,就是灭火剂燃烧反应所产生的气态产物及浮游于其中的固体颗粒。用它扑救油罐火灾时,这些烟雾从发烟器喷嘴喷出,能迅速充满油罐内空间,排挤罐内的其他气体,阻止外界空气流入罐内,大大稀释了罐内的氧气和可燃气体浓度,从而使燃烧窒息。

除窒息作用外,烟雾灭火剂还有以下灭火作用:烟雾灭火剂能阻断燃油蒸气进入燃烧区,将油面封闭,此外烟雾灭火剂颗粒有一定的捕捉活性基团,抑制燃烧链式反应的作用,没燃完的灭火剂残渣散落在油面上,有一定的覆盖作用。

3. 应用范围

烟雾灭火剂具有灭火速度快,设备简单,投资少,不用水,不用电,节省人力物力,灭火后杂质少,对油品污染小等特点。特别适用于缺水,交通不便,油罐少而分散的偏远地区。

烟雾灭火剂主要用于扑救 2 000 m³ 下的柴油、原油、重油等小型的钢质油罐火灾;对直径 3 m 以下的酮、酯、醇的储罐火灾,也有较好的灭火效果。目前,只限于在 1 000 m³ 以下的新建柴油储罐中使用。

第二节 消防器材

一、消防器材及其用途

消防器材主要有灭火器箱、灭火器、消火栓箱、消防水枪、水带接扣、消防水带、消火栓、消防应急照明灯、紧急疏散标示牌。

部分消防器材的具体用途如表 7-1 所示。

表 7-1 消防器材名称、用途、使用方法

序号	名称	用途	使用方法	备注
1	干粉灭火器	适宜扑灭油类、可燃气体、电器设备等初起火灾	喷嘴对准火焰根部拔去保险销,压下压把	—
2	二氧化碳灭火器	适宜扑灭精密仪器、电子设备以及低压电器初起火灾	喷嘴对准火焰根部拔去保险销,压下压把	电气火灾避免用金属喷嘴
3	烟感器	适用于仓库、配电间等场所的火灾报警	烟雾达到一定浓度时自动报警	—
4	温感器	火灾的早期探测及报警	具有差温和定温两种模式,报警准确、可靠	—
5	声光报警器	火灾时发出声音及闪光,是一种消防报警设备	火灾发生时合上电流开关,报警器常响及闪烁灯光	—
6	手动报警按钮（碎玻璃）	火灾发生后采用的紧急报警(只能一次性报警)	通常情况下手动打破玻璃报警	—
7	手动报警按钮（下压）	火灾发生后采用的紧急报警(只能一次性报警)	通常情况下手动压下报警	—
8	水喷淋头	当起火使室内温度达到设定的温度时,水喷淋头会自动出水来进行灭火	安装于防火场所,如办公室、旅馆、娱乐场所等	—
9	消防栓专用扳手	开启消防栓专用	灭火时用来旋转消火栓阀杆,使水流出	—

（续表）

序号	名称	用途	使用方法	备注
10	消防水带	输送水源	水带展开,放平放直,接上消防栓,打开阀门	水的压力大,如果不放直,易甩动伤人
11	消防箱	固定摆放灭火器,兼具防潮	—	—
12	消防砂桶	存放消防砂	扑灭油类等初起火灾	室外防砂桶需有防雨罩
13	消防斧	清理着火或易燃材料,切断火势蔓延的途径,还可以劈开被烧变形的门窗,解救被困人员	着火点处使用	—
14	腰斧	用来破拆通道用的,如打开门窗	专业消防人员使用	不能破拆带电电线或带电设备
15	地埋式消防栓	用于向消防车供水或直接与水带、水枪连接进行灭火	灭火时使用	—
16	持证上岗标志	为提示标志,上岗作业人员工作处张贴	施工作业场所张贴	—
17	禁止烟火标志	为禁止类标志,张贴在不得使用明火部位	禁火场所张贴	—
18	禁止吸烟标志	为禁止类标志,在禁烟区张贴	禁烟场所张贴	—
19	注意安全标志	为警告类标志,对作业区人员进行警告	作业场所张贴	—
20	仓库重地严禁烟火标志	为禁止类标志,禁止动火,提示火警电话为119	仓库重地张贴	—
21	必须系安全带标志	为提示标志,作业时应佩戴安全带	作业场所张贴	—
22	消防器材严禁挪用标志	为禁止类标志,提示火警电话为119	公共场所张贴	—
23	必须戴安全帽标志	为警告类标志,作业区内必须佩戴安全帽	作业场所张贴	—

第三节　化工消防知识

一、火灾形式

（一）爆炸

爆炸是化工行业火灾的显著特点。一方面是因为化工原料都有易燃、易爆的特性，另一方面是因为化工生产装置也会因超温、超压发生爆炸。

（二）大面积流淌性火灾

大面积流淌性火灾，这是化工行业火灾的又一特点。化工生产中大多是液体原料。液体原料由于种种原因发生漏料、冒料、跑料，就可能引发流淌火灾，或火灾发生后容器破损形成流淌火灾。特别是贮罐发生问题，极易形成流淌火灾。如2008年某地发生的草甘膦车间火灾。油性物质三乙胺引起火灾后，设备损坏，三乙胺流淌到二甲酯车间，造成连续性火灾。

（三）立体火灾

立体火灾，是由于原料易泄漏、易流淌，设备又多为竖直筑架，管道纵横交错，孔洞缝隙互为贯通，有火灾发生时就易形成立体燃烧。

立体燃烧对灭火来讲，难度较大、造成的损失也较大，往往使设备受重创，直至报废，且危险传递速度快。原料在设备内是受压受热的，发生险情后，往往会有跑料、喷料现象，受压的原料在冲出装置、管道时量大，喷射距离远，可在短时间内对附近构成威胁。这种火灾常见于高楼大厦中。

二、物料

化学物品的理化性质涉及危险物品中的七大类，其物质形态包括固、液、气态三大类，生产和储存要求十分严格，不仅要防火，还要防水、防腐、防震、防撞、防氧化、防静电等。如：红磷需要防水、防撞击、防摩擦、防静电等；使用溴素要防泄漏、防腐蚀；甲醇、甲苯、乙醇、丙酮、一甲胺等易燃液体物料需要防火、防静电；五硫化二磷需要防水、防潮、防静电、防氧化等。

三、设备

化工生产的设备要求很高。有的要求耐腐蚀，有的要求耐高压、耐高温、抗撞击，大多数要求防静电积聚，而这些情况在设备运行会出现突发性发作。如：甲酯输送管道、盐酸输送管道要求耐腐蚀都是衬塑管道，极个别用丙烯管道，管道因受腐蚀，或遭意外撞击，热胀冷缩，震动疲劳，自然老化等因素干扰，就可能造成大量液体和气体外泄。密封圈老化，损坏，法兰处会发生漏气、漏料现象。漏出的液体遇到点火源（明火、高温、电火花、摩擦与撞击、化学反应放热等）就会发生险情。泄漏的气体如果是无色无味，有毒的（氟化氢），就可能造成大量人员伤害。

同时，化工生产中压力容器较多，一些附件，如温度计、压力表、窥视窗、泄压阀等，貌似无足轻重，也要精心维护。

不得在易燃易爆场所内安装非防爆电气设备,以防电气设备运行时产生火花、电弧或高热表面引起着火爆炸事故。而实际工作中,还会出现不按技术规范要求安装不防爆的照明灯、使用不防爆的排风扇等,甚至有部分员工在工作室、值班室、设备间等场所使用电炉、电热煲等烧水、做菜、取暖。

四、仓库

化学物品仓库有其特定要求,不同种类物品有不同的存放要求,不可错位存放、混存混放。

五、运输

化学物品运输从运输车辆到装卸工具都有严格规定。在生产区域内的运输工具必须严格要求,防止产生火花。对外运输车辆要专车专用,并做相应处理。否则,导致阳光暴晒受热,静电积聚放电,阀门损坏泄漏,意外撞击破坏,造成漏料发生反应等,都会引发灾难性后果。

六、行业危险源

化工企业的危险源很难一一讲清楚,但有一句话可以从另一个侧面反映这个问题的严重性,即"可以说,所有点火源都能对化学危险物品起作用"。

(一)明火

化工生产严禁明火是最起码的要求。但实际工作中,有部分员工在生产车间卫生间、楼道、更衣室内随意用打火机点烟、烟头随地乱扔,其他员工看到后能制止的不制止,有的甚至自己也在这种场所吸烟。明火的温度一般都在七八百摄氏度以上,而化学物品中许多物料只要一二百摄氏度就会发生剧烈化学反应,引发灾难。

(二)撞击

有时可能是轻微撞击产生的能量,也足以引发一些敏感度较高的化学物料的激剧氧化反应。

(三)摩擦

摩擦既能产生静电,也会产生热量,这两点对大多数化学物料来讲都是不可接受的。比如磷在轻微的摩擦中生火。

(四)热能

因为化学物品对热的反应敏感,所以除明火外,传导热、聚焦热,也能引起物料剧烈反应。

(五)静电

在化工生产、运输、贮存中都容易产生静电,而由于静电的电位差高,虽放电时间瞬间,但对化学物质而言,已绰绰有余了。

(六)高压

化工生产有许多高温高压反应。高温必然产生高压,压力过高,会导致物料的过激反应,甚至导致爆炸、燃烧。

七、火灾的灭火器选择

火灾依据物质燃烧特性,可划分为 A、B、C、D、E、F 六类,分别为固体物质火灾、液体火灾和可熔化的固体物质火灾、气体火灾、金属火灾、带电物体和精密仪器等物质的火灾,以及烹饪器具内的烹饪物火灾。

A 类火灾:引起这种火灾的物质往往具有有机物质性质,一般在燃烧时产生灼热的余烬,如木材、煤、棉、毛、麻、纸张等火灾。扑救 A 类火灾可选择水系灭火器、泡沫灭火器、干粉灭火器。

B 类火灾:如汽油、煤油、柴油、原油、甲醇、乙醇、沥青、石蜡等火灾。扑救 B 类火灾可选择泡沫灭火器、干粉灭火器、二氧化碳灭火器。

C 类火灾:如煤气、天然气、甲烷、乙烷、丙烷、氢气等火灾。扑救 C 类火灾可选择干粉灭火器、二氧化碳灭火器等。

D 类火灾:如钾、钠、镁、铝镁合金等火灾。扑救 D 类火灾可选择粉状干粉灭火器,也可用干砂。

E 类火灾:扑救 E 类带电火灾可选择干粉灭火器、卤代烷灭火器、二氧化碳灭火器等。

F 类火灾:扑救 F 类火灾可以选择泡沫灭火器、细水雾灭火器等。

八、常见的事故原因

(一)投料过量

由于流量计、液位计损坏,或人员失职,导致过量投料,造成反应异常剧烈,引发事故。

(二)设备原因

设备失修损坏,质量问题损坏,设计不合理和其他原因损坏,导致跑料、漏料、冒料、超温、超压、超量。

(三)误操作

操作中误动作或不动作,造成物料配比失调,反应失常。

(四)违章

各工段、各设备都制定了严格的工艺、安全操作规程,然而由于种种原因,违章现象频频出现,违章引发的事故也屡见不鲜。

第四节　化工安全、消防设施管理规定

本部分学习可以参照的规范性文件有《安全生产法》《消防法》《石油化工企业设计防火标准(2018 年版)》(GB 50160)、《特种设备安全法》、《自动喷水灭火系统设计规范》(GB 50084—2017)、《建筑灭火器配置验收及检查规范》(GB 50444)等。

一、术语和定义

安全设施的概念是广义的,是指为了保护劳动者安全、防止生产安全事故发生,以及在发生事故时用于救援而安装、配备使用的所有机械设备和器械、装置等。

消防设施是指能够使人员免受火灾事故的伤害,防止火灾事故发生和防止火灾事故蔓延等的所有设施。

二、管理职责

机械、设备上的安全防护装置,如压力容器上的安全阀、压力表,起重设备上的负荷、行程限制装置;电气方面的安全防护装置,如继电保护装置、避雷装置;工艺过程中的温度、压力、液面超限报警装置和安全联锁装置等均由设备所在部门全面负责管理和维修。

凡生产区域中有火灾报警装置、自动灭火装置和固定、半固定灭火装置等,均由公司安全环保部负责监督、检查,督促各部门加强管理和维护,设备所在部门负责对损坏设施的维修。

各部门负责本部门的安全、消防设施的管理,包括建立健全台账,日常巡检、维护等工作。

三、管理内容与要求

(一)设施分类

1. 检测设施

检测设施包括压力计、真空计、温度计、分析仪器、气体检测器、可燃气体检测报警器及超限报警装置等。

2. 泄压设施

泄压设施包括安全阀、爆破片、呼吸阀、放空阀、回流阀、减压阀、放空管等。

3. 防止火灾蔓延设施

防止火灾蔓延设施包括阻火器、安全水封、回火防止器、防火堤、水幕等。

4. 紧急处理设施

紧急处理设施包括紧急切断电源、紧急切断阀、紧急分流、紧急排放、紧急冷却、紧急通入惰性气体、仪表联锁等装置。

5. 组分控制设施

组分控制设施包括气体、液体物料组分控制装置,反应原料配比控制装置,以及防止助燃物混入、掺入惰性气体等装置。

6. 防护设施

防护设施包括防护罩、防护屏、负荷限制器、行程限制器、制动装置、限速装置、电器过载保护装置、防静电装置、防雷装置、防噪声装置、防暑降温装置、通风除尘排毒装置、传动设备安全锁闭装置、防护装备等。

7. 灭火设施

灭火设施包括自动水喷淋装置、墙壁消火栓、地下消火栓、半固定式泡沫灭火装置、固定式泡沫灭火装置、高压水枪、水炮装置等。

(二)管理与使用

各类安全、消防设施,要与生产设备等同看待,使用单位要设专人负责管理。岗位操作人员,要懂得本岗位安全、消防设施的结构、原理、使用和维护方法。安全、消防设施,必须与主机同时投运;发生故障时,应立刻组织检修,使其恢复正常。

(三)安装与拆除

新建、扩建、改建工程,必须按设计要求安装、配备安全、消防设施。

新设计或经过改造的安全、消防设施,必须经消防部门审核及验收合格后方准使用。选用新型的安全、消防设施,必须通过技术鉴定方可使用。

安全、消防设施不准随意挪用、废置和拆除。

使用单位认为有必要拆除或报废安全、消防设施时,需提出申请经公司安全环保部上报相关消防部门,经审批同意后方可拆除。

(四)维修和校验

各部门设备管理人员对安全、消防设施的校验(检验)、维修、保养具体负责。

各部门设备管理人员对安全设施均要建立档案,随同主机纳入设备升级进行考核,编入设备检修计划,按有关规程进行维修、校验(检验)。发现问题及时处理,并将检查、校验(检验)结果记入档案。

破坏性、消耗性安全、消防设施(如爆破片等)动作后,要及时安装、补充,使其恢复正常状态。

安全、消防设施,除维修人员外其他人员一律不准乱动,使用消防设施前需向设备所在部门的安全管理人员进行申请。

工艺、设备及施工条件发生变动时,使用单位必须将安全、消防设施做相应调整,需提出申请经公司安全环保部上报相关消防部门、经审批同意后方可变动。

(五)评价检查标准

1. 检测设施

(1)压力表、真空计、温度计:应根据被测介质的性质、压力、温度及工作条件正确选型;精度等级满足要求;量程满足工艺要求,日常检查无超程、无不回零等问题;安装正确,便于观察;导压管、阀门、接头、表壳体密封良好,无泄漏;必须设置上下警戒线(对于可移动的玻璃罩,警戒线必须贴在表盘上)。

(2)液位计:安装位置正确、便于观察;液位显示清晰,无假液位;有指示最高、最低安全限位的明显标志;液位计无泄漏;易破损或损坏后可能伤人的,应有防护装置,但不能影响观察。

(3)分析仪器:检测器完好,无泄漏;防爆区内仪表用防爆开关,用安全电压传输信号,仪表用防爆型;控制室仪表电源和输出有防雷设施和可靠接地;"微特"电机转动平稳、无振动,启动良好;标准气瓶安装可靠、不漏、减压正常;零点、量程的校验,按规程和规定时间进行;可燃气报警器取样点不准污染,要用专门仪表标样校正;工业色谱的信息处理器外形完整、清洁、无缺件,工作正常。

(4)可燃气体检测报警器:产品必须是由应急管理部消防救援局颁发的型式认可证书厂家生产的,且适用检测介质,技术先进,质量稳定;国产和进口产品必须具有国家检测中心检测合格证书;安装时应达到安装现场所要求的防爆等级,安装位置合理;多点报警器,必须具有准确识别各路报警状态的性能;报警值设定合理;报警器安装率、使用率、完好率达100%;探测器内不得吸入可燃液体或进水;定期对过滤芯和吸入口的过滤网用甲苯或酒精清洗,以保护通气性能良好;防爆结构不允许随便拆卸及松动螺丝,更不允许在现场拆卸;可燃气体报警器探头每年应进行一次校验。

(5)超限报警联锁装置:工作电压、气源压力、开关工作电流、继电器负载、电压功率符合技术指标;露天装置要有防雨措施;与联锁有关的继电器、端子排等应有醒目的标志;联锁仪表安装位置(特别是修改、变动后)必须与图纸标号一致;运行中的联锁及重要仪表急需修理时,要办理联锁保护系统临时作业票,由仪表和工艺负责人签字并有安全措施;报警设定值准确;延时报警线路、延时时间准确;声光报警系统反应灵敏。

2. 泄压设施

(1)安全阀:安装符合规定要求;安全阀定压符合规范或设计要求,且开启压力不得超过容器设计压力;安全阀排放量大于工艺所需的安全泄放量;动作灵敏、可靠,无泄漏;安全阀校验应送交相关市场监督管理部门进行检测整定;安全阀与设备间的隔离阀应全开;运行、检修、试验技术资料齐全。

(2)爆破片:必须根据压力、温度、材质选用计算公式,计算爆破片厚度,合理进行选择;爆破片的表面要平整、光洁、无划痕、结疤、纹裂、凹坑、气孔等缺陷,厚度必须均匀;爆破片安装要可靠,夹持器和垫片表面不得有油污,夹紧螺栓应上紧,防止膜片受压后滑脱;爆破片与设备间的隔断阀在运行中应全开;爆破片更换要求应符合相关规定;运行中的爆破片的连接处应无泄漏。

(3)呼吸阀:检查呼吸阀无堵塞、开关自如;开关设定压力恒定不变;有定期检查。

(4)减压阀:根据接触介质正确选择减压阀的材质;使用过程中要加强检查,保证阀体各部件灵活好用,无堵塞、无锈蚀,并有压力检测记录。

3. 防止火灾蔓延设施

(1)阻火器:根据作业场所合理选择阻火器的形式、材质;要经常检修、清扫,保证阻火器无结垢、堵塞、损坏现象;阻火器内及连接处的垫片不得使用动物或植物纤维。

(2)防火堤:防火堤高度为 0.5 ~ 1.6 m;防火堤的容量必须为罐区内最大贮罐贮量的110% 以上;在防火堤周围要有足够空地;防火堤构造能承受自重、液体静压力、地震的影响;防火堤的穿墙孔应用非燃材料封堵。

(3)水幕:其有效宽度不小于 6 m;供水强度、水幕喷头,每组水幕系统的安装喷头数,应按《自动喷水灭火系统设计规范》(GB 50084—2017)的规定确定;与其他消防设施共用一个给水网时,应保证用水量不能互相影响;每个水幕喷头布置不应小于 3 排;应在每年春季和秋季对水幕喷头进行检查、清扫,保证喷头无堵塞、无腐蚀、无漏水;水幕上部和下部不应有可燃构件及可燃物。

4. 紧急处理设施

保证阀门开关灵活、无泄漏,电气信号传输线路通畅无干扰;运行中紧急处理装置急需修理时,需要联锁保护系统临时作业票,由仪表和工艺负责人员签字并有安全措施。

5. 防护设施

(1)防雷装置:应在每年雷雨季节前做定期检查和测试;各处明装导体无因锈蚀或机械损伤而折断的情况,如发现锈蚀在 30% 以上则必须及时更换;接闪器无因受到雷击后而发生熔化或折断,避雷器瓷套无裂纹、碰伤等情况,并定期做预防性试验和检查;断接卡子无接触不良情况;测量全部接地装置的接地电阻,如发现接地电阻有很大变化,应对接地系统进行全面检查;接地引线距地面 2 m 至地下 0.3 m 原保护管无损坏;避雷器接地引下线应采用焊接;独立避雷杆的杆塔、架空避雷网的支柱及其接地装置至被保护建筑物及其有联系的管道、电缆等金属之间的距离不得小于 3 m。

(2)通风机:根据排送气体的性质及选择特性曲线图来选择通风机的类型;通风机要牢固地安装在坚实基础上,电机和通风机要安装在同一底座或同一个基础上;在安装通风机时,要按施工图和有关规程校正叶片的轴向间距;通风机主轴和电机机轴的同轴度不大于 0.05 mm,联轴器两端面平行度应小于 0.1 mm;通风机连接的风道重量不能加在风壳上,需另设支撑。

(3)电气过载保护装置:熔断器、脱扣器要保证其材质正确,灵活好用,必要时要做性能试验;电气过载保护装置接地要正确,有电路图且与实际相符。

(4)起重机械超载保护装置:必须选用定型检验合格产品;使用电源的装置,在装置上不得装设可切断电源的开关;电气型装置应具抗干扰措施;装置的任何部件安装于起重机械承载系统中时,其强度裕量不得小于该系统中承载零部件的强度裕量;装置所用材料应具有足够强度和耐久性,连接件应有防松动措施,金属件应做防腐处理;装置在规定使用条件下,累积工作 3 000 h,不得出现故障;电气型装置动作误差不能超过 ±3%,机械型装置动作误差不能超过 ±5%;按起重机安全检验调整周期对其进行检查调整和维护保养。

(5)防静电装置:所有防静电设施、测试仪表要定期检查维修、并建立设备档案;防火防爆区设备、贮存输送易燃物质的设备应采用防静电接地,接地电阻每年测试二次,以保证低于 10 Ω;防静电设施中有连接件时,应采用跨接接地;防静电接地不应与第一类防雷系统的独立避雷针的接地体相接;暗敷设的静电接地网应留不少于两处的静电接地测试卡;汽车槽车和装卸站应设专用接地线。

(6)救生柜:设置地点应便于取用、干燥清洁;有毒有害作业场所应配备足够数量的、与岗位相适应的个体防护用品、器具;防毒面具应选用符合国家规定的厂家生产的产品,专人保管、定期进行检查;救生柜可用铅封,不能上锁。

6.灭火设施

(1)室内消火栓:箱内清洁无杂物;水栓、水带齐全良好;水源压力保证水枪的 10 m 充实水柱;布置数量应保证充实水柱同时可达到室内任何部位;消火栓接口应与墙面垂直。

(2)室外消火栓:无滴漏;水压正常;室外消火栓有地上和地下式两种,地下消火栓应设有明显标志;泄水设施应完整好用;15 m 内严禁堆放杂物;入冬前要做好防冻保温工作和泄排水工作。

(3)消防水炮:完好无泄漏;水炮管完好、无堵塞;阀门及转向齿轮灵活、润滑无锈蚀;水源正常、水压不低于 0.8 MPa;入冬前要做好防冻保温和泄(排)水工作。

(4)固定、半固定式泡沫灭火装置:泡沫液泵、泡沫比例混合器、泡沫液压力储罐、泡沫产生器、阀门、管道等系统组件,必须具有国家检测部门的检验合格证书;泡沫液的储存温度应为 0～40 ℃,且宜储存在通风干燥的房间或敞棚内。定期对泡沫液进行检查,泡沫液过有效期后,应每年检测一次,以确保泡沫液不失效;管道外壁应进行防腐处理,其法兰连接处应采用石棉橡胶垫片;泡沫产生的滤网应定期清除杂物,以确保空气通道畅通;定期启动运转检查阀门,应保证启闭灵活可靠,管道每年应冲洗一次,清除管道内锈屑和杂物;定期检查泡沫液泵,以保证正常运转;泡沫产生器各部件齐全完好,装配位置正确,泡沫产生器内无杂物;每年对泡沫产生器涂刷一次防水油漆;比例混合器进、出方向安装正确;比例混合器指示牌所指泡沫量指数与控制孔的口径相对应;每月必须启动消防泵运行一次,阀门也应经常开启,保证灵活好用;使用后,要把灭火装置各部件用清水冲洗干净,以防锈蚀或堵塞;出水接口必须连接在负压管路上;连接胶管避免过于弯曲或被重物碰压,以免折裂;泡沫管线上的泄水阀门要灵活好用,入冬前要检查、泄水一次。

(5)喷水灭火装置:喷水灭火装置的管道系统要定期清洗,喷头灰尘定期吹扫、阀门应定期检查,时间为每年一次;喷水灭火装置的泄水设施要完整好用,入冬前要检查一次。

(6)干粉灭火装置:干粉灭火剂应储存在通风阴凉、干燥处,储存温度最好不要超过 40 ℃;定期检查干粉管路、气体管道是否有损坏、腐蚀等现象,以免出现漏气,影响系统喷射;检查干粉罐的附属部件是否工作正常,如安全阀、进气阀、出口阀等是否灵活自如;定期检查动力气瓶的压力数值是否在规定数值范围内;动力气瓶组一般2~3年要拆下来称重,检查是否漏气;干粉药剂一般2~3年打开干粉罐的装粉盖,检查干粉灭火剂是否结块,如果结块或性能不合格,立即更换。

(7)灭火器:灭火器应放置在通风、干燥、阴凉、取用方便的地方,环境温度在$-5\ ℃$ ~ $45\ ℃$为好;每年在充装之前或自灭火器出厂3年后,应进行水压试验,水压试验合格后才能再次充装使用;经常擦洗灭火器外壳灰尘,并检查喷嘴是否堵塞,重量有无明显减轻,如重量明显减轻,说明内部灭火剂已漏失,则应维修;应根据灭火种类、场所、环境、温度等因素选择适当的灭火器。

(8)火灾自动报警装置:根据火灾的特点选择不同类型的火灾探测器;区域报警控制器的容量不宜小于保护范围内探测区域总数。

第五节　石油化工消防安全要求

一、基本要求

石油化工企业应设置与生产、储存、运输的物料和操作条件相适应的消防设施,供专职消防人员和岗位操作人员使用。当大型石油化工装置的设备、建筑物区占地面积大于10 000 m^2且小于20 000 m^2时,应加强消防设施的设置。

二、消防站安全要求

大中型石油化工企业应设消防站。消防站的规模应根据石油化工企业的规模、火灾危险性、固定消防设施的设置情况,以及邻近单位消防协作条件等因素确定。

消防站应配置不少于2门遥控移动消防炮,遥控移动消防炮的流量不应小于30 L/s。石油化工企业消防车辆的车型应根据被保护对象选择,以大型泡沫消防车为主,且应配备干粉或干粉-泡沫联用车;大型石油化工企业尚宜配备高喷车和通信指挥车。

消防站宜设置向消防车快速灌装泡沫液的设施,并宜设置泡沫液运输车,车上应配备向消防车输送泡沫液的设施。

消防站应由车库、通信室、办公室、值勤宿舍、药剂库、器材库、干燥室(寒冷或多雨地区)、培训学习室及训练场、训练塔,以及其他必要的生活设施等组成。消防车库的耐火等级不应低于二级;车库室内温度不宜低于12 ℃,并宜设机械排风设施。

车库、值勤宿舍必须设置警铃,并应在车库前场地一侧安装车辆出动的警灯和警铃。通信室、车库、值勤宿舍以及公共通道等处应设事故照明应急设施。车库大门应面向道路,距道路边不应小于15 m。车库前场地应采用混凝土或沥青地面,并应有不小于2%的坡度坡向道路。

三、消防水源及泵房安全要求

当厂区面积超过200万 m^2时,消防供水系统的设置应符合下列规定:
(1)宜按面积分区设置独立的消防供水系统,每套供水系统保护面积不宜超过200万 m^2。
(2)每套消防供水系统的最大保护半径不宜超过1 200 m。
(3)每套消防供水系统应根据其保护范围,按规定确定消防用水量。

（4）分区独立设置的相邻消防供水系统管网之间应设不少于2根带切断阀的连通管，并应满足当其中一个分区发生故障时，相邻分区能够提能100%消防供水量。

当消防用水由工厂水源直接供给时，工厂给水管网的进水管不应少于两条。当其中一条发生事故时，另一条应能满足100%的消防用水和70%的生产、生活用水总量的要求。消防用水由消防水池（罐）供给时，工厂给水管网的进水管，应能满足消防水池（罐）的补充水和100%的生产、生活用水总量的要求。

工厂水源直接供给不能满足消防用水量、水压和火灾延续时间内消防用水总量要求时，应建消防水池（罐），并应符合下列规定：

（1）水池（罐）的容量，应满足火灾延续时间内消防用水总量的要求。当发生火灾能保证向水池（罐）连续补水时，其容量可减去火灾延续时间内的补充水量。

（2）水池（罐）的总容量大于1 000 m^{3}时，应分隔成两个，并设带切断阀的连通管。

（3）水池（罐）的补水时间，不宜超过48 h。

（4）当消防水池（罐）与生活或生产水池（罐）合建时，应有消防用水不作他用的措施。

（5）寒冷地区应设防冻措施。

（6）消防水池（罐）应设液位检测、高低液位报警及自动补水设施。

消防水泵房宜与生活或生产水泵房合建，其耐火等级不应低于二级。消防水泵应采用自灌式引水系统。当消防水池处于低液位不能保证消防水泵再次自灌启动时，应设辅助引水系统。

消防水泵的吸水管、出水管应符合下列规定：

（1）每台消防水泵宜有独立的吸水管；两台以上成组布置时，其吸水管不应少于两条，当其中一条检修时，其余吸水管应能确保吸取全部消防用水量。

（2）成组布置的水泵，至少应有两条出水管与环状消防水管道连接，两连接点间应设阀门。当一条出水管检修时，其余出水管应能输送全部消防用水量。

（3）泵的出水管道应设防止超压的安全设施。

（4）出水管道上，直径大于300 mm的阀门不应选用手动阀门，阀门的启闭应有明显标志。

消防水泵、稳压泵应分别设置备用泵；备用泵的能力不得小于最大一台泵的能力。消防水泵应在接到报警后2 min以内投入运行。稳高压消防给水系统的消防水泵应能依靠管网压降信号自动启动。消防水泵的主泵应采用电动泵，备用泵应采用柴油机泵，且应按100%备用能力设置，柴油机的油料储备量应能满足机组连续运转6 h的要求；柴油机的安装、布置、通风、散热等条件应满足柴油机组的要求。

四、消防用水量安全要求

厂区的消防用水量应按同一时间内的火灾处数和相应处的一次灭火用水量确定。厂区同一时间内的火灾处数应按表7-2确定。

表7-2　厂区同一时间内的火灾处数

厂区占地面积/m^2	同一时间内火灾处数
≤1 000 000	1处：厂区消防用水量最大处
>1 000 000	2处：一处为厂区消防用水量最大处，另一处为厂区辅助生产设施

工艺装置、辅助生产设施及建筑物的消防用水量计算应符合下列规定：

（1）工艺装置的消防用水量应根据其规模、火灾危险类别及消防设施的设置情况等综合考虑确定。当确定有困难时，可按表 7-3 选定；火灾延续供水时间不应小于 3 h。

（2）辅助生产设施的消防用水量可按 50 L/s 计算。火灾延续供水时间，不宜小于 2 h。

（3）建筑物的消防用水量应根据相关国家标准规范的要求进行计算。

（4）可燃液体、液化烃的装卸栈台应设置消防给水系统，消防用水量不应小于 60 L/s；空分站的消防用水量宜为 90 ~ 120 L/s，火灾延续供水时间不宜小于 3 h。

表 7-3　工艺装置消防用水量表 （单位：L/s）

装置类型	装置规模	
	中型	大型
石油化工	150 ~ 300	300 ~ 600
炼油	150 ~ 230	230 ~ 450
合成氨及氨加工	90 ~ 120	120 ~ 200

可燃液体罐区的消防用水量计算应符合下列规定：

（1）应按火灾时消防用水量最大的罐组计算，其水量应为配置泡沫混合液用水及着火罐和邻近罐的冷却用水量之和。

（2）当着火罐为立式储罐时，距着火罐罐壁 1.5 倍着火罐直径范围内的相邻罐应进行冷却；当着火罐为卧式储罐时，着火罐直径与长度之和的一半范围内的邻近地上罐应进行冷却。

（3）当邻近立式储罐超过 3 个时，冷却水量可按 3 个罐的消防用水量计算；当着火罐为浮顶、内浮顶罐（浮盘用易熔材料制作的储罐除外）时，其邻近罐可不考虑冷却。

可燃液体地上立式储罐应设固定或移动式消防冷却水系统，其供水范围、供水强度和设置方式应符合下列规定：

（1）供水范围、供水强度不应小于表 7-4 的规定。

（2）罐壁高于 17 m 储罐、容积等于或大于 10 000 m^3 储罐、容积等于或大于 2 000 m^3 低压储罐应设置固定式消防冷却水系统。

（3）润滑油罐可采用移动式消防冷却水系统。

（4）储罐固定式冷却水系统应有确保达到冷却水强度的调节设施。

（5）控制阀应设在防火堤外，并距被保护罐壁不宜小于 15 m。控制阀后及储罐上设置的消防冷却水管道应采用镀锌钢管。

表 7-4　消防冷却水的供水范围和供水强度

项目	储罐型式		供水范围	供水强度	附注
移动式水枪冷却	着火罐	固定顶罐	罐周全长	0.8 L/(s·m)	—
		浮顶罐、内浮顶罐	罐周全长	0.6 L/(s·m)	参见注 1、2
	邻近罐		罐周半长	0.7 L/(s·m)	—

（续表）

项目	储罐形式		供水范围	供水强度	附注
固定式冷却	着火罐	固定顶罐	罐壁表面积	2.5 L/(min·m²)	—
		浮顶罐、内浮顶罐	罐壁表面积	2.0 L/(min·m²)	参见注1、2
	邻近罐		罐壁表面积的1/2	2.5 L/(min·m²)	参见注3

注1:浮盘用易熔材料制作的内浮顶罐按固定顶罐计算。

 2:浅盘式内浮顶罐按固定顶罐计算。

 3:按实际冷却面积计算,但不得小于罐壁表面积的1/2。

可燃液体地上卧式罐宜采用移动式水枪冷却。冷却面积应按罐表面积计算。其供水强度为:着火罐不应小于 6 L/(min·m²);邻近罐不应小于 3 L/(min·m²)。

可燃液体储罐消防冷却用水的延续时间为:直径大于 20 m 的固定顶罐和直径大于 20 m 浮盘用易熔材料制作的内浮顶罐应为 6 h;其他储罐可为 4 h。

五、消防给水管道及消火栓安全要求

大型石油化工企业的工艺装置区、罐区等,应设独立的稳高压消防给水系统,其压力宜为 0.7~1.2 MPa。其他场所采用低压消防给水系统时,其压力应确保灭火时最不利点消火栓的水压不低于 0.15 MPa(自地面算起)。消防给水系统不应与循环冷却水系统合并,且不得应用于其他用途。

消防给水管道应环状布置,并应符合下列规定:

(1)环状管道的进水管不应少于两条。

(2)环状管道应用阀门分成若干独立管段,每段消火栓的数量不宜超过 5 个。

(3)当某个环段发生事故时,独立的消防给水管道的其余环段应能满足 100% 的消防用水量的要求;与生产、生活合用的消防给水管道应能满足 100% 的消防用水和 70% 的生产、生活用水的总量的要求。

(4)生产、生活用水量应按 70% 最大小时用水量计算;消防用水量应按最大秒流量计算。

消防给水管道应保持充水状态。地下独立的消防给水管道应埋设在冰冻线以下,管顶距冰冻线不应小于 150 mm。工艺装置区或罐区的消防给水干管的管径应经计算确定。独立的消防给水管道的流速不宜大于 3.5 m/s。

消火栓的设置应符合下列规定:

(1)宜选用地上式消火栓。

(2)消火栓宜沿道路敷设。

(3)消火栓距路面边不宜大于 5 m;距建筑物外墙不宜小于 5 m。

(4)地上式消火栓距城市型道路路边不宜小于 1.0 m;距公路型双车道路肩边不宜小于1.0 m。

(5)地上式消火栓的大口径出水口应面向道路。当其设置场所有可能受到车辆冲撞时,应在其周围设置防护设施。

(6)地下式消火栓应有明显标志。

消火栓的数量及位置,应按其保护半径及被保护对象的消防用水量等综合计算确定,并应符合下列规定:

(1)消火栓的保护半径不应超过 120 m。

(2)高压消防给水管道上消火栓的出水量应根据管道内的水压及消火栓出口要求的水压计算确定,低压消防给水管道上公称直径为 100 mm、150 mm 消火栓的出水量可分别取 15 L/s、30 L/s。

(3)大型石化企业的主要装置区、罐区,宜增设大流量消火栓。

罐区及工艺装置区的消火栓应在其四周道路边设置,消火栓的间距不宜超过 60 m。当装置内设有消防道路时,应在道路边设置消火栓。距被保护对象 15 m 以内的消火栓不应计算在该保护对象可使用的数量之内。与生产或生活合用的消防给水管道上的消火栓应设切断阀。

六、消防水炮、水喷淋和水喷雾安全要求

甲、乙类可燃气体、可燃液体设备的高大构架和设备群应设置水炮保护,其设置位置距保护对象不宜小于 15 m。固定式水炮的布置应根据水炮的设计流量和有效射程确定其保护范围。消防水炮距被保护对象不宜小于 15 m。消防水炮的出水量宜为 30~50 L/s,水炮应具有直流和水雾两种喷射方式。

工艺装置内固定水炮不能有效保护的特殊危险设备及场所,宜设水喷淋或水喷雾系统,其设计应符合下列规定:

(1)系统供水的持续时间、响应时间及控制方式等应根据被保护对象的性质、操作需要确定。

(2)系统的控制阀可露天设置,距被保护对象不宜小于 15 m。

(3)系统的报警信号及工作状态应在控制室控制盘上显示。

工艺装置内加热炉、甲类气体压缩机、介质温度超过自燃点的泵及换热设备、长度小于 30 m 的油泵房附近等宜设消防软管卷盘,其保护半径宜为 20 m。工艺装置内的甲、乙类设备的构架平台高出其所处地面 15 m 时,宜沿梯子敷设半固定式消防给水竖管,并应符合下列规定:

(1)按各层需要设置带阀门的管牙接口。

(2)平台面积小于或等于 50 m² 时,管径不宜小于 80 mm;大于 50 m²,管径不宜小于 100 mm。

(3)构架平台长度大于 25 m 时,宜在另一侧梯子处增设消防给水竖管,且消防给水竖管的间距不宜大于 50 m。

(4)若构架平台采用不燃烧材料封闭楼板时,该层应设置带消防软管卷盘的消火栓箱。

液化烃及操作温度等于或高于自燃点的可燃液体泵,应设置水喷雾(水喷淋)系统或固定消防水炮进行雾状冷却保护,喷淋强度不宜低于 9 L/(m²·min)。在寒冷地区设置的消防软管卷盘、消防水炮、水喷淋或水喷雾等消防设施应采取防冻措施。

七、低倍数泡沫灭火系统安全要求

可能发生可燃液体火灾的场所宜采用低倍数泡沫灭火系统。

下列场所应采用固定式泡沫灭火系统：

(1)甲、乙类和闪点等于或小于 90 ℃的丙类可燃液体的固定顶罐及浮盘为易熔材料的内浮顶罐；单罐容积等于或大于 10 000 m³ 的非水溶性可燃液体储罐；单罐容积等于或大于 500 m³ 的水溶性可燃液体储罐。

(2)甲、乙类和闪点等于或小于 90 ℃的丙类可燃液体的浮顶罐及浮盘为非易熔材料的内浮顶罐；单罐容积等于或大于 50 000 m³ 的非水溶性可燃液体储罐；单罐容积等于或大于 1 000 m³ 的水溶性可燃液体储罐。

(3)移动消防设施不能进行有效保护的可燃液体储罐。

下列场所可采用移动式泡沫灭火系统：

(1)罐壁高度小于 7 m 或容积等于或小于 200 m³ 的非水溶性可燃液体储罐。

(2)润滑油储罐。

(3)可燃液体地面流淌火灾、油池火灾。

泡沫灭火系统控制方式应符合下列规定：

(1)单罐容积等于或大于 20 000 m³ 的固定顶罐及浮盘为易熔材料的内浮顶罐应采用远程手动启动的程序控制。

(2)单罐容积等于或大于 100 000 m³ 的浮顶罐及内浮顶罐应采用远程手动启动的程序控制。

(3)单罐容积等于或大于 50 000 m³ 并小于 100 000 m³ 的浮顶罐及内浮顶罐宜采用远程手动启动的程序控制。

八、蒸汽灭火系统安全要求

工艺装置有蒸汽供给系统时，宜设固定式或半固定式蒸汽灭火系统，但在使用蒸汽可能造成事故的部位不得采用蒸汽灭火。

灭火蒸汽管应从主管上方引出，蒸汽压力不宜大于 1 MPa。

半固定式灭火蒸汽快速接头(简称半固定式接头)的公称直径应为 20 mm；与其连接的耐热胶管长度宜为 15～20 m。

灭火蒸汽管道的布置应符合下列规定：

(1)炼油装置加热炉的炉膛及输送腐蚀性可燃介质的回弯头箱内应设灭火蒸汽管道接口。灭火蒸汽管道应从蒸汽分配管引出。蒸汽分配管距加热炉不宜小于 7.5 m，并至少应预留 2 个半固定式接头。

(2)室内空间小于 500 m³ 的封闭式甲、乙、丙类泵房或甲类气体压缩机房内应沿一侧墙高出地面 150～200 mm 处设固定式筛孔管，固定式筛孔管蒸汽供给强度不宜小于 0.003 kg/(s·m³)，并应沿另一侧墙壁适当设置半固定式接头。在其他甲、乙、丙类泵房或可燃气体压缩机房内应设固定式接头。

(3)在甲、乙、丙类设备区附近宜设半固定式接头。在操作强度等于或高于自燃点的气体或液体设备附近直设固定式蒸汽筛孔管，固定式筛孔管蒸汽供给强度不宜小于 0.003 kg/(s·m³)，其阀门距被保控设备不宜小于 7.5 m。

(4)在甲、乙、丙类设备的多层构架或塔类联合平台的每层或隔一层宜设半固定式接头。

(5)甲、乙、丙类设备附近设置软管站时，可不另设半固定式灭火蒸汽快速接头。

(6)固定式筛孔管或半固定式接头的阀门应安装在明显、安全和开启方便的地点。

固定式筛孔管灭火系统的蒸汽供给强度应符合下列规定：

(1)封闭式厂房或加热炉炉膛不宜小于 0.003 kg/(s·m³)。

(2)加热炉管回弯头箱不宜小于 0.001 5 kg/(s·m³)。

九、灭火器设置安全要求

生产区内应设置灭火器。生产区内配置的灭火器宜选用干粉或泡沫灭火器,控制室、机柜间、计算机室、电信站、化验室等宜设置气体型灭火器。

生产区内设置的单个灭火器的规格宜按表7-5选用。

表7-5　灭火器的规格

灭火器类型		干粉型(碳酸氢钠)		泡沫型		二氧化碳	
		手提式	推车式	手提式	推车式	手提式	推车式
灭火器充装量	容量/L	—	—	9	60	—	—
	重量/kg	6 或 8	20 或 50	—	—	5 或 7	30

工艺装置内手提式干粉型灭火器的选型及配置应符合下列规定：

(1)扑救可燃气体、可燃液体的火灾宜选用钠盐干粉灭火剂,扑救可燃固体表面的火灾应采用磷酸铵盐干粉灭火剂,扑救烷基铝类的火灾宜采用 D 类干粉灭火剂。

(2)甲类装置灭火器的最大保护距离不宜超过 9 m,乙、丙类装置不宜超过 12 m。

(3)每一配置点的灭火器数量不应少于两个,多层构架应分层配置。

(4)危险的重要场所宜增设推车式灭火器。

可燃气体、液化烃和可燃液体的铁路装卸栈台应沿栈台每 12 m 处上下各分别设置两个手提式干粉型灭火器。可燃气体、液化烃和可燃液体的地上罐组宜按防火堤内面积每 400 m² 配置一个手提式灭火器,但每个储罐配置的数量不宜超过 3 个。

十、液化烃罐区消防安全要求

液化烃罐区应设置消防冷却水系统,并应配置移动式干粉等灭火设施。

全压力式及半冷冻式液化烃储罐采用的消防设施应符合下列规定：

(1)当单罐容积等于或大于 1 000 m³ 时,应采用固定式水喷雾(水喷淋)系统及移动消防冷却水系统。

(2)当单罐容积大于 100 m³,且小于 1 000 m³ 时,应采用固定式水喷雾(水喷淋)系统和移动式消防冷却系统或固定式水炮和移动式消防冷却系统。当采用固定式水炮作为固定消防冷却设施时,其冷却用水量不宜小于水量计算值的 1.3 倍,消防水炮保护范围应覆盖每个液化烃罐。

(3)当单罐容积小于或等于 100 m³ 时,可采用移动式消防冷却水系统,其罐区消防冷却用水量不得低于 100 L/s。

液化烃罐区的消防冷却总用水量应按储罐固定式消防冷却用水量与移动消防冷却用水量之和计算。

全压力式及半冷冻式液化烃储罐的固定式消防冷却水系统的用水量计算应符合下列规定：

（1）着火罐冷却水供给强度不应小于 9 L/（min·m²）。

（2）距着火罐罐壁 1.5 倍着火罐直径范围内的邻近罐冷却水供给强度不应小于 9 L/（min·m²）。

（3）着火罐冷却面积应按其罐体表面积计算，邻近罐冷却面积应按其半个罐体表面积计算。

（4）距着火罐罐壁 1.5 倍着火罐直径范围的邻罐超过 3 个时，冷却水量可按 3 个罐的用水量计算。

移动消防冷却用水量应按罐组内最大一个储罐用水量确定，并应符合下列规定：

（1）储罐容积小于 400 m³ 时，不应小于 30 L/s，大于或等于 400 m³ 小于 1 000 m³ 时，不应小于 45 L/s；大于或等于 1 000 m³ 时，不应小于 80 L/s。

（2）当罐组只有一个储罐时，计算用水量可减半。

全冷冻式液化烃储罐的固定消防冷却供水系统的设置应符合下列规定：

（1）当单防罐外壁为钢制时，其消防用水量按着火罐和距着火罐 1.5 倍直径范围内邻近罐的固定消防冷却用水量及移动消防用水量之和计算。罐壁冷却水供给强度不小于 2.5 L/（min·m²），邻近罐冷却面积按半个罐壁考虑，罐顶冷却水强度不小于 4 L/（min·m²）。

（2）当双防罐、全防罐外壁为钢筋混凝土结构时，管道进出口等局部危险处设置水喷雾系统，冷却水供给强度为 20 L/（min·m²），罐顶和罐壁可不考虑冷却。

（3）储罐四周应设固定水炮及消火栓。

液化烃罐区的消防用水延续时间按 6 h 计算。全压力式、半冷冻式液化烃储罐的固定式消防冷却水系统可采用水喷雾或水喷淋系统等型式；但当储罐储存的物料燃烧，在罐壁可能生成碳沉积时，应设水喷雾系统。

当储罐采用固定式消防冷却水系统时，对储罐的阀门、液位计、安全阀等宜设水喷雾或水喷淋喷头保护。

全压力式、半冷冻式液化烃储罐的固定式消防冷却水管道的设置应符合下列规定：

（1）储罐容积大于 400 m³ 时，供水竖管应采用两条，并对称布置。采用固定水喷雾系统时，罐体管道设置宜分为上半球和下半球两个独立供水系统。

（2）消防冷却水系统可采用手动或遥控控制阀，当储罐容积等于或大于 1 000 m³ 时，应采用遥控控制阀。

（3）控制阀应设在防火堤外，距被保护罐壁不宜小于 15 m。

（4）控制阀前应设置带旁通阀的过滤器，控制阀后及储罐上设置的管道，应采用镀锌管。

移动式消防冷却水系统可采用水枪或移动式消防水炮。沸点低于 45 ℃的甲_B 类液体压力球罐的消防冷却应按液化烃全压力式储罐要求设置，并应有灭火措施。全压力式及半冷冻式液氨储罐宜采用固定式水喷雾系统和移动消防冷却水系统，冷却水供给强度不宜小于 6 L/min·m²，其他消防要求与全压力式及半冷冻式液化烃储罐相同。全冷冻式液氨储罐的消防冷却水系统按照全冷冻式液化烃储罐外壁为钢制单防罐的要求设置。

十一、建筑物内消防安全要求

建筑物内消防系统的设置应根据其火灾危险性、操作条件、建筑物特点和外部消防设施等情况，综合考虑确定。

室内消火栓的设置应符合下列要求：

（1）甲、乙、丙类厂房（仓库），以及高层厂房及高架仓库应在各层设置室内消火栓，当单层厂房长度小于 30 m 时，可不设。

（2）甲、乙类厂房（仓库），以及高层厂房及高架仓库的室内消火栓间距不应超过 30 m，其他建筑物的室内消火栓间距不应超过 50 m。

（3）多层甲、乙类厂房和高层厂房应在楼梯间设置半固定式消防竖管，各层设置消防水带接口；消防竖管的管径不小于 100 mm，其接口应设在室外便于操作的地点。

（4）室内消火栓给水管网与自动喷水灭火系统的管网可引自同一消防给水系统，但应在报警阀前分开设置。

（5）消火栓配置的水枪应为直流-水雾两用枪，当室内消火栓栓口处的压力大于 0.50 MPa时，应设置减压设施。

控制室、机柜间、变（配）电所的消防设施应符合下列规定：

（1）建筑物的耐火等级、防火分区、内部装修及空调系统设计等应符合国家相关规范的有关规定。

（2）设置火灾自动报警系统，且报警信号盘应设在 24 h 有人值班场所。

（3）当电缆沟进口处有可能形成可燃气体积聚时，应设可燃气体报警器。

（4）按《建筑灭火器配置设计规范》（GB 50140）的要求设置手提式和推车式气体灭火器。

单层丙类仓库的消防设计应符合下列规定：

（1）下列单层仓库应设自动喷水灭火系统，自动喷水灭火系统应由厂区稳高压消防给水系统供水。

①占地面积超过 6 000 m² 的合成橡胶、合成树脂及塑料的产品仓库。

②合成橡胶、合成树脂及塑料的产品仓库内，建筑面积超过 3 000 m² 的防火分区。

③点地面积超过 1 000 m² 的合成纤维仓库。

（2）高架仓库的货架间运输通道宜设置遥控式高架水炮。

（3）应设置火灾自动报警系统；当每座仓库占地面积超过 12 000 m² 时尚应设置工业电视监控系统。

（4）设有自动喷水灭火系统的仓库宜设置消防排水设施。

（5）应按《建筑灭火器配置设计规范》（GB 50140）的要求设置手提式和推车式灭火器。

挤压造粒厂房的消防设计应满足下列要求：

（1）各层应设置室内消火栓，并应配置消防软管卷盘或轻便消防水龙。

（2）在楼梯间应设置室内消火栓系统，并在室外设置水泵结合器。

（3）应设置火灾自动报警系统。

（4）按照《建筑灭火器配置设计规范》（GB 50140）的相关要求，设置手提式和推车式干粉灭火器。

烷基铝类催化剂配制区的消防设计应符合下列规定：

（1）储罐应设置在有钢筋混凝土隔墙的独立半敞开式建筑物内，并宜设有烷基铝泄漏的收集设施。

(2)应设置火灾自动报警系统。

(3)配制区宜设置局部喷射式 D 类干粉灭火系统,其控制方式应采用手动遥控启动。

(4)应配置干砂等灭火设施。

烷基铝类储存仓库应设置火灾自动报警系统,并配置干砂、蛭石、D 类干粉灭火器等灭火设施。

十二、火灾报警系统安全要求

石油化工企业的生产区、公用及辅助生产设施、全厂性重要设施和区域性重要设施的火灾危险场所应设置火灾自动报警系统和火灾电话报警。

火灾电话报警的设计应符合下列规定:

(1)消防站应设置可受理不少于两处同时报警的火灾受警录音电话,且应设置无线通信设备。

(2)在生产调度中心、消防水泵站、中央控制室、总变(配)电所等重要场所应设置与消防站直通的专用电话。

火灾自动报警系统的设计应符合下列规定:

(1)生产区、公用工程及辅助生产设施、全厂性重要设施和区域性重要设施等火灾危险性场所应设置区域性火灾自动报警系统。

(2)2 套及 2 套以上的区域性火灾自动报警系统宜通过网络集成为全厂性火灾自动报警系统。

(3)火灾自动报警系统应设置警报装置。当生产区有扩音对讲系统时,可兼作为警报装置;当生产区无扩音对讲系统时,应设置声光警报器。

(4)区域性火灾报警控制器应设置在该区域的控制室内;当该区域无控制室时,应设置在 24 h 有人值班的场所,其全部信息应通过网络传输到中央控制室。

(5)火灾自动报警系统可接收电视监视系统(CCTV)的报警信息,重要的火灾报警点应同时设置电视监视系统。

(6)重要的火灾危险场所应设置消防应急广播。当使用扩音对讲系统作为消防应急广播时,应能切换至消防应急广播状态。

(7)全厂性消防控制中心宜设置在中央控制室或生产调度中心,宜配置可显示全厂消防报警平面图的终端。

甲、乙类装置区周围和罐组四周道路边应设置手动火灾报警按钮,其间距不宜大于 100 m。

单罐容积大于或等于 30 000 m^3 的浮顶罐的密封圈处应设置火灾自动报警系统;单罐容积大于或等于 10 000 m^3 并小于 30 000 m^3 的浮顶罐的密封圈处宜设置火灾自动报警系统。

火灾自动报警系统的 AC 主电源(220 V)应优先选择不间断电源(UPS)供电。直流备用电源应采用火灾报警控制器的专用蓄电池,应保证在主电源事故时持续供电时间不少于 8 h。

第八章　化工生产事故及应急救援管理

第一节　化工事故应急救援综述

一、化工事故类型

根据危险化学品的易燃、易爆、有毒、腐蚀等危险特性，以及危险化学品事故定义的研究，确定危险化学品事故的类型分六类，即危险化学品火灾事故、危险化学品爆炸事故、危险化学品中毒和窒息事故、危险化学品灼伤事故、危险化学品泄漏事故和其他危险化学品事故。

(一)危险化学品火灾事故

危险化学品火灾事故是指燃烧物质主要是危险化学品的火灾事故。具体又分为若干小类，包括：

(1)易燃液体火灾。

(2)易燃固体火灾。

(3)自燃物品火灾。

(4)遇湿易燃物品火灾。

(5)其他危险化学品火灾。

易燃液体火灾往往发展成爆炸事故，造成重大的人员伤亡。单纯的液体火灾一般不会造成重大的人员伤亡。由于大多数危险化学品在燃烧时会放出有毒气体或烟雾，因此危险化学品火灾事故中，人员伤亡的原因往往是中毒和窒息。

由上面的分析可知，单纯的易燃液体火灾事故较少，这类事故往往被归入危险化学品爆炸(火灾爆炸)事故，或危险化学品中毒和窒息事故。

固体危险化学品火灾的主要危害是燃烧时放出的有毒气体或烟雾，或发生爆炸，因此这类事故也往往被归入危险化学品火灾爆炸事故，或危险化学品中毒和窒息事故。

(二)危险化学品爆炸事故

危险化学品爆炸事故是指危险化学品发生化学反应的爆炸事故或液化气体和压缩气体的物理爆炸事故。具体又分若干小类，包括：

(1)爆炸品的爆炸(又可分为烟花爆竹爆炸、民用爆破器材爆炸、军工爆炸品爆炸等)。

(2)易燃固体、自燃物品、遇湿易燃物品的火灾爆炸。

(3)易燃液体的火灾爆炸。

(4)易燃气体的爆炸。

(5)危险化学品产生的粉尘、气体、挥发物的爆炸。

(6)液化气体和压缩气体的物理爆炸。

(7)其他化学反应爆炸。

(三)危险化学品中毒和窒息事故

危险化学品中毒和窒息事故主要是指人体吸入、食入或接触有毒有害化学品或者化学品反应生成的产物,而导致的中毒和窒息事故。具体又分若干小类,包括:

(1)吸入性中毒事故(中毒途径为呼吸道)。

(2)接触性中毒事故(中毒途径为皮肤、眼睛等)。

(3)误食性中毒事故(中毒途径为消化道)。

(4)其他中毒和窒息事故。

(四)危险化学品灼伤事故

主要指腐蚀性危险化学品意外地与人体接触,在短时间内即在人体的接触表面发生化学反应,造成明显破坏的事故。腐蚀品包括酸性腐蚀品、碱性腐蚀品和其他不显酸碱性的腐蚀品。

化学品灼伤与物理灼伤(如火焰烧伤、高温固体或液体烫伤等)不同。物理灼伤是高温造成的伤害,人体能立即感到强烈的疼痛,人体肌肤会本能地立即避开。化学品灼伤有一个化学反应过程,开始并不感到疼痛,要经过几分钟、几小时甚至几天才表现出严重的伤害,并且伤害还会不断地加深。因此化学品灼伤比物理灼伤危害更大。

(五)危险化学品泄漏事故

危险化学品泄漏事故主要是指气体或液体危险化学品发生了一定规模的泄漏,虽然没有发展成为火灾、爆炸或中毒事故,但造成了严重的财产损失或环境污染等后果的危险化学品事故。

危险化学品泄漏事故一旦失控,往往造成重大火灾、爆炸或中毒事故。

(六)其他危险化学品事故

其他危险化学品事故是指不能归入上述五类危险化学品事故之外的其他危险化学品事故。主要包括危险化学品的险肇事故,即危险化学品发生了人们不希望的意外事件,如危险化学品罐体倾倒、车辆倾覆等,但没有发生火灾、爆炸、中毒和窒息、灼伤、泄漏等事故。

二、化工企业常见的危险化学品事故

化工企业常见的危险化学品事故主要有以下几种:火灾、爆炸和毒气或有毒液体泄漏。

(一)火灾事故

易燃、易爆的液体、气体泄漏后,一旦遇到引火源就会被点燃而引发火灾。根据火灾燃烧方式的不同,可以将火灾分为流淌火(池火)、喷射火、储罐火和云团火或飞火四类。

(1)流淌火(池火)。可燃液体(如汽油、柴油等)泄漏后流到地面形成液池,或流到水面并覆盖水面,遇到火源燃烧而成流淌火(池火)。

(2)喷射火。加压的可燃物质泄漏时形成射流,如果在泄漏裂口处被点燃,则形成喷射火。

(3)储罐火。压力容器内液化气体过热使容器爆炸,内容物泄漏并被点燃,产生强大的火球;或者泄漏的可燃气体或蒸气与空气混合后被点燃而产生的预混燃烧。

(4)云团火或飞火。泄漏的可燃气体、液体蒸发的蒸气在空气中扩散后,遇到火源发生突然燃烧而没有爆炸。不产生冲击波破坏。

尽管火灾不是最严重的危险,但却是最常见的。工厂和地方政府已经积累了大量的消防经验,应对火灾的理论研究开展得比较早、比较成熟,而且形成一套行之有效的、有战斗力的消防队伍,使得这类危险比另两种危险更易控制。此外,火灾事故发展的时间较其他两种危险缓慢,这样可以使化学工业区消防队采取行动以减轻和限制事故的影响,甚至可以得到完全控制。

(二)爆炸事故

爆炸是物质由一种状态迅速地转变为另一种状态,并在瞬间以机械力的形式释放出巨大能量;或者是气体、蒸气在瞬间发生剧烈膨胀等现象。它的一个重要特征就是周围发生剧烈的压力突跃变化并产生冲击波。它通常是借助于气体的膨胀来实现。

一般说来,爆炸现象具有以下特征:爆炸过程进行得很快;爆炸点附近压力急剧升高,产生冲击波;发出或大或小的响声;周围介质发生震动或邻近物质遭受破坏。

一般将爆炸过程分为两个阶段:第一阶段是物质的能量以一定的形式(定容、绝热)转变为强压缩能;第二阶段,强压缩能急剧绝热膨胀对外做功,引起作用介质变形、移动和破坏。

发生在化学工业区的爆炸事故,一般有如下几种:

(1)无约束蒸气云爆炸。无约束蒸气云爆炸是由于泄漏的气体或者泄漏出的液体燃料蒸发为蒸气,并与周围大气混合形成可燃混合物,在大气中无限扩散,形成很大面积的可燃气云团,一旦遇到点火源,此云团即发生大面积的爆炸。

(2)沸腾液体扩展蒸气爆炸。沸腾液体扩展蒸气爆炸是指液化气容器在外部火焰的烘烤下突然破裂,压力平衡被破坏,液体急剧气化并随即被火焰点燃而产生的爆炸。在这一过程中,有碎片和爆炸波产生,与爆炸产生的火球的热辐射相比,它们的危害同样不可以忽略。但在离爆炸事故发生地较远的地方,沸腾液体扩展蒸气爆炸事故的主要危害往往是火球热辐射。

(3)物理爆炸。主要是由物理变化引起的爆炸,如蒸气锅炉或液化气、压缩气体超压引起的爆炸。由于物理爆炸的影响是局部的,而无约束蒸气云爆炸和沸腾液体扩展蒸气爆炸无论从爆炸影响范围、事故发生的可能性和伤害程度上都要比物理爆炸大得多。

(三)有毒物质泄漏

有毒物质泄漏过程发生的中毒事故是有毒物质进入人体而导致人体某些生理功能或组织、器官受到损坏的现象。化工系统中经常由于有毒物质泄漏而发生中毒事故,有毒物质对人的危害程度取决于毒物的性质、毒物的浓度、人员与毒物接触的时间等因素。有毒物质泄漏初期,其毒气形成气团密集在泄漏源周围,随后由于环境温度、地形、风力和气流等影响气团飘移、扩散,扩散范围变大,浓度减小。

对于非挥发性液体泄漏有控制措施,可是对于爆炸或毒气泄漏情况却不同。事实上,现有的应对措施很有限,对爆炸来说更是如此。毒气泄漏的主要应对措施是采取防护行动,例如疏散或安全避难,而不是直接控制危险。此外,易燃气体泄漏如果遇到火源会发生爆炸,这样使泄漏事故更难处理。因此首要强调的是事先预防,避免此类事故的发生。

毒气泄漏有以下特点:难以控制;对生物特别是对人类的生命健康危害巨大;事故波及面较大。故目前毒气泄漏事故特别受到重视。

事故应急救援具有不确定性、突发性、复杂性,以及后果、影响易猝发、激化、放大的特点。

三、化工事故应急救援的要求

发生危险化学品事故,事故单位主要负责人应当立即按照本单位危险化学品应急预案组织救援,并向当地应急管理部门和环境保护、公安、卫生主管部门报告;道路运输、水路运输过程中发生危险化学品事故的,驾驶人员、船员或者押运人员还应当向事故发生地交通运输主管部门报告。

发生危险化学品事故,有关地方人民政府应当立即组织应急管理、环境保护、公安、卫生、交通运输等有关部门,按照本地区危险化学品事故应急预案组织实施救援,不得拖延、推诿。

有关地方人民政府及其有关部门应当按照下列规定,采取必要的应急处置措施,减少事故损失,防止事故蔓延、扩大:立即组织营救和救治受害人员,疏散、撤离或者采取其他措施保护危害区域内的其他人员;迅速控制危害源,测定危险化学品的性质、事故的危害区域及危害程度;针对事故对人体、动植物、土壤、水源、大气造成的现实危害和可能产生的危害,迅速采取封闭、隔离、洗消等措施;对危险化学品事故造成的环境污染和生态破坏状况进行监测、评估,并采取相应的环境污染治理和生态修复措施。

有关危险化学品单位应当为危险化学品事故应急救援提供技术指导和必要的协助。

危险化学品事故造成环境污染的,由设区的市级以上人民政府生态环境主管部门统一发布有关信息。

四、重大事故隐患

依据有关法律法规、部门规章和国家标准,化工和危险化学品生产经营单位的以下情形应当判定为重大生产安全事故隐患:

(1)危险化学品生产、经营单位主要负责人和安全生产管理人员未依法经考核合格。

(2)特种作业人员未持证上岗。

(3)涉及"两重点一重大"的生产装置、储存设施外部安全防护距离不符合国家标准要求。

(4)涉及重点监管危险化工工艺的装置未实现自动化控制,系统未实现紧急停车功能,装备的自动化控制系统、紧急停车系统未投入使用。

(5)构成一级、二级重大危险源的危险化学品罐区未实现紧急切断功能;涉及毒性气体、液化气体、剧毒液体的一级、二级重大危险源的危险化学品罐区未配备独立的安全仪表系统。

(6)全压力式液化烃储罐未按国家标准设置注水措施。

(7)液化烃、液氨、液氯等易燃易爆、有毒有害液化气体的充装未使用万向管道充装系统。

(8)光气、氯气等剧毒气体及硫化氢气体管道穿越除厂区(包括化工园区、工业园区)外的公共区域。

(9)地区架空电力线路穿越生产区且不符合国家标准要求。

(10)在役化工装置未经正规设计且未进行安全设计诊断。

(11)使用淘汰落后安全技术工艺、设备目录列出的工艺、设备。

（12）涉及可燃和有毒有害气体泄漏的场所未按国家标准设置检测报警装置,爆炸危险场所未按国家标准安装使用防爆电气设备。

（13）控制室或机柜间面向具有火灾、爆炸危险性装置一侧不满足国家标准关于防火防爆的要求。

（14）化工生产装置未按国家标准要求设置双重电源供电,自动化控制系统未设置不间断电源。

（15）安全阀、爆破片等安全附件未正常投用。

（16）未建立与岗位相匹配的全员安全生产责任制或者未制定实施生产安全事故隐患排查治理制度。

（17）未制定操作规程和工艺控制指标。

（18）未按照国家标准制定动火、进入受限空间等特殊作业管理制度,或者制度未有效执行。

（19）新开发的危险化学品生产工艺未经小试、中试、工业化试验直接进行工业化生产;国内首次使用的化工工艺未经过省级人民政府有关部门组织的安全可靠性论证;新建装置未制定试生产方案投料开车;精细化工企业未按规范性文件要求开展反应安全风险评估。

（20）未按国家标准分区分类储存危险化学品,超量、超品种储存危险化学品,相互禁配物质混放混存。

第二节　危险化学品单位应急救援物资配备

应急救援物资是指危险化学品单位配备的用于处置危险化学品事故的车辆和各类侦检、个体防护、警戒、通信、输转、堵漏、洗消、破拆、排烟照明、灭火、救生等物资及其他器材。

一、配备基本要求

危险化学品单位应急救援物资应符合国家标准或行业标准的要求;无国家标准和行业标准的产品应通过国家相关法定检验机构检验合格。

根据危险化学品事故的特点及其引发物质的不同以及应急人员的职责,采取不同的防护措施:应急救援指挥人员、医务人员和其他不进入污染区域的应急人员一般配备过滤式防毒面罩、防护服、防毒手套、防毒靴等;工程抢险、消防和侦检等进入污染区域的应急人员应配备密闭型防毒面罩、防酸碱型防护服和空气呼吸器等;同时做好现场毒物的洗消工作(包括人员、设备、设施和场所等)。

二、配备物资分类

防护类:轻型防化服、重型防化服、空气呼吸器、防毒面罩等。

灭火类:消火栓、灭火器、水枪、水带、移动式泡沫灭火车等。

救援类:担架、急救药品等。

堵漏类:钢制堵漏带、金属堵漏胶、注入式堵漏工具等。

检测类:可燃气体检测仪、有毒气体检测仪、氧气检测仪等。

洗消类:多功能喷雾水枪。

警戒类:警戒带、警戒柱。

通信类:对讲机、应急广播。

三、危险化学品单位类别划分方法

表 8-1　危险化学品单位类别划分依据

企业规模	危险化学品重大危险源级别			
	一级危险化学品重大危险源	二级危险化学品重大危险源	三级危险化学品重大危险源	四级危险化学品重大危险源
从业人数 300 人以下或营业收入 2 000 万元以下	第二类危险化学品单位	第三类危险化学品单位	第三类危险化学品单位	第三类危险化学品单位
从业人数 300 人以上 1 000 人以下或营业收入 2 000 万元以上 40 000 万元以下	第二类危险化学品单位	第二类危险化学品单位	第二类危险化学品单位	第三类危险化学品单位
从业人数 1 000 人以上或营业收入 40 000 万元以上	第一类危险化学品单位	第二类危险化学品单位	第二类危险化学品单位	第二类危险化学品单位

注1:表中所称的"以上"包括本数,所称的"以下"不包括本数。

　　2:没有危险化学品重大危险源的危险化学品单位可作为第三类危险化学品单位。

四、危险化学品单位应急救援物资配备标准

(一)危险化学品单位应急救援物资配备标准

《危险化学品单位应急救援物资配备要求》(GB 30077)标准规定了危险化学品单位应急救援物资的配备原则、总体配备要求、作业场所配备要求、企业应急救援队伍配备要求、其他配备要求和管理维护。适用于危险化学品生产和储存单位应急救援物资的配备。危险化学品使用、经营、运输和处置废弃物中,单位应急救援物资的配备参照本标准执行。

(二)术语与定义

1. 危险化学品单位

危险化学品单位是指生产、经营、储存、运输、使用危险化学品和处置废弃危险化学品的企业。

2. 危险化学品事故

危险化学品事故是指由一种或数种危险化学品或其能量意外释放造成的人身伤亡、财产损失或环境污染事故。

3.应急响应

应急响应是指事故灾难预警期或发生后,为最大限度地降低事故灾难的影响,有关组织或人员采取的应急行动。

4.应急救援

应急救援是指在应急响应过程中,为消除、减少事故危害,防止事故扩大或恶化,最大限度地降低其可能造成的影响而采取的救援措施或行动。

5.危险化学品应急救援

危险化学品应急救援是指由危险化学品造成或可能造成人员伤害、财产损失和环境污染及其他较大社会危害时,为及时控制事故源,抢救受害人员,指导群众防护和组织撤离,清除危害后果而组织的救援活动。

6.应急救援物资

应急救援物资是指危险化学品单位配备的用于处置危险化学品事故的车辆和各类侦检、个体防护、警戒、通信、输转、堵漏、洗消、破拆、排烟照明、灭火、救生等物资及其他器材。

7.企业应急救援队伍

企业应急救援队伍是指企业内承担处置各类危险化学品事故、救援遇险人员等应急救援任务的专业队伍。

(三)配备原则

危险化学品单位应急救援物资应根据本单位危险化学品的种类、数量和危险化学品事故可能造成的危害进行配置。

应急救援物资应符合实用性、功能性、安全性、耐用性以及单位实际需要的原则,应满足单位员工现场应急处置和企业应急救援队伍所承担救援任务的需要。

(四)总体配备要求

《危险化学品单位应急救援物资配备标准》(GB 30077)是危险化学品单位应急救援物资配备的最低要求,危险化学品单位可根据实际情况增配应急救援物资的种类和数量。

危险化学品单位应急救援物资及其配备,除应符合《危险化学品单位应急救援物资配备标准》(GB 30077)外,尚应符合国家现行的有关标准、规范的要求。

(五)作业场所配备要求

在危险化学品单位作业场所,应急救援物资应存放在应急救援器材专用柜或指定地点。作业场所应急物资配备应符合表8-2的要求。

表8-2 作业场所救援物资配备要求

序号	物资名称	技术要求或功能要求	配备	备注
1	正压式空气呼吸器	技术性能符合《呼吸防护用品的选择、使用与维护》(GB/T 18664)要求	2套	—

（续表）

序号	物资名称	技术要求或功能要求	配备	备注
2	化学防护服	技术性能符合《化学防护服的选择、使用和维护》（AQ/T 6107）要求	2套	具有有毒、腐蚀性危险化学品的作业场所
3	过滤式防毒面具	技术性能符合《呼吸防护用品的选择、使用与维护》（GB/T 18664）要求	1个/人	类型根据有毒有害物质确定，数量根据当班人数确定
4	气体浓度检测仪	检测气体浓度	2台	根据作业场所的气体确定
5	手电筒	易燃易爆场所，防爆	1个/人	根据当班人数确定
6	对讲机	易燃易爆场所，防爆	4台	—
7	急救箱或急救包	物资清单按《工业企业设计卫生标准》（GBZ 1）	1包	—
8	吸附材料或堵漏器材	处理化学品泄漏	*	以工作介质理化性质选择吸附材料，常用吸附材料为干沙土（具有爆炸危险性的除外）
9	洗消设施或清洗剂	洗消受污染或可能受污染的人员、设备和器材	*	在工作地点配备
10	应急处置工具箱	工作箱内配备常用工具或专业处置工具	*	防爆场所应配置无火花工具

注："*"表示由单位根据实际需要进行配置，不作规定。

（六）企业应急救援队伍配备要求

1. 应急救援队伍个人防护用品配备要求

企业应急救援队伍应急救援人员的个人防护装备配备应符合表8-3的要求。

表8-3　应急救援人员个体防护装备配备要求

序号	名称	主要用途	配备	备份比	备注
1	头盔	头部、面部及颈部的安全防护	1顶/人	4:1	—
2	二级化学防护服装	化学灾害现场作业时的躯体防护	1套/10人	4:1	（1）以值勤人员数量确定（2）至少配备2套

（续表）

序号	名称	主要用途	配备	备份比	备注
3	一级化学防护服装	重度化学灾害现场全身防护	*	—	—
4	灭火防护服	灭火救援作业时的身体防护	1套/人	3:1	指挥员可选配消防指挥服
5	防静电内衣	可燃气体、粉尘、蒸汽等易燃易爆场所作业时的躯体内层防护	1套/人	4:1	—
6	防化手套	手部及腕部防护	2副/人	—	应针对有毒有害物质穿透性选择手套材料
7	防化靴	事故现场作业时的脚部和小腿部防护	1双/人	4:1	易燃易爆场所应配备防静电靴
8	安全腰带	登梯作业和逃生自救	1根/人	4:1	—
9	正压式空气呼吸器	缺氧或有毒现场作业时的呼吸防护	1具/人	5:1	（1）以值勤人员数量确定 （2）备用气瓶按照正压式空气呼吸器总量1:1备份
10	佩戴式防爆照明灯	单人作业照明	1个/人	5:1	—
11	轻型安全绳	救援人员的救生、自救和逃生	1根/5人	4:1	—
12	消防腰斧	破拆和自救	1把/人	5:1	—

注1：表中"备份比"是指应急救援人员防护装备配备投入使用数量与备用数量之比。

　2：根据备份比计算的备份教量为非整数时向上取整。

　3：第三类危险化学品单位应急救援人员可使用作业场所备的个体防护装备，不配备该表中的装备。

　4："＊"表示由单位根据实际需要进行配置，此处不作规定。

2. 企业应急救援队伍抢险救援车辆配备要求

（1）企业应急救援队伍抢险救援车辆配备数量应符合表8-4的要求。

表8-4　企业应急救援队伍抢险救援车辆配备数量

危险化学品单位级别	第一类危险化学品单位	第二类危险化学品单位	第三类危险化学品单位
抢险救援车辆数量	≥3	1~2	0~1

（2）企业应急救援队伍抢险救援车品种,宜符合表8-5的要求,生产、储存剧毒或高毒危险化学品的单位宜配备气体防护车。

表8-5　企业应急救援队伍常用抢险救援车辆品种配备要求

序号	设备名称		第一类危险化学品单位	第二类危险化学品单位	第三类危险化学品单位
1	灭火抢险救援车	水罐或泵浦抢险救援车	1	1	1
2		水罐或泡沫抢险救援车			
3		干粉泡沫联用抢险救援车			—
4		干粉抢险救援车	—	—	—
5	举高抢险救援车	登高平台抢险救援车		—	—
6		云梯抢险救援车	*	—	—
7		举高喷射抢险救援车		—	—
8	专勤抢险救援车	多功能抢险救援车或气防车	1	*	—
9		排烟抢险救援车或照明抢险救援车	—	—	—
10		危险化学品事故抢险救援车或防化洗消抢险救援车	1	*	—
11		通信指挥抢险救援车			
12		供气抢险救援车			
13	后勤抢险救援车	自装卸式抢险救援车（含器材保障、生活保障、供液集装箱）	—	—	—
14		器材抢险救援车或供水抢险救援车	*	—	—

注:" * "表示由单位根据实际需要进行配置,此处不作规定。

（3）企业应急救援队伍主要抢险救援车辆的技术性能应符合表8-6的要求,气体防护车内应急救援物资配备可参考表8-7配置。

表8-6　企业应急救援队伍主要抢险救援车辆的技术性能

技术性能		第一类危险化学品单位		第二类危险化学品单位		第三类危险化学品单位	
发动机功率/kW		≥191		≥132		≥132	
比功率 kW/t		≥10		≥8		≥8	
水罐抢险救援车出水性能	出口压力/MPa	1	1.8	1	1.8	1	1.8
	流量/(L/s)	60	30	40	20	40	20

（续表）

技术性能		第一类危险化学品单位	第二类危险化学品单位	第三类危险化学品单位
水罐抢险救援车出泡沫性能/类		A、B	A、B	B
举高抢险救援车车额定工作高度/m		≥30	≥20	≥20
多功能抢险救援车	起吊质量/kg	≥5 000	≥3 000	≥3 000
	牵引质量/kg	≥10 000	≥10 000	≥10 000

表8-7　气体防护车内应急救援物资配备要求

序号	物资名称	主要功能或技术要求	配备	备注
1	正压式空气呼吸器	技术性能符合（GB/T 18664）要求	2套	配备空气瓶1个/套
2	苏生器	自动进行正负压人工呼吸	1套	—
3	医用氧气瓶	治疗中毒人员	2个	—
4	移动式长管供气系统	在缺氧或有毒有害气体环境中的抢险救灾人员提供长时间呼吸保护	1台	—
5	对讲机	易燃易爆场所应防爆型	2台	—
6	抢险救援服	抢险人员躯体保护,橘红色	1套/人	根据气体防护车上配备的人员确定
7	头戴式照明灯	灭火和抢险救援现场作业时的照明,易燃易爆场所应为防爆型	1个/人	根据气体防护车上配备的人员确定
8	一级化学防护服	重度化学灾害现场全身防护	2套	—
9	二级化学防护服	化学灾害现场作业时的躯体防护	2套	—
10	隔热服	强热辐射场所的全身防护	*	—
11	折叠担架	运送事故现场受伤人员	2副	—
12	急救包	盛放常规外伤和化学伤害急救所需的敷料、药品和器械等	1个	—
13	可燃气体检测仪	检测事故现场易燃易爆气体,可检测多种易燃易爆气体的体积浓度	2台	根据企业可燃气体的种类配备
14	有毒气体检测仪	具备自动识别、防水、防爆性能,能探测有毒、有害气体及氧含量	2台	根据企业有毒有害气体的种类配备

注:"＊"表示由单位根据实际需要进行配置,此处不作规定。

3.企业应急救援队伍抢险救援物资配备要求

（1）第一类危险化学品单位应急救援队伍的抢险救援物资配备的种类和数量不应低于表8-8～表8-18的要求。

（2）第二类危险化学品单位应急救援队伍的抢险救援物资配备的种类和数量不应低于表 8-19 的要求。

（3）第三类危险化学品单位应急救援队伍可使用作业场所应急救援物资作为抢险救援物资。

表 8-8　第一类危险化学品单位侦检器材配备要求

序号	物资名称	主要用途或技术要求	配备	备注
1	有毒气体探测仪	具备自动识别、防水、防爆性能；能探测有毒、有害气体及氧含量	2 台	—
2	可燃气体检测仪	检测事故现场易燃易爆气体，可检测多种易燃易爆气体的浓度	2 台	—
3	红外测温仪	测量事故现场温度；可预设高、低温危险报警	1 台	—
4	便携式气象仪	测量风速、风向、温度、湿度、大气压等气象参数	1 台	—
5	水质分析仪	定性分析液体内的化学成分	*	—
6	红外热像仪	事故现场黑暗、浓烟环境中的搜寻；温差分辨率不小于 0.25 ℃，有效检测距离不小于 40 m	*	—

注："*"表示由单位根据实际需要进行配置，此处不作规定。

表 8-9　第一类危险化学品单位警戒器材配备要求

序号	物资名称	主要用途或技术要求	配备	备注
1	警戒标志杆	灾害事故现场警戒，有反光功能	10 根	—
2	锥形事故标志柱	灾害事故现场道路警戒	10 根	—
3	隔离警示带	灾害事故现场警戒；双面反光，每盘长度约 500 m	10 盘	备份 2 盘
4	出入口标志牌	灾害事故现场标示；图案、文字、边框均为反光材料，与标志杆配套使用，易燃易爆环境应为无火花材料	2 组	—
5	危险警示牌	灾害事故现场警戒警示；分为有毒、易燃、泄漏、爆炸、危险等 5 种标志，图案为反光材料。与标志杆配套使用，易燃易爆环境应为无火花材料	5 块	—
6	闪光警示灯	灾害事故现场警戒警示；频闪型，光线暗时自动闪亮	5 个	备份 2 个
7	手持扩音器	灾害事故现场指挥；功率大于 10 W，同时应具备警报功能	2 个	—

表8-10　第一类危险化学品单位灭火器材配备要求

序号	物资名称	主要用途或技术要求	配备	备注
1	机动手抬泵	可人力搬运,用作输送水或泡沫溶液等液体灭火剂的专用泵	3 台	—
2	移动式消防炮	扑救可燃化学品火灾	2 个	—
3	A,B 类比例混合器、泡沫液桶、空气泡沫枪	扑救小面积化工类火灾;由储液桶、吸液管和泡沫管枪组成,操作轻便快捷	2 套	—
4	二节拉梯	登高作业	3 个	—
5	三节拉梯	登高作业	2 个	—
6	移动式水带卷盘或水带槽	清理水带	3 个	—
7	水带	消防用水的输送	2 800 m	—
8	其他	按所配车辆技术标准要求配备	1 套	扳手、水枪、分水器、接口、包布、护桥等常规器材工具

表8-11　第一类危险化学品单位通信器材配备要求

序号	物资名称	主要用途或技术要求	配备	备注
1	移动电话	易燃易爆环境应防爆	2 部	指挥员
2	对讲机	应急救援人员间以及与后方指挥员的通信,通信距离不低于 1 000 m,易燃易爆环境应防爆	1 部/人	按执勤人数配备
3	通信指挥系统	符合《消防通信指挥系统设计规范》(GB 50313)要求	1 套	—

表8-12　第一类危险化学品单位救生物资配备要求

序号	物资名称	主要用途或技术要求	配备	备注
1	缓降器	高处救人和自救;安全负荷不低于 1 300 N,绳索防火、耐磨	2 套	—
2	医药急救箱	盛放常规外伤和化学伤害急救所需的敷料、药品和器械等	1 个	—
3	逃生面罩	灾害事故现场被救人员呼吸防护	10 个	备份 10 个
4	折叠式担架	运送事故现场受伤人员;为金属框架,高分子材料表面质材,便于洗消,承重不小于 100 kg	1 架	—

序号	物资名称	主要用途或技术要求	配备	备注
5	救援三脚架	高处、井下等救援作业；金属框架，配有手摇式绞盘，牵引滑轮，最大承载 2 500 N，绳索长度不小于 30 m	1 个	—
6	救生软梯	登高救生作业	1 条	—
7	安全绳	灾害事故现场救援，长度 50 m	2 组	—
8	救生绳	救人或自救工具，也可用于运送消防施救器材，50 m	2 组	—

表 8-13　第一类危险化学品单位破拆器材配备要求

序号	物资名称	主要用途或技术要求	配备	备注
1	液压破拆工具组	灾害现场破拆作业	1 套	根据企业实际情况选配
2	无齿锯	切割金属和混凝土材料		
3	机动链锯	切割各类木质结构障碍物		
4	手动破拆工具组	灾害现场破拆作业		

表 8-14　第一类危险化学品单位堵漏器材配备要求

序号	物资名称	主要用途或技术要求	配备	备注
1	木制堵漏楔	各类孔洞状较低压力的堵漏作业；经专门绝缘处理，防裂，不变形	1 套	每套不少于 28 种规格
2	气动吸盘式堵漏工具	封堵不规则孔洞；气动、负压式吸盘，可输转作业	1 套	根据企业实际情况和工艺特点，选配 1 套堵漏工具
3	粘贴式堵漏工具	各种罐体和管道表面点状、线状泄漏的堵漏作业；无火花材料		
4	电磁式堵漏工具	各种罐体和管道表面点状、线状泄漏的堵漏作业；适用温度不大于 80 ℃		
5	注入式堵漏工具	阀门或法兰盘堵漏作业；无火花材料；配有手动液压泵，液压不小于 74 MPa，使用温度 –100 ℃ ~400 ℃	1 套	含注入式堵漏胶 1 箱
6	无火花工具	易燃、易爆事故现场的手动作业，铜制材料	1 套	每套不小于 11 种
7	金属堵漏套管	各种金属管道裂缝的密封堵漏	1 套	—

（续表）

序号	物资名称	主要用途或技术要求	配备	备注
8	内封式堵漏袋	圆形容器和管道的堵漏作业；由防腐橡胶制成，工作压力 0.15 MPa，4 种，直径分别为：10 mm/20 mm、20 mm/40 mm、30 mm/60 mm、50 mm/100 mm	*	—
9	外封式堵漏袋	罐体外部堵漏作业；由防腐橡胶制成，工作压力 0.15 MPa，2 种，尺寸 5 mm/20 mm、20 mm/48 mm	*	—
10	捆绑式堵漏袋	管道断裂堵漏作业；由防腐橡胶制成，工作压力 0.15 MPa，尺寸为 5 mm/20 mm、20 mm/48 mm	*	—
11	阀门堵漏套具	阀门泄漏的堵漏作业	*	—
12	管道粘结剂	小空洞或砂眼的堵漏	*	—

注："＊"表示由单位根据实际需要进行配置，此处不作规定。

表 8-15　第一类危险化学品单位输转物资配备要求

序号	物资名称	主要用途或技术要求	配备	备注
1	输转泵	吸附、输转各种液体；易燃易爆场所应为防爆	1 台	—
2	有毒物质密封桶	装载有毒有害物质；防酸碱，耐高温	2 个	—
3	吸附垫、吸附棉	小范围内吸附酸、碱和其他腐蚀性液体	2 箱	—
4	集污袋	装载有害物质	2 只	—

表 8-16　第一类危险化学品单位洗消物资配备要求

序号	物资名称	主要用途或技术要求	配备	备注
1	强酸、碱清洗剂	手部或身体小面积部位的洗消	5 瓶	酸碱环境下配备
2	强酸、碱洗消器	化学灼伤部位的洗消	2 只	酸碱环境下配备
3	洗消帐篷	消防人员洗消；配有电动充气泵、喷淋、照明等系统	1 套	—
4	洗消粉	按比例与水混合后，对人体、物品和场地的降毒洗消	*	—

注："＊"表示由单位根据实际需要进行配置，此处不作规定。

表 8-17　第一类危险化学品单位排烟照明器材配备要求

序号	物资名称	主要用途或技术要求	配备	备注
1	移动式排烟机	灾害现场的排烟和送风,配有相应口径的风管	1 台	—
2	坑道小型空气输送机	缺氧空间作业,排风量符合常用救灾的要求	*	—
3	移动照明灯组	灾害现场的作业照明,照度符合作业要求	1 套	—
4	移动发电机	灾害现场等电器设备的供电	2 台	—

注:"＊"表示由单位根据实际需要进行配置,此处不作规定。

表 8-18　第一类危险化学品单位其他物资配备要求

序号	物资名称	主要用途或技术要求	配备	备注
1	心肺复苏人体模型	急救训练用	1 套	—
2	空气充填泵	现场为空气呼吸器储气瓶充气	1 套	—

表 8-19　第二类危险化学品单位抢险救援物资配备要求

序号	种类	物资名称	主要用途或技术要求	配备	备注
1	侦检	有毒气体探测仪	具备自动识别、防水、防爆性能,能探测有毒、有害气体及氧含量	2 台	根据企业有毒有害气体的种类配备
2		可燃气体检测仪	检测事故现场易燃易爆气体;可检测多种易燃易爆气体的浓度	2 台	根据企业可燃气体的种类配备
3	警戒	各类警示牌	灾害事故现场警戒警示	1 套	—
4		隔离警示带	灾害事故现场警戒,双面反光	5 盘	备用 2 盘
5	灭火	移动式消防炮	扑救可燃化学品火灾	1 个	—
6		水带	消防用水的输送	1 200 m	—
7		常规器材工具,如扳手、水枪等	按所配车辆技术标准要求配备	1 套	扳手、水枪、分水器、接口、包布、护桥等常规器材工具
8	通信	移动电话	易燃易爆环境应防爆	2 部	—
9		对讲机	易燃易爆环境应防爆	2 台	—

（续表）

序号	种类	物资名称	主要用途或技术要求	配备	备注
10	救生	缓降器	高处救人和自救；安全负荷不低于1 300 N，绳索防火、耐磨	2套	—
11		逃生面罩	灾害事故现场被救人员呼吸防护	10个	备用5个
12		折叠式担架	运送事故现场受伤人员，为金属框架，高分子材料表面质材，便于洗消，承重不小于100 kg	1架	—
13		救援三角架	金属框架，配有手摇式绞盘，牵引滑轮最大承载2 500 N，绳索长度不小于30 m	1个	—
14		救生软梯	登高救生作业	1个	—
15		安全绳	长度50 m	2组	—
16		医药急救箱	盛放常规外伤和化学伤害急救所需的敷料、药品和器械等	1个	—
17	破拆	液压破拆工具组	灾害现场破拆作业	1套	根据企业实际情况选择其中一项
18		无齿锯	切割金属和混凝土材料		
19		手动破拆工具组	灾害现场破拆作业		
20	堵漏	木制堵漏楔	各类孔洞状较低压力的堵漏作业。经专门绝缘处理，防裂，不变形	1套	每套不少于28种规格
21		无火花工具	易燃易爆事故现场的手动作业，钢制材料	1套	—
22		粘贴式堵漏工具	各种罐体和管道表面点状、线状泄漏的堵漏作业；无火花材料	*	
23		注入式堵漏工具	闸门或法兰盘堵漏作业；无火花材料；配有手动液压泵，泵缸压力≥74 MPa，使用温度-100 ℃～400 ℃	*	
24	输转	输转泵	吸附、输转各种液体，安全防爆	1台	—
25		有毒物质密封桶	装载有毒有害物质，可防酸碱，耐高温	1个	—
26		吸附垫	小范围内的吸附酸、碱和其他腐蚀性液体	2箱	—
27	洗消	洗消帐篷	消防人员洗消；配有电动充气泵、喷淋、照明等系统	1顶	—

（续表）

序号	种类	物资名称	主要用途或技术要求	配备	备注
28	排烟照明	移动式排烟机	灾害现场的排烟和送风,配有相应口径的风管	1台	—
29		移动照明灯组	灾害现场的作业照明,照度符合作业要求	1组	—
30		移动发电机	灾害现场等的照明	*	—
31	其他	水幕水带	阻挡或稀释有毒和易燃易爆气体或液体蒸汽	1套	—

注:"＊"表示由单位根据实际需要进行配置,此处不作规定。

(七)其他配备要求

危险化学品单位,除作业场所和应急救援队伍外的其他部门应根据应急响应过程中所承担的职责配备相应的应急救援物资。

沿江河湖海的危险化学品单位应配备水上灭火抢险救援、水上泄漏物处置和防汛排涝物资。

除作业场所的应急救援物资外的其他应急救援物资,可由危险化学品单位与其周边其他相关单位或应急救援机构签订互助协议,并能在这些单位或机构接到报警后 5 min 内到达现场,可作为本单位的应急救援物资。

(八)管理和维护

危险化学品单位应建立应急救援物资的有关制度和记录:物资清单;物资使用管理制度;物资测试检修制度;物资租用制度;资料管理制度;物资调用和使用记录;物资检查维护、报废及更新记录。

应急救援物资应明确专人管理;严格按照产品说明书要求,对应急救援物资进行日常检查、定期维护保养;应急救援物资应存放在便于取用的固定场所,摆放整齐,不得随意摆放、挪作他用。

应急救援物资应保持完好,随时处于备战状态;物资若有损坏或影响安全使用的,应及时修理、更换或报废。

应急救援物资的使用人员,应接受相应的培训,熟悉装备的用途、技术性能及有关使用说明资料,并遵守操作规程。

五、应急救援装备的种类及功用

应急救援装备种类繁多,功能性各不相同,适用性差异大,可按其适用性、具体功能、使用状态进行分类。

(一)按照适用性分类

根据应急装备的适用性,可分为一般通用性应急装备和特殊专业性应急装备。

一般通用性应急装备主要包括:个体防护装备,如呼吸器、护目镜、安全带等;消防装备,如灭火器、消防锹等;通信装备,如固定电话、移动电话、对讲机等;报警装备,如手摇式报警、电铃式报警等装备。

特殊专业性应急装备,因专业不同,可分为消火装备、危险品泄漏控制装备、专用通信装备、医疗装备、电力抢险装备等。

(二)按照具体功能分类

根据应急救援装备的具体功能,可将应急救援装备分为预测预警装备、个体防护装备、通信与信息装备、灭火抢险装备、医疗救护装备、交通运输装备、工程救援装备、应急技术装备等八大类及若干小类。

1.预测预警装备

预测预警装备可分为:监测装备,报警装备,联动控制装备,安全标志等。

2.个体防护装备

个体防护装备可分为:头部防护装备,眼及面部防护装备,耳部防护装备,呼吸器官防护装备,躯体防护装备,手部防护装备,脚部防护装备,坠落防护装备等。

3.通信与信息装备

通信与信息装备可分为:防爆通信装备,卫星通信装备,信息传输处理装备等。

4.灭火抢险装备

灭火抢险装备可分为:灭火器,消防车,消防炮,消防栓,破拆工具,登高工具,消防照明,救生工具,常压、带压堵漏器材等。

5.医疗救护装备

医疗救护装备可分为:多功能急救箱,伤员转运装备,现场急救装备等。

6.交通运输装备

交通运输装备可分为:运输车辆,装卸设备等。

7.工程救援装备

工程救援装备包括:地下金属管线探测设备,起重设备、推土机、挖掘机、探照灯等。

8.应急技术装备

应急技术装备包括:GPS(Global Positioning System,全球卫星定位系统)技术、GIS(Geographical Information System,地理信息系统)技术、无火花堵漏技术等。

(三)按照使用状态分类

根据应急救援装备的使用状态,应急救援装备可分为日常应急救援装备和战时应急救援装备两类。

1.日常应急救援装备

日常应急救援装备是指日常生产、工作、生活等状态正常情况下,仍然运行的应急通信、视频监控、气体监测等装备。日常应急救援装备,主要包括用于日常管理的装备,如随时进行监控、接受报告的应急指挥大厅里配备的专用通信设施、视频监控设施等,以及进行动态监测的仪器仪表,如固定式可燃气体监测仪、大气监测仪、水质监测仪等。

2.战时应急救援装备

战时应急救援装备是指在出现事故险情或事故发生时,投入使用的应急救援装备,如灭火器、消防车、空气呼吸器、抽水机、排烟机等。

日常应急救援装备与战时应急装备不能严格区分，许多应急救援装备既是日常应急救援装备，又是战时应急救援装备，如水质监测仪，在生产、工作、生活等状态正常情况下主要是进行日常监测预警，在事故发生时，则是进行动态监测，确定应急救援行动是否结束。

第三节　危险化学品事故应急救援指挥

危险化学品应急救援是指由危险化学品造成或可能造成人员伤害、财产损失和环境污染及其他较大社会危害时，为及时控制事故源，抢救受害人员，指导群众防护和组织撤离，清除危害后果而组织的救援活动。

一、基本原则

坚持救人第一、防止灾害扩大的原则。在保障施救人员安全的前提下，果断抢救受困人员的生命，迅速控制危险化学品事故现场，防止灾害扩大。

坚持统一领导、科学决策的原则。由现场指挥部和总指挥部根据预案要求和现场情况变化领导应急响应和应急救援，现场指挥部负责现场具体处置，重大决策由总指挥部决定。

坚持信息畅通、协同应对的原则。总指挥部、现场指挥部与救援队伍应保证实时互通信息，提高救援效率，在事故单位开展自救的同时，外部救援力量根据事故单位的需求和总指挥部的要求参与救援。

坚持保护环境，减少污染的原则。在处置中应加强对环境的保护，控制事故范围，减少对人员、大气、土壤、水体的污染。

在救援过程中，有关单位和人员应考虑妥善保护事故现场以及相关证据。任何人不得以救援为借口，故意破坏事故现场、毁灭相关证据。

二、基本程序
(一)应急响应

事故单位应立即启动应急预案，组织成立现场指挥部，制定科学、合理的救援方案，并统一指挥实施。

事故单位在开展自救的同时，应按照有关规定向当地政府部门报告。

政府有关部门在接到事故报告后，应立即启动相关预案，赶赴事故现场(或应急指挥中心)，成立总指挥部，明确总指挥、副总指挥及有关成员单位或人员职责分工。

现场指挥部根据情况，划定本单位警戒隔离区域，抢救、撤离遇险人员，制定现场处置措施(工艺控制、工程抢险、防范次生衍生事故)，及时将现场情况及应急救援进展报总指挥部，向总指挥部提出外部救援力量、技术、物资支持、疏散公众等请求和建议。

总指挥部根据现场指挥部提供的情况对应急救援进行指导，划定事故单位周边警戒隔离区域，根据现场指挥部请求调集有关资源、下达应急疏散指令。

外部救援力量根据事故单位的需求和总指挥部的协调安排,与事故单位合力开展救援。

现场指挥部和总指挥部应及时了解事故现场情况,主要了解下列内容:遇险人员伤亡、失踪、被困情况;危险化学品危险特性、数量、应急处置方法等信息;周边建筑、居民、地形、电源、火源等情况;事故可能导致的后果及对周围区域的可能影响范围和危害程度;应急救援设备、物资、器材、队伍等应急力量情况;有关装置、设备、设施损毁情况。

现场指挥部和总指挥部根据情况变化,对救援行动及时作出相应调整。

(二)警戒隔离

根据现场危险化学品自身及燃烧产物的毒害性、扩散趋势、火焰辐射热和爆炸、泄漏所涉及的范围等相关内容对危险区域进行评估,确定警戒隔离区。在警戒隔离区边界设警示标志,并设专人负责警戒。对通往事故现场的道路实行交通管制,严禁无关车辆进入。清理主要交通干道,保证道路畅通。合理设置出入口,除应急救援人员外,严禁无关人员进入。根据事故发展、应急处置和动态监测情况,适当调整警戒隔离区。

(三)人员防护与救护

1. 应急救援人员防护

调集所需安全防护装备。现场应急救援人员应针对不同的危险特性,采取相应安全防护措施后,方可进入现场救援。控制、记录进入现场救援人员的数量。现场安全监测人员若遇直接危及应急人员生命安全的紧急情况,应立即报告救援队伍负责人和现场指挥部,救援队伍负责人、现场指挥部应当迅速作出撤离决定。

2. 遇险人员救护

救援人员应携带救生器材迅速进入现场,将遇险受困人员转移到安全区。将警戒隔离区内与事故应急处理无关人员撤离至安全区,撤离要选择正确方向和路线。对救出人员进行现场急救和登记后,交专业医疗卫生机构处置。

3. 公众安全防护

总指挥部根据现场指挥部疏散人员的请求,决定并发布疏散指令。应选择安全的疏散路线,避免横穿危险区。根据危险化学品的危害特性,指导疏散人员就地取材(如毛巾、湿布、口罩),采取简易有效的措施保护自己。

(四)现场处置

1. 火灾爆炸事故处置

扑灭现场明火应坚持先控制后扑灭的原则。依危险化学品性质、火灾大小,采用冷却、堵截、突破、夹攻、合击、分割、围歼、破拆、封堵、排烟等方法进行控制与灭火。

根据危险化学品特性,选用正确的灭火剂。禁止用水、泡沫等含水灭火剂扑救遇湿易燃物品、自燃物品火灾;禁用直流水冲击扑灭粉末状、易沸溅危险化学品火灾;禁用砂土盖压扑灭爆炸品火灾;宜使用低压水流或雾状水扑灭腐蚀品火灾,避免腐蚀品溅出;禁止对液态轻烃强行灭火。

有关生产部门监控装置工艺变化情况,做好应急状态下生产方案的调整和相关装置的生产平衡,优先保证应急救援所需的水、电、汽、交通运输车辆和工程机械。

根据现场情况和预案要求,及时决定有关设备、装置、单元或系统紧急停车,避免事故扩大。

2. 泄漏事故处置

(1)控制泄漏源。在生产过程中发生泄漏,事故单位应根据生产和事故情况,及时采取控制措施,防止事故扩大。采取停车、局部打循环、改走副线或降压堵漏等措施。

在其他储存、使用等过程中发生泄漏,应根据事故情况,采取转料、套装、堵漏等控制措施。

(2)控制泄漏物。泄漏物控制应与泄漏源控制同时进行。对气体泄漏物可采取喷雾状水、释放惰性气体、加入中和剂等措施,降低泄漏物的浓度或燃爆危害。喷水稀释时,应筑堤收容产生的废水,防止水体污染。对液体泄漏物可采取容器盛装、吸附、筑堤、挖坑、泵吸等措施进行收集、阻挡或转移。若液体具有挥发及可燃性,可用适当的泡沫覆盖泄漏液体。

3. 中毒窒息事故处置

立即将染毒者转移至上风向或侧上风向空气无污染区域,并进行紧急救治。经现场紧急救治,伤势严重者立即送医院观察治疗。

4. 其他处置要求

现场指挥人员发现危及人身生命安全的紧急情况,应迅速发出紧急撤离信号。若因火灾爆炸引发泄漏中毒事故,或因泄漏引发火灾爆炸事故,应统筹考虑,优先采取保障人员生命安全,防止灾害扩大的救援措施。维护现场救援秩序,防止救援过程中发生车辆碰撞、车辆伤害、物体打击、高处坠落等事故。

5. 现场监测

对可燃、有毒有害危险化学品的浓度、扩散等情况进行动态监测。测定风向、风力、气温等气象数据。确认装置、设施、建(构)筑物已经受到的破坏或潜在的威胁。监测现场及周边污染情况。现场指挥部和总指挥部根据现场动态监测信息,适时调整救援行动方案。

6. 洗消

在危险区与安全区交界处设立洗消站。使用相应的洗消药剂,对所有染毒人员及工具、装备进行洗消。

7. 现场清理

彻底清除事故现场各处残留的有毒有害气体。对泄漏液体、固体应统一收集处理。对污染地面进行彻底清洗,确保不留残液。对事故现场空气、水源、土壤污染情况进行动态监测,并将监测信息及时报告现场指挥部和总指挥部。洗消污水应集中净化处理,严禁直接外排。若空气、水源、土壤出现污染,应及时采取相应处置措施。

8. 信息发布

事故信息由总指挥部统一对外发布。信息发布应及时、准确、客观、全面。

9. 救援结束

事故现场处置完毕,遇险人员全部救出,可能导致次生、衍生灾害的隐患得到彻底消除或控制,由总指挥部发布救援行动结束指令。清点救援人员、车辆及器材。解除警戒,指挥部解散,救援人员返回驻地。事故单位对应急救援资料进行收集、整理、归档,对救援行动进行总结评估,并报上级有关部门。

第四节 化工事故应急救援预案与应急救援演练

一、应急救援预案

为降低风险、减少伤亡,除了要遵守法律法规、加强日常管理以外,还应该做的一项重要工作就是建立应急管理体系,并进行应急预案的编制。应急预案是针对可能的重大事故或灾害,为保证迅速、有序、有效地开展应急救援行动、尽可能地减少事故导致的人员伤亡、财产损失和对环境破坏,在事故后果和应急能力分析的基础上,预先制定的有关计划或方案,包括在应急准备、应急行动和现场恢复等方面所做的具体安排。

根据可能的事故后果的影响范围、地点及应急方式,可将事故应急预案分为 5 种级别,如表 8-20 所示。

表 8-20 事故应急预案分级表

级别	内容
企业级预案	这类事故的有害影响局限在一个单位的界区之内,如某个工厂、火车站、仓库、农场、煤气站等。并且可被现场的操作者遏制和控制在该区域内
县、市/社区级预案	这类事故所涉及的影响可扩大到公共区(社区),但可被该县(市、区)或社区的力量、加上所涉及的工厂或工业部门的力量所控制
地区/市级预案	这类事故影响范围大,后果严重,或是发生在两个县或县级市管辖区边界上的事故。应急救援需要动用地区的力量
省级预案	对可能发生的特大火灾、爆炸、毒物泄漏事故,特大危险品运输事故以及属省级特大事故隐患、省级重大危险源应建立在省级事故应急反应预案
国家级预案	对事故后果超过省、直辖市、自治区边界以及列为国家及事故隐患、重大危险源的设施或场所,应制定国家级预案

应急救援预案的类型分为:应急行动指南或检查表;应急响应预案;互助应急预案;应急管理预案。

事故应急预案的核心要素见表 8-21。

表 8-21 事故应急预案的核心要素内容

级号	要素内容	级号	要素内容
1	方针与原则	4.3	警报和紧急公告
2	应急策划	4.4	通信
2.1	危险分析	4.5	事态监测与评估

（续表）

级号	要素内容	级号	要素内容
2.2	资源分析	4.6	警戒与治安
2.3	法律法规要求	4.7	人员疏散与安置
3	应急准备	4.8	医疗与卫生
3.1	机构与职责	4.9	公共和关系
3.2	应急资源	4.10	应急人员安全
3.3	教育、训练与演习	4.11	消防与抢险
3.4	互助协议	4.12	泄漏物控制
4	应急响应	5	现场恢复
4.1	接警与通知	6	预案管理与评审改进
4.2	指挥与控制	—	—

二、应急救援演练

危险化学品从业单位按有关规定定期组织应急演练；地方人民政府根据自身实际情况定期组织危险化学品事故应急救援演练，并于演练结束后向应急管理部门提交书面总结。应急指挥中心每年会同有关部门和地方政府组织一次应急演练。

应急救援演练分为桌面演练（通常在会议室举行）、功能演练（功能演练是指针对某项应急响应功能或其中某些应急响应行动举行的演练活动）、全面演练（全面演练针对应急预案中全部或大部分应急响应功能开展演练）。

无论选择何种演练方法，应急演练方案必须与重大事故应急管理的需求和资源条件相适应。

参演人员包括演练人员、控制人员、模拟人员、评价人员、观摩人员。

演练总结可以通过以下形式完成：访谈、汇报、协商、自我评价、公开会议和通报。形成的有关建议包括：演练发现的问题与纠正措施建议；对应急预案和有关程序的改进建议；对应急设施、设备维护与更新方面的建议；对应急组织、应急响应人员能力与培训方面的建议等。

三、应急救援预案的指导思想和原则

应急救援预案的指导思想：体现以人为本，真正将"安全第一，预防为主"方针落到实处。一旦发生危险化学品事故，能以最快的速度、最大的效能，有序地实施救援，最大限度减少人员伤亡和财产损失，把事故危害降到最低点，维护社会的安全和稳定。

危险化学品事故应急救援原则：快速反应、统一指挥、分级负责、单位自救与社会救援相结合。

四、事故类别及处置措施

危险化学品事故主要有泄漏、火灾(爆炸)两大类,其中火灾又分为固体火灾、液体火灾和气体火灾。主要原因又分为人为操作失误和设备缺陷。

针对事故不同类型,采取不同的处置措施。其中主要措施包括:灭火、隔绝、堵漏、拦截、稀释、中和、覆盖、泄压、转移、收集等。

五、事故现场区域划分

根据危险化学品事故的危害范围、危害程度与危险化学品事故源的位置划分事故中心区域、事故波及区及事故可能影响区域。

(一)事故中心区域

中心区即距事故现场 0~500 m 的区域。此区域危险化学品浓度指标高,有危险化学品扩散,并伴有爆炸、火灾发生,建筑物设施及设备损坏,人员急性中毒。

事故中心区的救援人员需要全身防护,并佩戴隔绝式面具。救援工作包括切断事故源、抢救伤员、保护和转移其他危险化学品、清除渗漏液态毒物、进行局部的空间洗消及封闭现场等。非抢险人员撤离到中心区域以外后应清点人数,并进行登记。事故中心区域边界应有明显警戒标志。

(二)事故波及区域

事故波及区即距事故现场 500~1 000 m 的区域。该区域空气中危险化学品浓度较高,作用时间较长,有可能发生人员或物品的伤害或损坏。

该区域的救援工作主要是指导防护、监测污染情况,控制交通,组织排除滞留危险化学品气体。视事故实际情况组织人员疏散转移。事故波及区域人员撤离到该区域以外后应清点人数,并进行登记。事故波及区域边界应有明显警戒标志。

(三)受影响区域

受影响区域是指事故波及区外可能受影响的区域,该区可能有从中心区和波及区扩散而来的小剂量危险化学品形成的危害。

该区救援工作重点放在及时指导群众进行防护,对群众进行有关知识的宣传,稳定群众的思想情绪,做基本应急准备。

六、危险化学品事故应急救援组织及职责

(一)危险化学品事故应急救援指挥部

成立危险化学品事故应急救援指挥部,负责组织实施危险化学品事故应急救援工作。
危险化学品事故应急救援指挥部组成:总指挥、副总指挥、成员单位。

(二)指挥部职责

危险化学品事故发生后,总指挥或总指挥委托副总指挥赶赴事故现场进行现场指挥,成立现场指挥部,批准现场救援方案,组织现场抢救。负责组织本地危险化学品事故应急救援演练,监督检查各系统、各部门应急演练。

(三)成员单位职责

1. 政府办公室职责

政府办公室职责包括:承接危险化学品事故报告;请示总指挥启动应急救援预案;

通知指挥部成员单位立即赶赴事故现场;协调各成员单位的抢险救援工作;及时向党委、党政府报告事故和抢险救援进展情况;落实党委、政府领导同志关于事故抢险救援的指示和批示。

2. 应急管理局职责

应急管理局职责包括:负责危险化学品事故应急救援指挥部的日常工作;监督检查各镇、各危险化学品从业单位制定应急救援预案;组织本地应急救援模拟演习;负责建立危险化学品应急救援专家组,组织专家开展应急救援咨询服务工作;组织开展危险化学品事故调查处理。

3. 公安局职责

公安局职责包括:负责制定人员疏散和事故现场警戒预案;组织事故可能危及区域内的人员疏散撤离,对人员撤离区域进行治安管理,参与事故调查处理。

4. 应急消防局职责

应急消防局职责包括:负责制定泄漏和灭火扑救预案。负责事故现场扑灭火灾,控制易燃、易爆、有毒物质泄漏和有关设备容器的冷却;事故得到控制后负责洗消工作;组织伤员的搜救。

5. 公安交巡警大队职责

公安交巡警大队职责包括:负责制定交通处置的应急预案;负责事故现场区域周边道路的交通管制工作,禁止无关车辆进入危险区域,保障救援道路的畅通。

6. 卫委会职责

卫委会职责包括:负责制定受伤人员治疗与救护应急预案;确定受伤人员专业治疗与救护定点医院,培训相应医护人员;指导定点医院储备相应的医疗器材和急救药品;负责事故现场调配医务人员、医疗器材、急救药品,组织现场救护及伤员转移;负责统计伤亡人员情况。

7. 生态环境局职责

生态环境局职责包括:负责制定危险化学品污染事故监测与环境危害控制应急预案;负责事故现场及时测定环境危害的成分和程度;对可能存在较长时间环境影响的区域发出警告,提出控制措施并进行监测;事故得到控制后指导现场遗留危险物质对环境产生污染的消除;负责调查重大危险化学品污染事故和生态破坏事件。

8. 交通局职责

交通局职责包括:负责制定运输抢险预案;指定抢险运输单位,负责监督抢险车辆的保养及驾驶人员的培训,负责组织事故现场抢险物资和抢险人员的运送。

9. 市场监督管理局职责

市场监督管理局职责包括:负责制定压力容器、压力管道等特种设备事故应急预案;提出事故现场压力容器、压力管道等特种设备的处置方案。

10. 气象局职责

气象局职责包括:负责制定应急气象服务预案;负责为事故现场提供风向、风速、温度、气压、湿度、雨量等气象资料。

11. 发展和改革委员会职责

发展和改革委员会职责包括:负责制定应急救援物资供应保障预案;负责组织抢险器材和物资的调配。

12. 民政局职责

民政局职责包括：负责制定疏散人员的后勤保障工作预案；负责组织、协调疏散人员生活必需品的供应和调配。

13. 工业促进局职责

工业促进局职责包括：参与组织、筹备抢险器材和物资。

七、现场救援专业组的建立及职责

危险化学品应急救援指挥部根据事故实际情况，成立下列救援专业组：

（1）危险源控制组。危险源控制组负责在紧急状态下的现场抢险作业，及时控制危险源，并根据危险化学品的性质立即组织专用的防护用品及专用工具等。该组由消防局和相关部门组成，人员由消防队伍、企业义务消防抢险队伍和专家组成。该组由消防局负责。

（2）伤员抢救组。伤员抢救组负责在现场附近的安全区域内设立临时医疗救护点，对受伤人员进行紧急救治并护送重伤人员至医院进一步治疗。该组由卫委会急救中心或指定的具有相应能力的医院组成。医疗机构应根据伤害和中毒的特点实施抢救预案。该组由卫委会负责。

（3）灭火救援组。灭火救援组负责现场灭火、现场伤员的搜救、设备容器的冷却、抢救伤员及事故后对被污染区域的洗消工作。由消防局、企业义务消防抢险队伍组成。该组由消防局负责。

（4）安全疏散组。安全疏散组负责对现场及周围人员进行防护指导、人员疏散及周围物资转移等工作。由公安局、交巡警大队、事故单位安全保卫人员和当地政府有关部门人员组成，由公安局负责。

（5）安全警戒组。安全警戒组负责布置安全警戒，禁止无关人员和车辆进入危险区域，在人员疏散区域进行治安巡逻。该组由公安局、交巡警大队组成，由公安局负责。

（6）物资供应组。物资供应组负责组织抢险物资的供应，组织车辆运送抢险物资。由市发展和改革委员会、民政局、交通局等部门组成。由发展和改革委员会负责。

（7）环境监测组。环境监测组负责对大气、水体、土壤等进行环境即时监测，确定危险物质的成分及浓度，确定污染区域范围，对事故造成的环境影响进行评估，制定环境修复方案并组织实施。由环境监测及化学品检测机构组成，该组由生态环境局负责。

（8）专家咨询组。专家咨询组负责对事故应急救援提出应急救援方案和安全措施，为现场指挥救援工作提供技术咨询。该组由应急管理部门和相关部门组成。由应急管理部门负责。

八、附则

当地的应急救援预案的管理单位为本地应急管理部门，其应急救援预案每 2 年修订一次，必要时及时修订；各级政府和危险化学品应急救援指挥部各成员单位根据相应预案制定实施方案并与本级政府预案相衔接。

（一）危险化学品事故隐患的特性

1. 复杂性

危险化学品生产、储存、经营、运输、使用所在位置往往处于具有人口密度大、资产集中、环境特殊等特点的地区，它的事故后果更加严重，预防和控制更为复杂。

2. 分散性

各地区大都分布着许多危险化学品生产、储存、经营、使用单位。

3. 运动性

运动性是指以运动形式出现的危险化学品。

4. 广泛性

城市建设的发展,由输送管道组成的城市燃气管网已经成为城市最主要和分布范围最广的危险化学品源。日常生活中各种化学品的数量和种类也越来越多,包括石油液化气、氧气、油漆、稀释剂、固体燃料、打火机、香水、摩丝、鼠药、杀虫剂、卫生球等。

5. 污染性

危险化学品事故往往伴随着严重的环境污染,有时对环境的影响时间会很长,潜在危害更严重。

(二)危险化学品事故处置措施

1. 危险化学品泄漏事故及处置措施

(1)进入泄漏现场进行处理时,应注意安全防护。进入现场救援人员必须配备必要的个人防护器具。如果泄漏物是易燃易爆的,事故中心区应严禁火种、切断电源、禁止车辆进入、立即在边界设置警戒线。根据事故情况和事故发展,确定事故波及区人员的撤离。如果泄漏物是有毒的,应使用专用防护服、隔绝式空气面具。为了在现场上能正确使用和适应,平时应进行严格的适应性训练。应急处理时严禁单独行动,要有监护人,必要时用水枪掩护。

(2)泄漏源控制。关闭阀门、停止作业或改变工艺流程、物料走副线、局部停车、打循环、减负荷运行等。堵漏时应采用合适的材料和技术手段堵住泄漏处。

(3)泄漏物处理。具体内容如下所述:

①围堤堵截:筑堤堵截泄漏液体或者引流到安全地点。贮罐区发生液体泄漏时,要及时关闭雨水阀,防止物料沿明沟外流。

②稀释与覆盖:向有害物蒸气云喷射雾状水,加速气体向高空扩散。对于可燃物,也可以在现场施放大量水蒸气或氮气,破坏燃烧条件。对于液体泄漏,为降低物料向大气中的蒸发速度,可用泡沫或其他覆盖物品覆盖外泄的物料,在其表面形成覆盖层,抑制其蒸发。

③收容(集):对于大型泄漏,可选择用隔膜泵将泄漏出的物料抽入容器内或槽车内;当泄漏量小时,可用沙子、吸附材料、中和材料等吸收中和。

④废弃:将收集的泄漏物运至废物处理场所处置。用消防水冲洗剩下的少量物料,冲洗水排入污水系统处理。

2. 危险化学品火灾事故及处置措施

先控制,后消灭。针对危险化学品火灾的火势发展蔓延快和燃烧面积大的特点,积极采取统一指挥、以快制快;堵截火势、防止蔓延;重点突破、排除险情;分割包围、速战速决的灭火战术。

扑救人员应占领上风或侧风阵地。

进行火情侦察、火灾扑救、火场疏散人员应有针对性地采取自我防护措施。如佩戴防护面具,穿戴专用防护服等。

应迅速查明燃烧范围、燃烧物品及其周围物品的品名和主要危险特性、火势蔓延的主要途径,燃烧的危险化学品及燃烧产物是否有毒。

正确选择最适合的灭火剂和灭火方法。火势较大时,应先堵截火势蔓延,控制燃烧范围,然后逐步扑灭火势。

对有可能发生爆炸、爆裂、喷溅等特别危险需紧急撤退的情况,应按照统一的撤退信号和撤退方法及时撤退(撤退信号应格外醒目,能使现场所有人员都看到或听到,并应经常演练)。

火灾扑灭后,仍然要派人监护现场,消灭余火。起火单位应当保护现场,接受事故调查,协助应急管理部门调查火灾原因,核定火灾损失,查明火灾责任,未经应急管理部门的同意,不得擅自清理火灾现场。

3.压缩气体和液化气体火灾事故及处置措施

(1)扑救气体火灾严禁盲目灭火,即使在扑救周围火势以及冷却过程中不小心把泄漏处的火焰扑灭了,在没有采取堵漏措施的情况下,也必须立即用长点火棒将火点燃,使其恢复稳定燃烧。否则,大量可燃气体泄漏出来与空气混合,遇着火源就会发生爆炸,后果将不堪设想。

(2)首先应扑灭外围被火源引燃的可燃物火势,切断火势蔓延途径,控制燃烧范围,并积极抢救受伤和被困人员。

(3)如果火势中有压力容器或有受到火焰辐射热威胁的压力容器,能疏散的应尽量在水枪的掩护下疏散到安全地带,不能疏散的应部署足够的水枪进行冷却保护。为防止容器爆裂伤人,进行冷却的人员应尽量采用低姿射水或利用现场坚实的掩蔽体作防护。对卧式贮罐,冷却人员应选择贮罐四侧角作为射水阵地。

(4)如果是输气管道泄漏着火,应首先设法找到气源阀门。阀门完好时,只要关闭气体阀门,火势就会自动熄灭。

(5)贮罐或管道泄漏关阀无效时,应根据火势大小判断气体压力和泄漏口的大小及其形状,准备好相应的堵漏材料(如软木塞、橡皮塞、气囊塞、粘合剂、弯管工具等)。

(6)堵漏工作准备就绪后,即可用水扑救火势,也可用干粉、二氧化碳灭火,但仍需用水冷却烧烫的罐或管壁。火扑灭后,应立即用堵漏材料堵漏,同时用雾状水稀释和驱散泄漏出来的气体。

(7)一般情况下完成了堵漏也就完成了灭火工作,但有时一次堵漏不一定能成功,如果一次堵漏失败,再次堵漏需一定时间,应立即用长点火棒将泄漏处点燃,使其恢复稳定燃烧,以防止较长时间泄漏出来的大量可燃气体与空气混合后形成爆炸性混合物,从而存在发生爆炸的危险,并准备再次灭火堵漏。

(8)如果确认泄漏口很大,根本无法堵漏,只需冷却着火容器及其周围容器和可燃物品,控制着火范围,一直到燃气燃尽,火势自动熄灭。

(9)现场指挥应密切注意各种危险征兆,遇有火势熄灭后较长时间未能恢复稳定燃烧或受热辐射的容器安全阀,其出现火焰变亮耀眼、尖叫、晃动等爆裂征兆时,指挥员必须适时做出准确判断,及时下达撤退命令。现场人员看到或听到事先规定的撤退信号后,应迅速撤退至安全地带。

(10)气体贮罐或管道阀门处泄漏着火时,在特殊情况下,只要判断阀门还有效,也可违反常规,先扑灭火势,再关闭阀门。一旦发现关闭已无效,一时又无法堵漏时,应迅即点燃,恢复稳定燃烧。

4.易燃液体火灾事故及处置措施

易燃液体通常也是贮存在容器内或用管道输送的。与气体不同的是,液体容器有的密闭,有的敞开,一般都是常压,只有反应锅(炉、釜)及输送管道内的液体压力较高。液体不管是否着火,如果发生泄漏或溢出,都将顺着地面流淌或水面漂散,而且,易燃液体还有比重和水溶性等涉及能否用水和普通泡沫扑救的问题以及危险性很大的沸溢和喷溅问题。

(1)首先应切断火势蔓延的途径,冷却和疏散受火势威胁的密闭容器和可燃物,控制燃烧范围,并积极抢救受伤和被困人员。如有液体流淌时,应筑堤(或用围油栏)拦截漂散流淌的易燃液体或挖沟导流。

(2)及时了解和掌握着火液体的品名、比重、水溶性,以及有无毒害、腐蚀、沸溢、喷溅等危险性,以便采取相应的灭火和防护措施。

(3)对较大的贮罐或流淌火灾,应准确判断着火面积。大面积(大于 50 m²)液体火灾则必须根据其相对密度(比重)、水溶性和燃烧面积大小,选择正确的灭火剂扑救,具体情况如下:

①比水轻又不溶于水的液体(如汽油、苯等),用直流水、雾状水灭火往往无效,可用泡沫扑灭。用干粉扑救时灭火效果要视燃烧面积大小和燃烧条件而定,最好用水冷却罐壁。

②比水重又不溶于水的液体(如二硫化碳)起火时可用水扑救,水能覆盖在液面上灭火。用泡沫也有效。用干粉扑救,灭火效果要视燃烧面积大小和燃烧条件而定。最好用水冷却罐壁,降低燃烧强度。

③具有水溶性的液体(如醇类、酮类等),虽然从理论上讲能用水稀释扑救,但用此法要使液体闪点消失,水必须在溶液中占很大的比例,这不仅需要大量的水,也容易使液体溢出流淌;而普通泡沫又会受到水溶性液体的破坏(如果普通泡沫强度加大,可以减弱火势)。因此,最好用抗溶性泡沫扑救,用干粉扑救时,灭火效果要视燃烧面积大小和燃烧条件而定,也需用水冷却罐壁,降低燃烧强度。

(4)扑救毒害性、腐蚀性或燃烧产物毒害性较强的易燃液体火灾,扑救人员必须佩戴防护面具,采取防护措施。对特殊物品的火灾,应使用专用防护服。考虑到过滤式防毒面具防毒范围的局限性,在扑救毒害品火灾时应尽量使用隔绝式空气面具。为了在火场上能正确使用和适应,平时应进行严格的适应性训练。

(5)扑救原油和重油等具有沸溢和喷溅危险的液体火灾,必须注意计算可能发生沸溢、喷溅的时间和观察是否有沸溢、喷溅的征兆。一旦现场指挥发现危险征兆时应迅即作出准确判断,及时下达撤退命令,避免造成人员伤亡和装备损失。扑救人员看到或听到统一撤退信号后,应立即撤至安全地带。

(6)遇易燃液体管道或贮罐泄漏着火,在切断蔓延方向并把火势限制在规定范围内的同时,对输送管道应设法找到并关闭进、出阀门,如果管道阀门已损坏或是贮罐泄漏,应迅速准备好堵漏材料,然后先用泡沫、干粉、二氧化碳或雾状水等扑灭地上的流淌火焰;为堵漏扫清障碍,再扑灭泄漏口的火焰,并迅速采取堵漏措施。与气体堵漏不同的是,液体一次堵漏失败,可连续堵几次,只要用泡沫覆盖地面,并堵住液体流淌和控制好周围着火源,即不必点燃泄漏口的液体。

附录　专业实务案例分析

一、案例命题方式与命题趋势

案例分析题的命题方式：提供一个具体的背景资料，要求考生全面分析所提供的资料，针对案例的提出的问题进行解答。

案例分析题的命题趋势：越来越与时事挂钩，反映现实事故和发展动向，案例凸显政府工作特色，中华人民共和国应急管理部属于新成立的部门，又是中级安全职业资格考试的组织部门之一，需要考生予以关注。

二、案例解题思路

考生应从案例提问的角度，结合背景资料提示的相关内容进行思考分析。

安全实务案例常考查的几大知识点：事故分类；事故调查的程序；事故报告的内容；事故防范措施；事故主要的危险危害因素；控制危险危害因素的措施；事故分析（直接原因和间接原因）；事故经验教训。

三、案例实战演练

建议大家可以关注最新时事，有可能会作为考试的案例背景进行考查，以下举例一些新近发生的安全事故：

2019年3月21日14时48分许，江苏盐城市响水县陈家港镇天嘉宜化工有限公司化学储罐发生爆炸事故，并波及周边16家企业。经全力处置，现场明火已被扑灭，空气污染物指标在许可范围内。截至目前，事故已造成47人死亡、90人重伤，另有部分群众不同程度受伤。

2019年4月15日15时37分左右，位于山东省济南市历城区的齐鲁天和惠世制药有限公司在对冻干粉针剂生产车间地下室的冷媒水（乙二醇溶液）系统管道改造过程中发生重大事故，造成10人死亡、12人轻伤。

2019年7月19日17时45分左右，河南省三门峡市河南煤气集团义马气化厂（以下简称义马气化厂）C套空气分离装置发生爆炸事故，造成15人死亡、16人重伤。经初步调查分析，事故直接原因是空气分离装置冷箱泄漏未及时处理，发生"砂爆"（空分冷箱发生漏液，保温层珠光砂内就会存有大量低温液体，当低温液体急剧蒸发时冷箱外壳被撑裂，气体夹带珠光砂大量喷出的现象），进而引发冷箱倒塌，导致附近500 m³液氧贮槽破裂，大量液氧迅速外泄，周围可燃物在液氧或富氧条件下发生爆炸、燃烧，造成周边人员大量伤亡。事故具体原因正在进一步调查中。

敬请考生扫描下方二维码获取案例实战演练等更多备考资料。

后　记

　　本系列图书内容编写过程浩繁,涉及内容资源较为庞杂。且由于进度紧张,部分内容原作者联系方式不明,经多方努力后仍未能及时联系上作者本人,故还请尚未取得联系的原作者或版权方见书后及时致电 4006597013 转 2 与我们联络,届时请提供相关证明材料,我方核实后将依据相关著作权法予以支付相应稿酬。

编　者

2018 年 11 月